にぎやかな田んぼ

イナゴが跳ね、鳥は舞い、魚の泳ぐ小宇宙

夏原由博 編

京都通信社

はじめに

　赤とんぼがいなくなる。そんな兆しがあらわれている。トノサマガエルやメダカは、すでに絶滅危惧種とされてしまった。長く田んぼで暮らしてきた生きものたちだ。

　日本の田んぼは、5,000種を超える生きものに生きる場所を提供してきた。田んぼが支えてきたのは、生きものだけではない。雨水を貯えることで下流の洪水を緩和し、あるいはうつくしい景観を提供するなど、多面的な機能をそなえる。その経済効果は年間8兆円に達するともいわれている。

　生きものたちが田んぼから失われつつあることは、人間社会の未来への警告でもある。赤とんぼが減少している原因は、「環境に優しいから」と使われはじめた農薬が、卵からかえったばかりのヤゴには優しくなかったことが原因だ。圃場整備にともなう冬期の乾田化も、産卵場所の減少や越冬卵の死滅を招いている。生産の拡大と環境保全のジレンマという日本の農業の古くからの課題の象徴で

あるともいえる。

　生きものたちが生息していない田んぼがなぜ問題なのか。農業は、害虫の大発生を予防してくれる天敵、地下水を涵養してくれる森など、生態系からのサービスを受けている。土の中には、空気中の窒素を直接利用できない植物に窒素を供給する役割を果たしている微生物がいる。イチゴや蕎麦など多くの作物は、昆虫による受粉に頼っている。植物の花粉を運んで受粉させる送粉昆虫も、作物の開花期以外は雑草や樹木の花に頼って生きている。

　害虫を減らすことに貢献しているクモだが、害虫以上にクモの餌となるのは、水辺に棲むユスリカなどである。そのように、無数の生きものがつながりあって、農業をささえてきた。それが生態系サービスである。このしくみが失われることは、農業と人類の持続性を損なうことになる。

　日本の農業は、原油換算で400万kl（2011年）のエネルギーを使っている。収穫した米のエネルギーの約40％は化石燃料に由来すると考えられている。発生した二酸化炭素は、気候変動の原因となる。肥料として散布された窒素やリンの一部は河川に流れ出て、生態系を蝕む。気候変動は農業にとって重大な問題である。病害虫の増加、台風の巨大化による作物や農業施設の被害、田植え時期のずれこみや蒸発量の増加による渇水リスクの増加が予想される。

＊

　生きものが棲めない田んぼでは、安心して米づくりができないことに気づいて、環境にやさしい米づくりをはじめる農家が増えている。しかし、田んぼの生きものを考えるうえで、いくつかの問題が浮かび上がってきた。農薬をまかなければ生きものは増えるのだろうか。あるいは、半分に減らせば生きものも半分くらいは増えるのか。農家の人たちの労力にみあった成果があがるのだろうか。

　これまで、田んぼの害虫と天敵以外の生きものについての研究は少なかった。どんな生きものたちがいるのか。田んぼの空間と時間の変化の影響はどうなのか。というのは、田んぼは代かき、中干し、収穫など、時期によって水位もイネの

←『成形図説』巻之四 十四（国立国会図書館ウェブサイト）

状態も変化する。そういう変化にあわせて、生きものたちは田んぼと周辺の環境を行き来する。食う・食われるなど、相互の関係はどのようなものであろうか。フナやドジョウが産卵すると、田んぼの生態系はどう変化するのだろうか。

農家の人たちからは、こんな言葉も聞こえた。「トキが放鳥されたところはいいが、名前もわからない虫が増えて、だれがよろこんでくれるのか」。それでも、琵琶湖に近い農家での生きもの調査では、田んぼでフナやコイをとった話をされた古老の目は、孫を前にしていきいきと輝いていた。

田んぼと農村は、食料を生産するだけの場所ではない。人が生まれ育ち、暮らす場所でもある。食料自給率の低下とともに寂れてよいというものではない。田んぼの生きものたちは、たとえ経済的な価値を産まなくても、地域をささえる役割を発揮している。その古老から、そのように教えられた。

＊

農業の基本は家族経営だが、集落単位での共同管理なしには成りたたなかった。水、刈敷、カヤ、薪などの資源の多くは共有であった。用水路の管理や草刈りなどの共同管理も欠かせなかった。そのようなコモンズ管理のしくみを、日本の農村は文化にまで高めていたといえよう。こうした生態系サービスの「見える化」とコモンズ管理の歴史と文化は、自然保護と農業のあるべき姿のひとつとして、世界に発信する価値があると考える。

農業は食料生産を担う産業であり、農家の経営が成りたたなければならない。大規模化、効率化は必須であろう。しかし、畦のない田んぼやコンクリート張りの深い水路は、生きものの生きる場所を奪う。近代化した田んぼも、生きものたちに配慮することは可能であるはずだ。田んぼは工場ではない。田んぼ自体が生態系の一部である。周辺の生態系と調和した工夫が必要であり、地域と田んぼの生態系についての詳しい知識が蓄積されなければならない。本書は、その一助となることを願っている。

本書は4章から構成されている。章の中の各節は独立した読み物であるが、田んぼとはなにかを知りたい方はまず1・2章から読んでいただきたい。第1章では、田んぼはどういうところか、生きものと人の視点から概説し、両者の接点としての生態系サービスを考える。次に日本の田んぼと米づくりの歴史をふり返り、2章からの展開にあわせて、人と生きものがにぎわう田んぼの課題について整理する。2章では、米づくりの場としての田んぼにとって重要な栽培、灌漑、土について現状と課題を整理する。3章は生きものの章で、これまで顧みられなかった微小な生きもの、イトミミズ、昆虫、鳥、植物、魚、カエルについて、最新の研究成果を紹介する。最後の4章では、人にとっての田んぼの意味を、田んぼ周辺とのつながり、消費者意識、農家の取り組み、気候変動への対応、農村集落の持続性、イノベーションによる新しい地域づくりへとつなげていく。

夏原由博（名古屋大学大学院環境学研究科 教授）

棚田のオーナーによる農作業（滋賀県高島市）

もくじ

はじめに ……………………………………………………………… 夏原由博 ……… 2

第1章 知っていますか？ 田んぼのこと

- 1-01 田んぼのなかまは個性派ぞろい
  生きものたちの暮らしとつながり ……………………………… 中西康介 ……… 10
- 1-02 生物の「多様性」ってなに？ どんなふうにはかるの？ … 中西康介＋夏原由博 … 18
- 1-03 お米はこうしてつくられる …………………………………… 齊藤邦行 ……… 22
- 1-04 日本の稲作の変遷略史
  日本の自然と原風景をつくってきた水田の価値 ……………… 夏原由博 ……… 28
- 1-05 ところちがえば、田んぼもさまざま ………………………… 夏原由博 ……… 33
- 1-06 生態系サービスの機能と危機 ………………………………… 浅野耕太 ……… 37
- 1-07 いま、田んぼではなにが起こっているのか ………………… 夏原由博 ……… 40

第2章 100年先も「米づくり」をつづけるために

- 2-01 日本の米づくり今昔
  競争力ある米づくりと環境保全とのバランス ………………… 齊藤邦行 ……… 48
- 2-02 日本の大地をつくり、文化をささえてきた灌漑 …………… 渡邉紹裕 ……… 58
- 2-03 田んぼという巨大なダム
  多量の水を湛える水田の豊かな機能と役割 …………………… 渡邉紹裕 ……… 68
- 2-04 田んぼの土づくりの主役は、
  酸素を利用しない嫌気性の微生物 ……………………………… 浅川 晋 ……… 72

コラム

どろんこ探訪記

❶ 魚米の郷と人びとの暮らし
  イネと魚とともに生きる知恵
  …………………… 楊 平 ……… 44

❷ 古老のフナが語る田んぼとヒト
  …………………… 金尾滋史 ……… 66

❸ 作為を超えて豊かに機能する耕地
  田んぼのランドスケープと人の営み
  …………………… 夏原由博 ……… 100

❹ 田んぼの魚種と数量をカウントする
  新兵器の登場
  環境 DNA 分析 ……… 丸山 敦 ……… 134

❺ アキアカネはなぜ減りつづけているか
  …………………… 上田哲行 ……… 158

水鏡　　

❶ 田んぼのにぎわいを未来につなぐ
  ハッチョウトンボの保護と棚田の保全を
  両立させる ……………… 安井一臣 ……… 27

❷ コウノトリの恩返し
  生物多様性に配慮した兵庫県の農業の取り組み
  …………………… 西村いつき ……… 79

❸ 人と生きものでにぎわう農村をめざす
  魚のゆりかご水田プロジェクト
  …………………… 青田朋恵 ……… 109

❹ 渡り鳥がだいじか、人がだいじか
  ラムサール条約湿地「蕪栗沼・周辺水田」
  のある宮城県大崎市 ……… 高橋直樹 ……… 169

❺ びっくりドンキーの「生きもの豊かな
  田んぼ」の取り組み …… 橋部佳紀 ……… 186

第3章 いのちが飛びかう田んぼの秘密

- 総論　田んぼの生物多様性の見方・見え方の多様性 …………………… 大塚泰介 …… 82
- 3-01　探せば探すだけ、新種が見つかる！
  田んぼは小さな生きものの宝庫だった …………………… 大塚泰介 …… 84
- 3-02　イトミミズのはたらきを手がかりに
  有機栽培の田んぼの土に注目すると …………………… 伊藤豊彰 …… 92
- 3-03　水生生物のいのちの連鎖の鍵を握る水
  ふゆみず田んぼと湿田の特徴 …………………… 中西康介＋沢田裕一 …… 102
- 3-04　水鳥の目を通して見る田んぼ
  環境保全型農業の可能性をさぐる …………………… 片山直樹 …… 110
- 3-05　攪乱に適応し生き延びてきた田んぼとその周辺の植物たち … 今西亜友美 …… 118
- 3-06　ラオスの農村で実感！
  「魚が躍る田んぼ」に秘められた可能性 …… 丸山敦＋神松幸弘＋船津耕平 …… 126
- 3-07　オタマジャクシが田んぼの生態系を変える？ …………………… 岩井紀子 …… 136

第4章 人がかかわってこそ、田んぼは守られる

- 総論　私たちは、どのように田んぼを守ればよいのだろうか …… 牧野厚史 …… 150
- 4-01　ランドスケープを読み解く …………………… 夏原由博 …… 152
- 4-02　得体のしれない生態系。
  保全効果の不確実性にどこまで迫れるか …………………… 山根史博 …… 160
- 4-03　田んぼで生きものを保全する …………………… 藤栄 剛 …… 170
- 4-04　「品種の多様性」に注目し、
  気候変動の脅威から日本の農業を守る …………………… 松下京平 …… 178
- 4-05　「環境アイコン」をシンボルに
  田んぼの生きものと農村を元気づけよう …………………… 牧野厚史 …… 187
- 4-06　〈あるがまま〉の自然と〈使いながらまもる〉自然
  生態系サービスと地域づくり …………………… 丸山康司 …… 197

執筆者の紹介 …………………… 204
索引 …………………… 208
おわりに …………………… 217

第1章
知っていますか？
田んぼのこと

『成形図説』巻之四-八（国立国会図書館ウェブサイト）

1 田んぼのなかまは個性派ぞろい
1-01 生きものたちの暮らしとつながり

中西康介（名古屋大学大学院 環境学研究科 研究員）

にぎやかな田んぼ——イナゴが跳ね、鳥は舞い、魚の泳ぐ小宇宙　第1章 知っていますか？ 田んぼのこと

ケリ
留鳥で、おもに中部から近畿地方で繁殖する。ケリッ、ケリッと甲高く大きな声で鳴く。カラスや人が繁殖地に侵入すると、鳴きながら攻撃する。くちばしは黄色で先端が黒く、眼は赤い。昆虫などを食べる。

シマヘビ
北海道から九州に分布する。餌となるカエルが多い田んぼの畦でよく見られる。全長は最大で1.5mに達する。体に4本の黒い縦縞がある。まれにカラスヘビとよばれる全身が真っ黒の個体も現れる（滋賀県高島市、2008）

ナゴヤダルマガエル
東海から山陽地方東部の平地の田んぼに分布する。長野県から東北にかけて、本種と近縁のトウキョウダルマガエルが分布する。本州から九州に広く分布するトノサマガエルともよく似ているため、見分けるのがむずかしい。レッドリスト絶滅危惧IB類（滋賀県米原市、2014）

ヒメアメンボ
北海道から九州に分布する。田んぼに水が入るとすぐに飛んでくる。普通のアメンボよりやや小型で、田んぼでもっともよく見られるアメンボの一種である。水面に落ちてきた昆虫などの体液をストロー状の口で吸う（滋賀県彦根市、2010）

春 3〜4月

＊10〜17ページに掲載の生きものたちの写真およびイラストはすべて筆者提供

田んぼは、田起こし、田植え、中干し、稲刈りなど、
稲作という人為的な撹乱にともなって四季折々に姿を変える。
そこに集まる生きものたちの種類やかたち、色、生態も多様だ。
「食う・食われる」の関係のなかで命をつないでいる。

コガムシ
北海道から九州まで分布する。体長1.5cmほどのガムシのなかまで、腹にはトゲがある。雌はおしりから糸を出して葉をまるめ、水に浮かぶゆりかごをつくり、その中に産卵する。ゲンゴロウにくらべて、泳ぎは苦手である（滋賀県彦根市、2010）

ニホンアマガエル
北海道から九州まで分布する。平地から山地まで、さまざまな場所に生息している。4月から9月頃まで、10粒ほどの小さな塊の卵を数回に分けて産む。周りの環境にあわせて体色を変化させることができる（滋賀県彦根市、2012）

チュウサギ
夏鳥として飛来し、九州から本州で繁殖する。冬羽のくちばしは黄色いが、夏羽になると黒くなる。足指は一年中黒い。コサギやダイサギとくらべると数が少ない。レッドリスト準絶滅危惧種

ヘイケボタル
北海道から九州に分布する。体長7〜10mmほどで、ゲンジボタルより小さく、発光の間隔が短い。幼虫は田んぼや水路のヒメモノアラガイなどを食べて育ち、幼虫のまま越冬する（滋賀県彦根市、2011）

ヒツジグサ
日本各地に分布するスイレンのなかま。湖やため池などに生育する。6月から10月に白い花を咲かせる。開花の時間帯がひつじの刻にあたることからその名がついたといわれている（滋賀県多賀町、2007）

アサザ
本州から九州に分布。浅くて流れの緩やかな水路、池などに生育する。葉を水面に浮かべる浮葉植物。5月から9月に黄色い花を咲かせる。長花柱花と短花柱花の2タイプがある。レッドリスト準絶滅危惧種（滋賀県東近江市、2014）

夏 6〜8月

田んぼのなかまは個性派ぞろい――生きものたちの暮らしとつながり　中西康介

*レッドリスト＝環境省レッドリスト

春

　春先、まだ静かな田んぼに、やってくる生きものたちがいる。アカガエルのなかまやカスミサンショウウオたちだ。彼らは田んぼにできた水たまりに卵を産みにくる。やがて、田んぼでは田植えの準備がはじまる。代かきがはじまるころ、シュレーゲルアオガエルがやってくる。シュレーゲルアオガエルはやわらかい土の畦に穴を掘って、泡に包まれた卵の塊を産む。

　いよいよ田んぼに水が張られ、イネが植えられると、土の中で眠っていた生きものたちが目を覚ます。冬を越した乾燥に強いミジンコの休眠卵（耐久卵）がいっせいに孵化する。おなじく、卵の状態で越冬していた赤とんぼもいっせいに孵化してヤゴとなる。生まれたてのヤゴはとても小さいが、ミジンコなどを食べてすくすく育つ。

　この時期、田んぼの中は一見すると、生きものがなにもいないようにみえる。しかし、田んぼの水をすくって顕微鏡でみると、そこには多種多様なプランクトンのにぎわいがある。いっぽう、冬を越した卵が孵化するだけでなく、水の上から新たに卵を産みにくる生きものがいる。成虫で越冬していたホソミオツネントンボだ。雌は交尾した雄とつながったまま、植えられたばかりのイネや雑草の茎に卵を産みつけていく。ため池で冬を越したミズカマキリなどの水生昆虫も、繁殖のために田んぼにやってくる。やがて、トノサマガエルやニホンアマガエルもやってきて、彼らの大合唱が始まる。田んぼがもっともにぎやかなときを迎えるのである。

カスミサンショウウオの卵塊
3月初め、田んぼの中にできた水たまりで見つけた。バナナの形のゼリー状の莢（さや）に数十粒の卵が入っている（滋賀県高島市、2007）

シュレーゲルアオガエルの卵塊
畦に穴を掘って産みつけられる。泡の中には黄色い卵の粒が入っている（滋賀県高島市、2008）

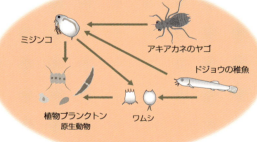

産卵するホソミオツネントンボ
交尾したあと、連結したままイネの茎に産卵する。上が雄、下が雌（滋賀県高島市、2007）

夏

　気温が暖かくなると、田んぼの中の生きものたちのにぎわいは、目に見えてよくわかるようになる。もっとも目だつのはオタマジャクシだ。春に卵からかえったオタマジャクシは、田んぼの泥の有機物や枯れた植物、死んだ生きものなどを食べて大きくなる。山あいの田んぼでは、梅雨の時期になると、森からモリアオガエルがやってきて、畦の草に白い泡で包まれた卵の塊を産む。泡は卵を乾燥から守ってくれる。卵からかえったオタマジャクシは雨の力をかりて畦からすべり落ち、田んぼで泳ぎまわる。ニホンアマガエルは夏の終わりまで卵を産みつづける。こうして、田んぼにはいろいろな種類のカエルが卵を産みにやってくる。

　大きなカエルは1匹で数百粒もの卵を産むため、たくさんのオタマジャクシで田んぼが黒く見えることもある。しかし、オタマジャクシはさまざまな生きものに食べられる。アカハライモリ、ゲンゴロウの幼虫やタガメなどの肉食の水生昆虫はオタマジャクシが大好物だ。天敵から逃げることができた幸運なオタマジャクシは、後あし・前あしがそろうと、しっぽが吸収され、小さかった口は裂けるように大きくなる。変態したカエルは、生活の拠点を陸上に移す。昆虫に食べられてばかりいたオタマジャクシも、陸上では昆虫を食べるようになるのである。いっぽう、上空からはサギのなかまがやってくる。彼らは、いったん田んぼに降り立つと、カエル、オタマジャクシ、ドジョウ、水生昆虫など、あらゆる生きものを次つぎとついばんでいく。

　大きく育った赤とんぼのヤゴは、プランクトンだけでなく、ユスリカなどの小さな水生昆虫を食べ、やがて羽化の時期を迎える。深夜から早朝にかけて、赤とんぼのヤゴはイネや雑草の茎をよじ登り、水中から水上へと移動する。からだを乾かしたあと、時間をかけて殻を脱ぎ、羽を拡げて、空へ飛び立つのである。

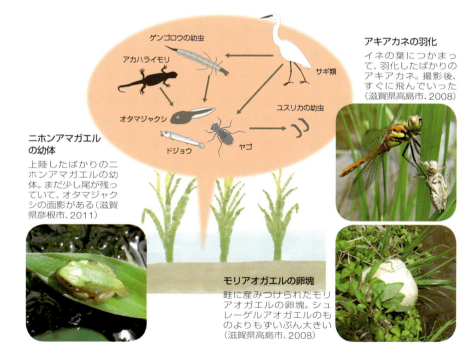

アキアカネの羽化
イネの葉につかまって、羽化したばかりのアキアカネ。撮影後、すぐに飛んでいった（滋賀県高島市、2008）

ニホンアマガエルの幼体
上陸したばかりのニホンアマガエルの幼体。まだ少し尾が残っていて、オタマジャクシの面影がある（滋賀県彦根市、2011）

モリアオガエルの卵塊
畦に産みつけられたモリアオガエルの卵塊。シュレーゲルアオガエルのものよりもずいぶん大きい（滋賀県高島市、2008）

田んぼのなかまは個性派ぞろい――生きものたちの暮らしとつながり　中西康介

秋 9〜11月

にぎやかな田んぼ——イナゴが跳ねび、鳥は舞い、魚の泳ぐ小宇宙

第1章　知っていますか？　田んぼのこと

アキアカネ

北海道から九州まで広く分布する赤とんぼの一種。稲刈り後の田んぼに産卵し、翌年の春、田んぼに水が入ると卵が孵化する。かつてはどこにでもいた田んぼの象徴であったが、近年各地で減少傾向にあるようだ（滋賀県高島市、2008）

モズ

北海道から九州にかけて繁殖する。全長20cmほどであるが、猛禽類のように昆虫や小動物の狩りをする。捕まえた獲物を小枝に刺して、「はやにえ」をつくる習性があり、秋によくみられる

キタテハ

北海道から九州まで分布する。幼虫はアサ科のカナムグラなどを食草とする。年に数回発生し、成虫のまま越冬する。羽を閉じると、色や形が枯れ葉のようにみえる（滋賀県高島市、2010）

カヤネズミ

ススキやチガヤなどの葉を編み込んで球形の巣をつくる。尾を除いた大きさは5〜8cmほどで、日本最小のネズミである。雑草の種子や昆虫を食べる。稲刈り前の田んぼでは、イネを利用して巣をつくることもある（滋賀県彦根市、2011）

オオミズムシ

近畿地方から九州のため池に生息する日本最大のミズムシ。水生カメムシは肉食のものが多いが、ミズムシのなかまは藻類を食べる。水草などにつかまっていないと、すぐに浮きあがってくる。レッドリスト準絶滅危惧種（兵庫県、2014）

ケラ

日本各地に分布する。バッタのなかまであるが、前あしがモグラの手のようになっていて、土を掘って地中で生活する。水面を泳いだり、空を飛んだりできる。土の中で「ジー」と鳴く（滋賀県彦根市、2012）

シオカラトンボ（幼虫）

日本各地のさまざまな水辺に生息している。公園の池やプールでも発生する。成虫の雄は成熟するとからだが青くなる。雌は麦わら色をしているため、ムギワラトンボとよばれることもある。幼虫のまま越冬する（滋賀県彦根市、2010）

オオカマキリ（卵）

北海道から九州まで広く分布する。雌は草の茎や木の細枝に、泡で包まれた卵（卵のう）を産みつける。固まった卵のうはそのまま冬を越し、翌年の春に幼虫が出てくる。カマキリの種類によって、卵のうの大きさや形がちがう（滋賀県湖南市、2014）

コハクチョウ

冬鳥として湖や広い川などに飛来する。田んぼには落穂や雑草の根などを食べにやってくる。本種よりもやや大型のオオハクチョウもいるが、よく似ている。若鳥のときはからだ全体が灰色である

ハイイロゲンゴロウ

日本各地に分布する。田んぼ、ため池、水たまり、プールなどのさまざまな水辺でみられる。水生昆虫のなかでは珍しく、成虫は水面から直接に飛び立つことができる。氷の張った池でも成虫が氷の下で泳ぎ回っていた（滋賀県多賀町、2008）

冬 12〜1月

田んぼのなかまは個性派そろい――生きものたちの暮らしとつながり　中西康介

秋

　稲穂が黄金色に色づくと、田んぼの姿は一変する。もはや田んぼは水辺ではなくなるのである。畦を歩くと、イネの株に隠れていたコバネイナゴなどのたくさんのバッタが驚いて、飛び跳ねる。イナゴはイネの葉を食べる害虫だが、サギやカエルはイナゴを食べてくれる。ひと昔まえまでは、イナゴは人間にとっても貴重な食料であった。

　田んぼから羽化したアキアカネ、ナツアカネ、ノシメトンボなどの赤とんぼのなかまは、田んぼを離れて山や林で生活する。この時期の赤とんぼはまだ赤くない。やがて成熟すると雄のからだは赤くなり、秋になると田んぼに卵を産むためにもどってくる。

　ノシメトンボやナツアカネは稲刈り前の田んぼでも、上空から卵をばらまく。アキアカネは稲刈りが終わったあとの田んぼで、水たまりや湿った泥に産卵する。水が落とされた田んぼでも、赤とんぼは迷うことなく卵を産む。まるで、来年そこが湿地となることを知っているかのようだ。産み落とされた赤とんぼの卵は、土の中でそのまま冬を越し、翌年の春に田んぼに水が入ると孵化するのである。

　水はけのよくない湿田では、コンバインのタイヤ跡、取水口や排水口の近くの深みに水たまりができることがある。この水たまりには、田んぼに水がなくなって行き場を失った多くの水生生物が集まってくる。ドジョウ、ゲンゴロウやガムシのなかま、コミズムシなどは、越冬場所に移動するまでのあいだ、この水たまりで過ごすが、やがていなくなってしまう。シオカラトンボのヤゴは、水があるかぎり、そのまま水たまりで冬を越す。マルタニシは、田んぼの土の割れ目などにもぐりこみ、殻の蓋をしっかり閉じて春を待つ。

**産卵する
ナツアカネ**
雄と雌が連結して飛びながら産卵する。手前が雄（滋賀県高島市、2009）

ナツアカネの卵
田んぼに産み落とされたナツアカネの卵。大きさは1mmに満たない（滋賀県高島市、2009）

**人間に捕えられた
コバネイナゴ**
イネの害虫のイナゴは人間の食材にもなる。佃煮にするとエビのような味である（滋賀県彦根市、2014）

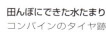

田んぼにできた水たまり
コンバインのタイヤ跡などの深みにできた水たまり。いろいろな水生生物が集まっている（滋賀県高島市、2012）

冬

　里山の木々の葉も落ちきったころ、田んぼにはイネの切株が整然と残されている。冬鳥として日本にやってくるコハクチョウやオオヒシクイは、落穂や雑草の根っこなどを食べに田んぼに飛来する。ツグミやムクドリはミミズや昆虫を探す。夏にあれだけにぎわった田んぼの生きものたちは、どこへいってしまったのだろうか。

　田んぼに残ることを選んだ生きものは、ミジンコや赤とんぼの卵が眠る土や、刈り取られて田んぼに積もった稲わらの下、あるいは水たまりの中にいる。ドジョウは土の中に深く潜り、自らの粘液で乾燥を防いでいる。トノサマガエルやダルマガエルのなかまは、やわらかい畦などを掘って土の中でじっと冬をしのぐ。稲わらをめくると、越冬しているコオイムシなどの水生昆虫に出合うことができる。

　田んぼから離れて冬を越す生きものもいる。ゲンゴロウやガムシのなかまは、ため池や湿地などに移動する。タガメは近くの雑木林の落ち葉の下などで冬を越すことが知られている。ホソミオツネントンボは、トンボのなかでもめずらしく、成虫のまま冬を越す。日当たりがよく、風当りの弱い斜面などを探し、枯れ枝につかまって、じっと春を待つ。その姿は、色・形ともにまるで枯れ枝の一部であり、見つけるのがたいへんである。じつは、このように越冬場所が見つかっている生きものは、ごくわずかしかいない。田んぼの生きものたちの多くは人知れず冬を越し、春になるとまた田んぼに集うのである。

越冬するホソミオツネントンボ
枝につかまってじっとしている。体の色は枝と同化して、見つけるのがたいへんだ（滋賀県東近江市、2009）

田んぼで餌を探すムクドリ
田んぼの土の中から餌となる昆虫やミミズなどを探す（滋賀県彦根市、2011）

越冬するマルタニシ
田んぼにできた割れ目にもぐり込んで、蓋を閉じている（滋賀県高島市、2012）

越冬するコオイムシ
田んぼの稲わらをめくると、越冬中のコオイムシがいた（滋賀県彦根市、2012）

田んぼのなかまは個性派ぞろい——生きものたちの暮らしとつながり　中西康介

生物の「多様性」ってなに？どんなふうにはかるの？

中西康介（名古屋大学大学院 環境学研究科 研究員）
夏原由博（名古屋大学大学院 環境学研究科 教授）

内閣府が2014年秋に実施した世論調査によると、生物種や生態系の豊かさを示す「生物多様性」という言葉を「聞いたこともない」と答えた人は52.4％。私たちの命は多様な生きものとのつながりに支えられているにもかかわらず、その価値を実感する機会は失われつつある。「感じない」ことの怖さも、やがては忘れてしまうのだろうか

子どものころ、夏になると早起きをして近くの雑木林に行った。カブトムシやクワガタを採るためだ。めざす木は決まっていて、樹液を出していたクヌギだった。ほかの木で名前を知っているのは、おとなたちから「触るな」と注意されたウルシやハゼノキくらいだったろう。私たちにとって、自然とはこのようなものであろう。必要に応じて、名前をつけ区別をした。うまく利用するために、その性質を調べてきた。ここでは子どもの遊びを例に挙げたが、古い時代には、木の名前やその特徴を覚えることは、食べものや生活必需品として利用するための知識に違いなかった。

『万葉集』には、約170種類の植物名と77種類の動物名が登場する。秋の七草や、ナギ、コナギ、カエル（かはず）など、田んぼや農業とかかわりの深い名前も多い。「きのこ」は食用として愛されてきたが、毒をもつ種類もある。人びとは、その一つひとつに名前をつけて区別してきた。その多くは方言として地域に定着していた。『キノコ方言原色原寸図譜』には、220種のきのこの方言1,200語が掲載されている。さらに、『きのこの語源・方言事典』によると、ナラタケだけで177の方言がある。日本人は生物多様性にどっぷり浸かって暮らしてきたが、その実感はいつの間にか失われてしまった。

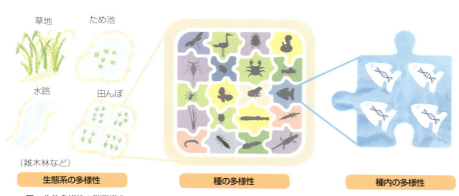

図1 生物多様性の階層構造
生物多様性は「生態系の多様性」、「種の多様性」、「種内の多様性」の三つの階層に分けられる

しかし、ラオスの農村では、生物多様性を実感する暮らしが続いている。ラオス南部の村で聞き取りをした農民は、村の田んぼに生えている71種の樹木の名前と利用方法を教えてくれた（118ページ3-05、126ページ3-06）。

生物多様性を三つの階層に分けてとらえる

生物多様性とは、いろいろな生きものがいること、そして、それらのつながりを表わす言葉である。生物多様性条約では、生物多様性を三つの階層、すなわち「種の多様性」、「種内の多様性」、「生態系の多様性」に分けている（図1）。

● **種の多様性**……ある場所にどれだけ豊富な生きものがいるかということである。田んぼは5,000種を超える生きものがいる、種の多様性が高い場所である。

● **種内の多様性**……同種のなかの「遺伝的多様性」と言い換えられる。外見はそっくりな同種でも、個体ごとにもっている遺伝子は多様であり、地域ごとに遺伝的性質が異なることもある。これは、東日本と西日本とでゲンジボタルの発光周期が異なることに例をみることができる。ナミテントウの斑紋には変異があり、その比率は緯度によって変化する。その比率がこの60年間で変化しており、温暖化への適応だと推測されている。このように、生物多様性にとって、種内の多様性は重要である。

● **生態系の多様性**……生きものの生息場所の多様性のことである。田んぼの生態系の多様性は、田んぼ、畦、ため池、水路、里山など、さまざまな要素を含んでいる。生態系の多様性は、それぞれの生態系内のネットワーク構造の多様性、つまり、どれだけの生きものがつながりをもっているかという点からも評価できる。生態系内のネットワークには、「食う・食われる」という単純な関係だけでなく、競争や共生などのさまざまな相互作用がみられる。つまり、生きものどうしの複雑なつながりが、生態系の多様性を支えているのだ。

「種の多様性」の高さは、なにをもとに判断すればよいのだろう

多様性には、「衡平（つりあい）」が考慮される場合がある。生態系のなかで1種だけが資源を独り占めして数を増やし、ほかの種が絶滅の危険に瀕している状態を、「多様性

 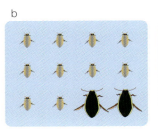 

図2 種の多様性をくらべるかんたんな例
a、b、cの3枚の田んぼには、3種類のゲンゴロウ（ヒメゲンゴロウ、シマゲンゴロウ、ゲンゴロウ）がそれぞれ異なった割合で生息している。くらべる尺度によって、種の多様性の順位がちがってくる

が高い」とはみなさない。

　たとえば、図2の〈a〉から〈c〉まで3枚の田んぼがあり、3種類のゲンゴロウ（ヒメゲンゴロウ、シマゲンゴロウ、ゲンゴロウ）が生息しているとする。もっとも種の多様性が高いのは、3種類のゲンゴロウがすべて生息する〈a〉だということは、すぐに判断できるだろう。では、〈b〉と〈c〉をくらべるとどうか。両方とも2種類のゲンゴロウが生息しているが、その個体数の割合が異なる。この場合、2種類の個体数がより均等である〈c〉のほうが、種の多様性が高いといえる。このように、種の多様性を評価する場合、種類の多さと、種ごとの個体数の割合（均等さ）という二つの要素を含んだ「多様度」という尺度が用いられることが多い。

　しかし、これには問題もある。たとえば、〈b〉と〈c〉では、〈c〉のほうが多様度は高いが、〈b〉には絶滅危惧種のゲンゴロウが生息している。この場合、〈b〉のほうが保全価値の高い田んぼといえるかもしれない。じっさいに種の多様性を評価するためには、さまざまな基準が必要である。

田んぼの生態系を四つの階層構造でとらえてみよう

　田んぼの生態系は、階層構造としてとらえられる（図3）。いちばん大きなスケールは、気候や地形によって分けられる「地域性」である。たとえば、宮城県では、ふゆみず田んぼ（秋の収穫後から翌春まで水を張った田んぼ）にコハクチョウがやってくるが、南の地域にコハクチョウがくることはない。

　二つめのスケールは、田んぼ、ため池、水路、休耕田、草地、雑木林などの「ランドスケープ（土地）の多様性」である。それぞれの生息場所で独自の生態系が成りたっているが、生きものからみると、それらはつながりをもっている。季節や成長段階によって、棲む場所を変える生きものも多い。たとえば水生昆虫のミズカマキリ、ガムシ、ゲンゴロウなどの一部は田んぼで繁殖し、それ以外の時期はため池を生息場所として利用する。田んぼで産卵するアカガエル類やシュレーゲルアオガエルは、産卵が終わるとすぐに雑木林にもどる。このように、それぞれの生息場所はつながりをもっている。

　三つめのスケールは、「田んぼの多様性」である。田んぼは、水はけに注目すると、湿田と乾田とに分けられる。湿田は農作業の点からは敬遠されがちだが、生きものの種の多様性は高い。しかし、乾田に適応した生きものも存在するので、両者ともに価値のある生態系である。また、環境保全型の農法や、ふゆみず田んぼ、有機栽培、減農薬栽培などのさまざまな農法も、田んぼの多様性の要素である。

　四つめのスケールは、「田んぼの中の多様性」である。素掘りの水路、人の足跡によってできた深み、雑草、イネ、それぞれが小さな生きもののすみかや餌となり、生態系の要素として機能している。

害虫の発生密度をコントロールする「ただならぬ虫」に注目

　田んぼの生物多様性は、農業にも利益をもたらす可能性をもっている。その点で、

図3 田んぼの生態系の多様性
田んぼの生態系の多様性は、地域性、ランドスケープの多様性、田んぼの多様性、田んぼの中の多様性という四つの階層に分けられる

　近年注目されているのが、「総合的害虫管理(IPM)」である。これは、害虫をゼロにするのではなく、経済的な被害を許容できるレベルで害虫を低密度に管理することを目的とする。その方法の一つとして、生物多様性を利用することが重要視される。田んぼの生物多様性を高めることで、在来の天敵を増やし、害虫の大発生を抑えようというのである。

　従来の害虫防除では、害虫と天敵の関係しか注目されてこなかった。ところが、IPMの考え方によって、害虫でも天敵でもない「ただの虫」が注目されるようになった。たとえば、「ただの虫」の代表ともいえるユスリカが春の田んぼで増えることによって、これを餌とするクモが増え、ウンカやヨコバイなどのイネの害虫の密度を抑える。こうなると「ただの虫」は、「ただならぬ虫」となる。

　さらに、最近になって、「総合的生物多様性管理(IBM)」という概念も現れた。これは、希少種の密度を絶滅しないレベルに維持しながら害虫管理を行なうことを目的とする。IBMを実現するには、田んぼの生態系の多様性に注目し、生きものの多様性の高い田んぼを再評価する必要がある。そして、地域や田んぼにみあった目標を設定することが重要となるだろう。

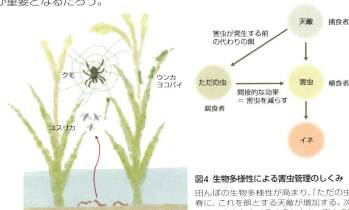

図4 生物多様性による害虫管理のしくみ
田んぼの生物多様性が高まり、「ただの虫」が増加する。春に、これを餌とする天敵が増加する。次に、その天敵はイネの害虫を食べるようになり、害虫の密度が抑えられる。つまり、「ただの虫」が間接的に害虫を減らすのだ

お米はこうしてつくられる

齊藤邦行(岡山大学大学院環境生命科学研究科 教授)

農作業をすすめるための指標となる一年間の暦のことを農事暦という。農事暦は地域や栽培方法により異なるが、ここでは、関東から近畿地域の平野部で慣行移植栽培される農事暦をもとに、一年の田んぼのようすと農作業の内容を紹介しよう

3月……稲作計画と種籾の準備

- 「稲作」は種子の準備にはじまる。
  田んぼごとに品種、栽培方法を決め、必要な資材と作業日程を計画する。
  「種籾」を塩水に浸け、浮いた籾を除去したあとに水洗いして、充実のよい種籾を選ぶ(塩水選)。種子を殺菌・殺虫剤に所定時間漬けたのち、軽く風乾する。有機栽培では60℃のお湯に10分ほど漬ける「温湯消毒」が増えている。

4月……田起こし(耕起)と畦塗り

- 「耕起作業」には、播種や移植に適した土塊の大きさに土を砕くということ以外に、次の三つの役割がある。
  ①稲わらを土にすき込んで腐るのを助ける。
  ②空気を入れて乾燥を促進する。
  ③雑草の発生を防ぐ。
- 「代かき」前に、耕耘機やトラクターに取りつけるロータリーで、1〜2回ほど耕起を行なう。となりの田んぼとの境は、泥土を盛った畦(道)で仕切られている。代かき前に小さなひびや、モグラの開けた穴からの水洩れを防ぐため、畦塗りが行なわれる。

塩水選

塩水に浮いた籾は除去する

塩水

充実した種籾は、殺菌・殺虫剤に漬けたのち、軽く風乾する

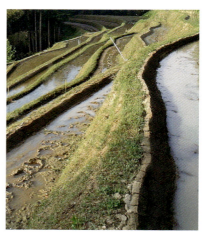

畦塗り作業後の田んぼ

4月〜5月……種播きと育苗

- 「苗半作」とは、稲作に昔から伝わる言葉で、「苗のできにより、作柄の半分が決まる」という意味である。
  苗ぞろいがよく、病気に侵されていない、抵抗性が強くて活着のよい健苗を育成する。種籾を流水に1週間ほど漬け（浸種）、播種前日に加温して、芽出しをする。30×60cmの育苗箱に、肥料を混入した床土を詰めて充分に灌水し、播種機を用いて播種、覆土を行ない、加温して出芽させる。
  苗には、稚苗、中苗、成苗などがあるが、育苗日数は約22日、葉は2枚、播種量約180gの稚苗育苗が多い。田んぼでの散布にくらべて作業が簡便で省力的なため、田んぼで発生が予測される病虫害にたいして必要な殺虫・殺菌剤を、播種時または田植え時に苗箱施薬することが多い。

- 出芽後はビニールハウスや野外に拡げ、寒冷紗等で覆い、徐々に外気に慣らしたあと、完全に覆いをとる。気温は10℃以下にならないよう温度管理して、朝方に充分に灌水を行なう。

5月〜6月……施肥、代かき、田植え

- イネを毎年つくると、田んぼから米をもち去るため、田んぼの土に含まれている養分も失われるので、これを肥料や堆肥で補う必要がある（施肥）。
  堆肥や土壌改良材などは、田植えの数週間前に全面に散布して、ロータリーで混入する。播種や移植前に施す肥料を「基肥」といい、生育に応じて必要なときに「追肥」をする。有機質肥料や化学肥料が用いられ、イネでは基肥に窒素、リン酸、カリウムを各成分で10a（1,000m²）あたり3〜5kgていどを「代かき」のさいに全層に施肥する。
- 「田植え」の3〜4日前にトラクターで代かきをする。代かきとは、田んぼに水を張って土をさらに細かく砕き、ていねいにかき混ぜて、土の表面を平らにする作業である。田植えを容易にするとともに、養分保持や漏水防止、保温効果、雑草防除の効果がある。稲作には多量の用水（1,000〜1,500mm）が必要で、とくに代かき作業には一時期に100mm以上の用水をつかうため、用水路や溜池がつくられた。

- 田植えによって好適な環境で育苗でき、生育の整一な苗を最適な栽植密度で移植できる。移植時には雑草の発生よりもはやく生育が進んでいるので、雑草との競争にも有利であり、安定的な米の生産を可能とした。田植えの所要時間は、昔から「手植えで1人1日あたり10a」といわれるが、現在の田植機ではその15倍の移植が可能である。
- 田植えが終わると、「早苗振り」が行なわれ、田植えの疲れを癒やし、豊作を祈願して、宴を催す。

7月……除草、中干し、追肥、虫追い祭り

- 田んぼでは、イネの生育に害を与える雑草（とくにイヌビエ）は極力排除する。この作業を除草という。現在では、田植え後に除草剤を散布して、イネ以外の雑草を選択的に枯殺する。除草剤が開発される以前は、人力による手取りや「田打ち車」を用いて、出穂期までに3〜4回ほど除草していた。
アイガモ農法では、除草剤の代わりに生育前半にアイガモが放飼されるが、地上部や田面水中に生息する昆虫や微小動物は捕食され、田んぼの多様性は失われる。
- 稲づくりには、細かな水管理が不可欠である。田植え直後は田んぼの水を深く張って根づくのを促し、それ以降は、2〜3cmていどに浅く張って水温を上げて「分げつ（イネの茎）」を促進する。田植え後30〜40日をすぎると、田んぼでは酸素不足が生じはじめ、「中干し」を1〜2週間ほど行ない、田面に小さなひびが入るていどまで乾かす。中干しすると田面水に生息する水生昆虫や魚は用水路に排水され、田んぼ内の水溜まりには、ミジンコや小魚、オタマジャクシ、カブトエビなどの死骸が残される。
- 中干しが終ってしばらくすると、分げつ（茎）の根本に穂の赤ちゃん（幼穂）が分化する。この時期に、肥料を10aあたり窒素・カリウム成分で2〜3kg追肥（穂肥）することにより、穂に着生する籾の数を増やす。
- 7月下旬の土用入りころには、五穀豊穣、害虫退治、家内安全などを祈願する「虫追い祭り」や「虫送り」を行なう集落も現存する。

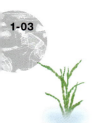

中干し

8月……畦の除草、薬剤散布、深水、出穂・開花、冷害

- 畦は田んぼの境界として漏水を防止するのみならず、水管理や薬剤散布をする畦道ともなる。畦を強化する目的で、畦の雑草には除草剤を使わずに、鎌や刈払機で刈り取ることが多い。
- イネの害虫であるニカメイチュウやウンカ、ヨコバイ類などや、主要な病気の「いもち病」の防除を目的として、動力噴霧器などで殺虫剤や殺菌剤を散布する。最近は、ラジコン・ヘリによる散布が多い。
- 分げつの根元にあった穂の赤ちゃんが大きくなり、葉鞘の中に守られている時期に、平均気温が20℃を下回ると、「不稔籾」が多発することから、田んぼの水を深く張って保温して幼穂を冷害から守る。その後、茎の節と節との間隔が伸びることにより、いちばん上の葉の根元から穂が外へと押し出されて、出穂期を迎える。
- 出穂が始まると、先端の方の籾から開花が始まる。籾殻がパックリ開いて雄しべが外に出ると同時に、花粉が飛んで自分の雌しべに受粉し、籾殻はしばらくして閉じる。開花期も、平均気温20℃以下では、不稔籾が増加して冷害になる。

9月……登熟、光合成、台風、倒伏、鳥獣害

- 出穂開花期から収穫までの期間を「登熟期」という。葉は炭酸ガスを吸収し、光合成によって糖がつくられ、籾へと移動する。イネの果実である籾の中では、玄米の胚乳といわれる部位で糖からデンプンが合成されて肥大する。米の収量は、出穂期までの「蓄積量」と登熟期の「光合成生産量」とに分けられ、後者は収量の7、8割に相当する。
- 9月は台風にともなう暴風雨により、冠水や倒伏の被害が発生しやすい。長く冠水すると光合成が阻害され、腐敗や病気の発生により被害が拡大する。イネが倒れると、収穫作業が困難になり、収穫量や品質の低下を招く。
- 登熟期はお米が稔る時期で、私たちが目的とする収穫物をめぐる、スズメやシカ、イノシシとの競争関係が生じる。食害を防ぐために、案山子や防鳥ネット、トタンや電気柵などが用いられる。

10月……落水、収穫、乾燥、脱穀、籾すり、選別、出荷、秋祭り

- 出穂開花期のあと、2日湛水・5日落水し、出穂後約30日には田面水を完全に排水して、土壌を乾かす。充分に乾燥させないと、機械や人が収穫のために田んぼに入ることができない。穂先から籾が黄化して、下側の緑色を帯びた籾が10〜15%ていど残っているときが収穫適期である。
- 収穫は大部分がコンバイン(combine)で行なわれる。手刈りをする場合は、ノコギリ鎌を用いて8〜10株を刈り取り、ワラで束ねる。コンバインが普及する以前は、刈り取りと結束を同時に行なうバインダーが用いられた。
- 刈り取った稲束は、杭や木で組んだ稲架に掛けて、2週間ほど乾燥させる。乾燥した稲束を脱穀機にかけて籾を選別する。コンバインは、刈り取りと脱穀・選別を同時にこなせることがその名の由来である。収穫した生籾は穀物乾燥機に送り込み、送風温度50℃以下で、最終水分15%以下に仕上げる。
- 「籾すり」は、籾から籾殻を取り除いて玄米にする作業である。以前は臼が用いられていたが、現在では、籾が二つのゴム・ロールのあいだを通過するときに回転速度の違いによって籾殻が剥けるしくみの、ロール式の籾摺り機が主流である。
- 通常は、玄米は1.8mm目の篩選で選別され、30kgの袋詰めにされ、販売業者を通じて消費者に届けられる。玄米から約10%の糠を削り落として白米にする作業を「精米」という。白米は洗米により糠を取り除き、加水、炊飯される。
- 収穫に感謝して、地域の集落や神社では「秋祭り」や「新嘗祭」が催される。

『成形図説』巻之五-四(国立国会図書館ウェブサイト)

お米はこうしてつくられる　齊藤邦行

11月……秋起こし

- 犂やロータリーで、田んぼを約15cmの深さで、地表に起伏ができるくらいに荒く耕起する。秋に起こすと土に空気がふれる面積が広くなるので、冬に土が凍ったり融けたりをくり返して膨軟化し、通気性や透水性がよくなる。いっしょに鋤こんだ稲わらや刈り株、雑草の分解も促進される。稲刈り後に田んぼに残った稲わらなどの有機物をすべて田んぼにもどすことは、翌年の土づくりに欠かせない。

12月……冬期湛水、餅つき

- 冬期湛水は、稲刈りが終わった田んぼに冬期も水を張る農法である。湿地に依存する多様な生物の生息地となると考えられ、不耕起栽培との組みあわせによる除草効果なども期待されている。冬に日本に渡ってくるナベヅルやマナヅル、ガン類など、水鳥の生息環境としても重要な役割があるとされるほか、冬期の田んぼの景観も向上する。
- 正月の準備として、糯米を蒸して餅つきし、鏡餅をつくる。通常は28日か30日に行なうことが多い。

『成形図説』巻之十-二十二（国立国会図書館ウェブサイト）

1月……正月

- 正月は、家に年（歳）神様をお迎えして祝う行事で、五穀豊穣、子孫繁栄、家族の安全と健康などを祈る。正月に門松やしめ飾り、鏡餅を飾るのは、年神様をお迎えするためである。
- 正月から小正月（15日）にかけて、「鍬始め」や「庭田植え」、「鳥おい」など、豊作を祈る行事が斎行される。

2月……お田打ち、田祭り、田遊び

- 日本各地の神社や集落では、稲作をはじめる前にその過程を模擬的に演じて五穀豊穣を祈願する、お田打ち、田祭り、田遊びなどが催される。

←『成形図説』巻之十六-十八（国立国会図書館ウェブサイト）

田んぼのにぎわいを未来につなぐ
ハッチョウトンボの保護と棚田の保全を両立させる
安井一臣（棚田学会）

ハッチョウトンボの雌

ハッチョウトンボの雄

　栃木県茂木町の石畑棚田は、「日本の棚田百選」*1 に認定されている。ここは谷地（谷津）に築かれた典型的な東日本型の土坡の棚田*2 である。曲がりくねった畦や水路に加え、周辺の集落、雑木林、畑、果樹園などが織りなす里山の風景は美しく、訪れる人の心を和ませる。

　ここの休耕田でハッチョウトンボに出会った。このトンボは世界一小型の種類で、体長は16〜18mmにすぎず、1円硬貨よりも小さい。だが、胴が褐色・黒・白の縞模様をした雌、目玉から尾端まで真っ赤な雄、ともにキリリと締まった姿は凛々しい。

　生息は鹿児島県から青森県まで確認されているが、生息地域が広いわりには、知名度は低い。絶滅が心配される都府県も多く、天然記念物に指定している市町村もある。

　このトンボの生息環境のキーワードは、ミズゴケ、きれいな湧き水、日当りのよい浅水湿地、疎らに生える水生植物などである。この環境は、休耕をはじめて2、3年までの山ぎわの棚田によく似ている。

　石畑棚田では、地元の有志により、ハッチョウトンボの保護活動がつづけられている。具体的には、保護区内の休耕田を三つのグループに分け、3年にいちど順番に代かきして、年中水を張っておく作業*3 である。こうすることで、このトンボの生息環境を守りながら、休耕田をいつでも米づくりが再開できる状態に保つことが可能となった。

　さらに、この活動によってハッチョウトンボだけでなく、ホタルやタガメ、ニホンアカガエルなど、多くの水生昆虫類、両生類なども季節ごとのにぎわいをみせてくれるようになった。いいかえると、この活動は、米をつくらなくても多くの生きものたちと田んぼじたいを同時に守っているのである。

手の上の
ハッチョウトンボ

---

*1 1999年、日本各地の代表的棚田134か所が農林水産大臣によって「日本の棚田百選」に認定された。
*2 畦が土手で築かれている棚田で、東日本にはこのタイプが多い。いっぽう西日本では畦が石垣で築かれているものが大部分を占める。
*3 地元では「通年水張り休耕」とよぶ。

日本の稲作の変遷略史
日本の自然と原風景をつくってきた水田の価値

夏原由博（名古屋大学大学院 環境学研究科 教授）

イネの栽培は、約1万年前の中国ではじまったとされている。日本最古の水田遺構は、約2,500～2,600年前の縄文時代晩期の菜畑遺跡(佐賀県)である。ところが、縄文前期の朝寝鼻貝塚(岡山県)からイネのプラント・オパール*が検出されたことで、日本の稲作の歴史は6,000年ほど前にまで遡ることになった

水田稲作が大規模化した古墳時代

米は伝来当初から日本人の主食となったのではなく、さまざまな食物の一つにすぎなかった。弥生遺跡からは、米よりもドングリが多く見つかっている。

水田稲作が大規模化するのは、3世紀後半にはじまる古墳時代である。7世紀には日本初のため池である狭山池(大阪府)が造成された。飛鳥時代から奈良時代にかけての律令制では、米は国の経済の基盤となり、6歳以上の男は0.2町(23.7a)、女はその3分の2の口分田が貸与された。引き替えに人びとは税を納めたのである。水田面積は、奈良時代には73万haほどであったと推定されている。

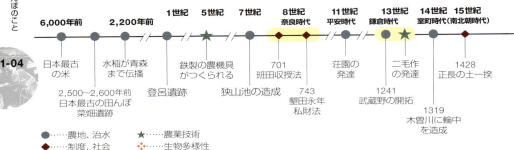

● ……農地、治水　　★……農業技術
◆ ……制度、社会　　✦……生物多様性

写真1　復元された日本最古の田んぼ(佐賀県唐津市の菜畑遺跡)

＊プラント・オパールは、植物の葉に含まれるガラス質の成分。イネ科の植物に特有で、枯れてからも残るので、過去の植生を確認する手がかりになる。

田んぼの拡張が国を富ませていた時代

　日本の米の全収量は、水田面積と面積あたりの収量によって決まる。平安時代ころまでは、土地の条件から連作できない田んぼがあり、作付面積は少なかった。しかし、江戸時代には新田開発がさかんに行なわれ、1600年ころは150万haであった水田面積は、1881年には259万haと約1.7倍にもなった。

　これを可能にしたのは、江戸幕府成立による支配の安定がもたらした大規模土木事業である。面積あたりのイネの収量は、弥生時代から江戸時代までほとんど増加していないとする考えもある。しかし、江戸時代には多くの農書に見るように農法が発達したことで、収量はあるていどは増加したと思われる。

写真2　田んぼに刈敷（かりしき）をすき込むようす
『成形図説』の編纂は1793年に始まり、1804年に全10部100巻のうち、農事部14冊、五穀部6冊、菜蔬部10冊の3部30冊が刊行された
（国立国会図書館ウェブサイト）

16世紀　安土桃山時代
1542　信玄堤（霞堤）
1582　太閤検地

17世紀
新田開発による水田面積の増加
1643　田畑永代売買禁止令
肥料としての干鰯の取引・尿尿、厩肥の利用

江戸時代（1601-1868）
1666　諸国山川掟
1687　新田開発の抑制
1696　『農業全書』刊行
1688-1704　千歯こき

18世紀
1722　新田開発の奨励
1730　米先物取引の公認
1753　木曽川治水工事
1732　享保の飢饉
1782　天明の飢饉

19世紀
1833　天保の飢饉
明治時代（1601-
1873　地租改正
1879　安積疏水
1890　明治用水

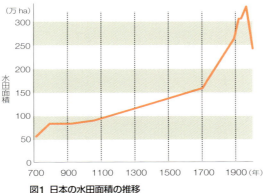

図1　日本の水田面積の推移

日本の近代化をささえた明治期の農業

　1870年代の生糸と茶の合計は、日本の輸出総額の60％以上に達した。1880年ころの日本の税収の9割は農業が負担していた。1893年には農事試験場が開設され、1900年代あたりからの収量は飛躍的に増加している。これは、品種の選抜や大豆粕など肥料の増加、牛馬に引かせる犂（すき）の改良や除草機の普及によるものであった。人工交配による米の新しい品種は1921年に初めて登場している。屎尿は1960年代までは肥料として利用されていた。東京では大正時代まで、農家がお金を払うか、農作物との交換を条件に引き取って肥料としていた。

生産効率を追い求める時代の到来

　第二次世界大戦後の稲作は大きく変化する。日本の農地の46％を占めていた小作地は、農地改革によって1950年には10％に低下。これにより、世帯あたり1haていどの小規模自作農中心の農村社会が形成された。さらに、戦争中に労力不足によって減少していた水田面積は、大規模干拓によって1969年には史上最高の344万haに達している。

　農薬や化学肥料の使用にも変化や進展がみられ、1948年にはDDTが稲作用殺虫剤として登録されている。農薬の生産額は1990年には1960年の20倍に達した。

　屎尿は都市の公衆衛生のために政府が貨車で農村に運んで活用されていたが、GHQの命令によって農地への散布が禁止され、屎尿や堆肥に変わって化学肥料の施用が増加した。窒素肥料の使用量は、1935〜40年の

| 19世紀 | 明治（1868-1912） | 20世紀 | 大正（1912-1926） | 昭和（1926-1989） |

1945　第二次世界大戦終戦

- 1886　種籾の塩水選
- 1887　東京人造肥料会社設立
- 1887　耕地整備事業
- 1891　日本初のポンプ排水
- 1892　回転式水田除草機
- 1893　農事試験場開設
- 1897　ボルドー液日本初使用
- 1910　足踏み脱穀機
- 1918　米騒動
- 1919　開墾助成法
- 1921　日本初の交配品種陸羽132号
- 1921　米穀法
- 1927　国産耕運機を発明
- 1933　巨椋池干拓
- 1940　米の配給制
- 1942　保温折衷苗代の完成
- 1946　農地改革

図2　干拓された巨椋池
1933年（昭和8）から1941年（昭和16）にかけて行なわれた干拓事業によって農地に姿を変えた（黄緑色部分）。干拓前の巨椋池は周囲約16km、水域面積約8km²。京都府最大の淡水湖だった

平均で約140万tであったが、1957年には280万tに倍増。1950年ころには10aあたり300kgだった米の収量は、1978年にはほぼ500kgに達した。

圃場整備と水利施設や農道の整備は、1949年に土地改良法が制定されて進んだ。1区画30aの標準区画に整備された田んぼは、2009年で61.7％に達した。手押し耕耘機などの農業機械は1960年代から普及しはじめ、1968年には田植機が製作された。これによって、農業労働は飛躍的に改善された。

農薬や農業機械の導入は、収量を増加させただけでなく、労働時間の著しい短縮をもたらした。田んぼ10aあたりの労働時間は、1949年の216時間から、1990年には43.8時間に減少した。しかし、労働時間の短縮は農業の大規模化には結びつかず、収入を得るために企業などでの賃金労働に向かうことになった。専業農家の割合は、1947年の50％から1980年には13％に減少した。

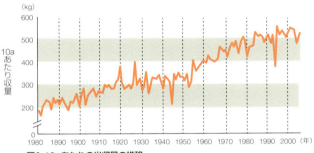

図3 10aあたりの米収量の推移

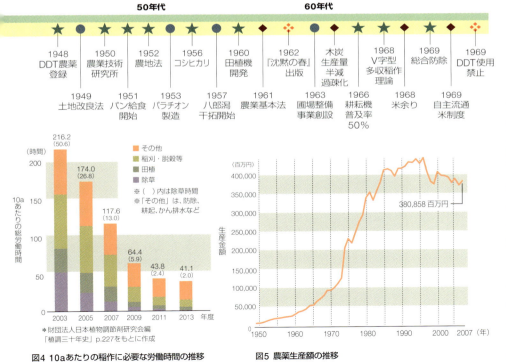

図4 10aあたりの稲作に必要な労働時間の推移　　図5 農薬生産額の推移

田んぼをとりまく自然と人間との関わり

いっぽうで、農薬の使用や圃場整備は、環境や文化に影響をもたらした。1962年に出版されたレイチェル・カーソン（1907-1964）の『沈黙の春』は、DDTをはじめとする化学物質による生態系への影響に警鐘をならして世界的な反響をよんだ。一部の化学物質は、食物連鎖をとおして生物体内で濃縮され、野生生物だけでなく人の命をも奪った。わが国での水銀剤やDDTの田んぼへの使用は1969年に禁止された。また、農業用ダムや大規模用水路の設置は、小規模なため池が利用されない事態を招いた。1950年代に30万個あったため池は、1989年には21万個に減少し、水路のコンクリート張りとあいまって、水生生物の生育場所を失わせた。しかも、食生活の変化によって、1960年ころには年間120kgちかくあった1人あたりの米消費量は、2010年には60kgに半減した。米余りから生産調整が実施され、水田面積は2013年には約247万haに減少した。しかも、じっさいにイネが栽培されている作付面積は160万haにすぎない。これは最盛期の半分以下、江戸時代初期の面積に匹敵する。中山間地を中心とする耕作放棄によって田んぼだけでなく、畦や法面の半自然草地が消失した。

いっぽう、近年では農作物を生産する装置としての農地という視点だけでなく、多様な生態系サービスを提供する場であるという考えが広まりつつある。農業の発展と他産業との格差是正を目的とした農業基本法は、1999年に食料・農業・農村基本法に変わり、多面的機能の発揮がその目的に加えられた。

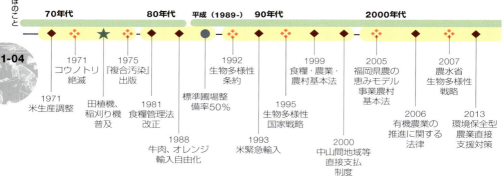

これにともなって、「日本版直接支払制度」とよばれる一連の補助金制度が開始された。これには、環境保全型農業直接支援対策、中山間地域直接支払制度、多面的機能支払交付金が含まれる。

　　　　　　　＊

米は日本人の暮らしに欠かせない食品であり、稲作の歴史が日本の文化を築いてきたことも間違いではない。しかし、米が日本に伝えられてから4,500年間は、数ある穀物のうちの一つに過ぎなかった。古墳時代以後、支配者にとって米は貨幣とおなじ価値をもち、支配の道具となった。米の生産量、人口、技術革新は相互に支え合ってきた。水田面積の増加とともに日本の生物多様性も変わったことだろう。米の消費と作付面積が減少し、農村が変わるなかで、田んぼが育んできた自然と文化をどのようにつなげていくのかを考えなければならない。

ところちがえば、田んぼもさまざま

夏原由博（名古屋大学大学院 環境学研究科 教授）

米はアジアだけのものではない。FAO（国連食糧農業機関）の2012年の統計では、世界117か国で1億6,000万ha、7億4,000万tが生産されている。ブラジルの生産量は日本よりも多い。西アフリカには*Oryza glaberrima*という種を栽培している地域があるが、日本やアジアで栽培しているのは*Oryza sativa*という種である

アジアのイネにも、ジャポニカ、インディカ、ジャバニカの3種類がある。日本で栽培されているイネはジャポニカで、粒が丸みを帯びている。インディカは粒が長く、タイ米などいわゆる外米として知られる。タイ米はパサパサだという印象がある。しかし、インディカにももち米があって、タイ北部やラオスの人たちはもち米を多く食べている。見た目はタイ米と同様に細長い外米だが、粘りがある。これを竹で編んだ蒸し器に入れて、おこわにして食べる。

水環境が決める栽培法と分類

米の栽培は、水の利用のしかたで分類されている。灌漑水田は世界の水田面積の53％を占め、天水田が35％、陸稲が12％である。

陸稲は畑でつくられる（写真1）。傾斜のある土地で水をためるのはむずかしい。多くの山地で、焼き畑を利用した陸稲栽培が行なわれてきた。ラオス北部では、5～6月に掘棒で地面に穴を開けて種籾を植える。収穫は9～10月である。田んぼでの稲作は何年でもつづけて作付けできるが、畑の土は痩せてしまって長期の連作はできない。3、4年もすると土が痩せ、雑草も増える。そうなると畑を放棄して、森にもどす。十数年もすると土はふたたび肥え、雑草の種子も少なくなるので、ふたたび切り拓いて畑にする。収量は休耕年数など土地の履歴によって異なるが、地域平均の収穫量では雨量によって1haあたり1.2tから3tのあいだで変動する。日本に最初にはいってきた米はジャバニカで、雑穀とともに焼き畑によって栽培されたと考えられている。

土地環境がつくる多様な田んぼ

昔の人は、そんな傾斜地にも水をためて田んぼをつくろうとした。それが棚田である。棚田（写真2）は斜面地ならどこにでもつくれるというわけではない。水を安定して得られるかどうかが鍵を握る。棚田に適しているのは、岩や粘土のような不透水層の上に砂礫や風化した岩石の層があって、そのあいだを地下水が流れているような場所だ。

じつは、そうした条件の土地は、地すべりや崩壊が起こりやすい場所でもある。石川県能登半島の白米千枚田や長野県千曲市の姨捨、京都府丹後半島の上世屋の棚田は、

写真1 ラオス北部の焼畑で栽培されている陸稲
(撮影・広田勲)

写真2 長野県姥捨(おばすて)の棚田
「田毎の月」は、この棚田の一枚一枚に月が映るさまを表したことば。室町時代から知られていたが、江戸時代に棚田が拡げられた。この地形は旧千曲川の河原が地殻変動によって少しずつ隆起し、その後地滑りによって形成された

　かつて地すべりを起こしたところにつくられたものである。農水省は傾斜度20分の1（20m進んで1m高くなる傾斜、約3度）以上の田んぼと定義している。静岡県の大栗安のように3分の1（19度）という急斜面につくられた棚田もある。水の供給源としては、渓流や湧水のほかに、ため池の設置や畦を高くして冬のあいだに田んぼにためる方法、地下に横穴をもうけて水を引く方法などがある。それでも不足する場合には、下流の集落で時間を決めて水を分け合うこともなされていた。

　地形が平らであっても、田んぼがつくれるとはかぎらない。栽培期間中、水をためておかなければならない。同時に、大雨で水底に沈んでしまってもいけない。日本では、梅雨が明けると晴天がつづくことから、水田稲作には灌漑施設が不可欠であった（58ページ2-02）。逆に、江戸時代の新田は、湿地に堤防を築いて排水してつくられたところも多い。

写真3 ラオスの天水田
ラオスは雨季と乾季があり、伝統的な稲作は雨季にだけ行なわれる。耕耘機は普及しているが、田植えや稲刈りは手作業である

水位と季節の変化にあわせて栽培種を使いわける

　雨季と乾季とがある東南アジアでは、雨季にだけイネが栽培される天水田がある（写真3）。天水田の作付けは不安定である。雨季の開始時期や雨量は毎年変動する。田植え時期にかかわらず、日長によって穂が出て稔る品種を栽培する場合が多い。また、早生、中稲、晩稲の品種を使いわけることで、地形による湛水時期の違い

写真4 ラオスの田んぼに咲くミミカキグサとモウセンゴケの仲間
ミミカキグサやモウセンゴケは日本でも湧水湿地に見られる食虫植物である。食虫植物は、栄養素である窒素やリンが不足するためにほかの植物が生育できない環境に生きている。それほど貧栄養な土地を田んぼにした。おそらく江戸時代以前の日本の田んぼに見られた光景だろう
（撮影・今西亜友美）

に対応する。それでも高い位置にある田んぼは、田植えができない場合もある。
　ラオスでは、砂質で貧栄養の田んぼも多い。日本では湧水湿地にしか見られないミミカキグサやモウセンゴケ類が見られる田んぼまである（写真4）。収穫の終わった田んぼに、砂地に生息するアリジゴクを見つけたこともあった。たいていは化学肥料も農薬も使わないから、平均収量は1haあたり3tていどである。
　逆に、乾季に水のひいた湿地に栽培する乾季田もある。雨季に湛水したあとは、土が肥えているからである。カンボジアのトンレサップ湖は、雨季と乾季では水位が8mも変化する。乾季にできる陸地は1万3,000km^{2}に達する。そこに住む人たちは、雨季には漁撈中心の生活、乾季には稲作の生活を送っている。
　深水稲水田は、1か月以上にわたって50cmより深く水没するような田んぼでの稲作である。日本の田んぼの水深は数cm前後である。イネといえども、長期間水没すれ

ば呼吸ができず、枯れてしまうからだ。しかし、深水のよい点は雑草が生えにくいことである。水深1m以上水没してしまうところでは、茎が長く伸びる浮き稲を栽培する。雨季のはじめ、まだ水のないころに植えたイネが増水とともに伸び、農民は舟で農作業を行なう。

田んぼの環境を活用して魚を飼育する

　日本でも、首まで泥に沈むような田が多くあった。愛知県と岐阜県、三重県の県境には木曽川、長良川、揖斐川がつくった広大な氾濫原が拡がる。輪中で知られる地域である。最近まで「堀田」とよばれる田で稲作が行なわれていた。堀田は、湿地の地味に富んだ土を掘り上げて高くした田んぼで、掘ったあとは水路として利用する。

　川や湖とつながった田んぼには、魚が産卵のために遡上する。多くの地域で、そんな魚を捕らえて食べている。田んぼで魚を飼育する水田養魚も古い歴史があり、中国では1,700年前から行なわれており、FAO（国連食糧農業機関）の農業遺産に登録されている。現在でも山間地を中心に150万haで行なわれている。養殖される魚は、コイとティラピアが多い。魚は水田稲作の邪魔にならないばかりか、除草や害虫駆除をしてくれる。イネに必要なアンモニア態窒素を供給してくれるという研究もある。

　日本でも、長野県佐久地方が水田養魚で知られている（写真5）。佐久では1842年から田んぼでコイを養殖してきたが、戦後の食糧難時代は日本中で奨励された。群馬県では1948年に32万6,000坪の田んぼでコイやドジョウが養殖された。佐久の田んぼ養鯉は、田植え後に稚魚を放流して収穫前に池に移し、翌春ふたたび田んぼに移して2年をかけて出荷した。絹糸をとったあとの蚕の蛹を餌として与えるなど、資源循環としても意味があった。

写真5　長野県佐久地方の養鯉水田
田植後にコイやフナの稚魚を放し、秋の落水期まで飼育する。秋に池に移して越冬した魚をもういちど田んぼに放し、2年めに出荷する場合もある。農薬を使用しない田んぼも多く、サンショウモなど絶滅の危機に瀕している水草も見られる

生態系サービスの機能と危機

浅野耕太（京都大学大学院人間・環境学研究科 教授）

「田んぼは生態系である」というと、みなさんは驚かれるであろうか。学者はものごとを正確に伝えるために専門用語を使ってついついむずかしく語りがちである。とにかく、みなさんは生態系をそうむずかしく考える必要はない。ざっくり、生態系を「生命ある生物とそれが生きる環境からなるひとつのシステム」であると思ってほしい

ここでのキーワードは、システムである。システムを具体的にイメージしてもらうには、たとえばサッカーの日本女子代表チーム「なでしこジャパン」を考えてみるとよい。なでしこジャパンは、監督、選手、スタッフの面々から構成されているが、それぞれがワールドカップでの連覇をめざし、日々がんばっている。試合においては、個々の選手は監督やコーチの指示のもとに全体のために働き、チームが一つになって勝利をめざしている。個が集まって、一定のまとまりのあるシステムを構成している。

生態系としての田んぼ

地球上のさまざまな自然を調べてみると、食物網、エネルギーの流れ、物質循環が空間的にまとまって一つのシステムをなしているとみなせることが多い。多種多様な生きものとそれを育む環境から構成され、一定のまとまりをもって観察できるものこそが生態系（エコシステム）である。

さて、田んぼはどうであろうか。そんな人為的なものは生態系とはいえないのではないか、と思われるかもしれない。しかし、地球上で人間の影響のおよばないところはまったく存在しない。人為影響はしょせん、程度の問題である。むしろ、農業という営みは、生態系がもたらす恵みを人間にとってより効果的に活用できるように人為的に改変した生態系、農業生態系による自然の高度活用システムであると理解できる。われわれ日本人の主食の米をつくるために総動員される生きものと環境は、あきらかに一つのシステムをなしており、その意味で田んぼは生態系の一つである。

田んぼの例から推察できるように、地球上の多様な生態系は人類が狩猟採集生活をしていた昔から連綿と人間活動の基盤となり、そのような生態系のもとでわれわれの暮らしやそれを豊かにする経済活動が営まれてきた。

生態系がもたらす二つの恵み

生態系は、大別すると二つの大きな自然の恵みをもたらす。

一つは、われわれの暮らしの素材を提供することである。日常なにげなく使っている、あるいは使わずにすますことのできない電気やプラスチックのもとになる石油は、

図1 生態系サービス

過去の生きものの死骸である。それを育んだ生態系に断りもなく、われわれはその恵みをかってにいただいて、好きなように使っている。

もう一つの自然の恵みは、われわれにとって無用になった、場合によっては有害な廃棄物を、一定の時間をかけて生態系のなかで同化・分解してくれていることである。お正月や盆休みの故郷で、満天の星空の下、用を足したことのある人は、そのお陰を直接に被ったことになる。これがなかったら地球の表面はどうなったか、想像するとちょっと笑えてしまう。クレオパトラの鼻が少し低かったことよりも、きっと大きな違いを世界中にもたらすことであろう。

生態系サービスの危機が浮きぼりに

生態系がわれわれ人間にもたらす恵みは、学術的には生態系サービスとよばれ、近年世界的に注目を集めている。その契機となったのは、2000年の国連総会において当時のアナン事務総長がよびかけ、国連環境計画を事務局として2001年から5年にわたって実施された地球規模の生態系に関する健康診断、「ミレニアム生態系評価（MA）」である。2005年にはプロジェクトの成果を公表して、急速にすすみつつある世界中の生態系の危機的状況を浮きぼりにしたのである。

わが国では、これにつづく「サブグローバル評価」を2007年に開始し、この結果を「日本の里山・里海評価（JSSA）」として2010年10月に名古屋で開催された生物多様性条約第10回締約国会議（COP10）にあわせて公表し、里山・里海の生態系サービスの現状とその変動要因を整理した。

時をおなじくして、国際研究プロジェクトである「生態系と生物多様性のための経済学（TEEB）」の実施や「生物多様性分野における気候変動に関する政府間パネル（IPCC）」ともいえる「生物多様性と生態系サービスに関する政府間科学政策プラットフォーム（IPBES）」の設立などがこれまですすめられ、生態系サービスという言葉は広く世間に知られるようになってきている。

四つに分類できる生態系サービス

そもそも生態系サービスの体系的な研究は、すくなくとも1960年代半ばころまでさかのぼることができる。現在までに分類もさまざまに提案されている。代表ともいうべき「ミレニアム生態系評価」の分類によると、生態系サービスはさらに「供給サー

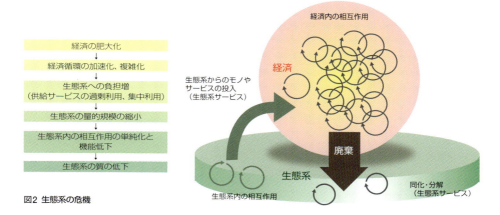

図2 生態系の危機

ビス」、「文化的サービス」、「調節サービス」、「基盤サービス」の四つに分けられる。四つのサービスの具体的内容は図1のとおりである。

供給サービスと文化的サービスは、われわれの暮らしへの生態系からのモノもしくはそれ以外の贈り物である。石油などの枯渇性資源の例はすでに挙げたが、田んぼでつくられる米も供給サービスの成果である。そのすばらしさは、これまで絶えることなく数千年にわたってアジアの人たちのお腹を満たし、これからもそうありつづけられそうなことである。田んぼの文化的サービスは、日本各地で多様な稲作にまつわる農耕儀礼を通じて、日本人の生活を豊かで実りあるものにしてきたことである。

調節サービスには病害虫の制御や花粉媒介等があるが、田んぼの調節サービスとしては田んぼダムに代表される洪水調節機能がある。このことはみなさん、すでにご存じかもしれない。

基盤サービスは、生態系を構成するさまざまな生命が太陽エネルギーを駆動力とする生物学的、地質学的、化学的循環の複雑な相互作用で互いを支えあっていることから生じるものである。われわれの気がつかないうちに生態系を下支えしている縁の下の力持ち的働きであり、稲作に欠かせない水田土壌の形成や水循環がこれにあたる。

生態系サービスをフローとストックで考える

いま、この生態系サービスに危機が忍び寄っている。図2をみてほしい。これが現在の経済の循環と生態系の病理的な関係である。まず、経済が基盤となる生態系よりも肥大化し、そのなかで起こる循環が加速度的に複雑さを増し、ますます生態系に大きくのしかかっている。とくに一部の供給サービスの過剰利用、集中的利用が起こっている。これに応じて、生態系が量的にその規模を縮小させるとともに、生態系内の相互作用の単純化による機能の低下などの質の低下も招いている。

これは、生態系サービスという水流(フロー)を湧出させている水源(ストック)である生態系に危機が訪れているとみても、あながち間違いではなかろう。現在、生態系の保全がわれわれの未来のために重要な課題となっている。

いま、田んぼでは なにが起こっているのか

夏原由博（名古屋大学大学院 環境学研究科 教授）

農業をとりまく生態系と共生し、生態系サービスを賢く利用する重要性についての理解が拡がりつつある。これを稔りのある成果へと導くには、農家の取り組みと消費者、行政、企業、マスコミ、研究者など、それぞれの立場から積極的な協働が得られるかどうかが鍵となる。ここでは、田んぼをめぐっていまなにが課題で、どんな解決策が見つかっているのか、あるいは見つかっていないのか、さらには研究者たちがなにに注目し、どういう方向で解決しようとしているのかなどを概観しておく

課題の前提

人口の増加にともなう農地の拡大が世界各地でつづいている。土地が限りあるものである以上、農地を増やせば自然は減少する。そこで、面積あたりの生産性を上げる方向でも解決がはかられた。農薬や化学肥料、農業機械、土地改良にみられる農業の近代化によって、面積あたりの生産性を高めることに成功した。

いっぽうで、いくつかの新たな問題を生じさせた。環境と資源の両方にかかわる問題である。化学物質の多用によって生きものを減らし、土壌を弱らせ、水を汚染した。土地改良や水路改良によって、生きもののすみかが失われた。作物を育てるために投入されるエネルギーは化石燃料によってまかなわれ、その量は得られる作物のエネルギー量を超えてしまっている。日本やヨーロッパでは農地は縮小している。それで自然がよみがえるならよいが、そうではない。縮小した農地には、さまざまな資材や廃棄物が置かれることもある。道路で分断された土地は短い時間でもとの自然にもどることはなく、セイタカアワダチソウに覆われるなどの偏向遷移も進行する。自然にもどすには、労力をともなう管理が必要になる。では、だれがその費用を負担するのか。

田んぼは誕生以来、野生生物を完全に排除することなく、つくられた半自然のなかで数千種もの生きものにすみかを提供してきた。ならば、農業によって自然が守られるしくみを考えなければならない。

国土は人びと（右）に生態系サービスをもたらす。人びとはサービスを享受し、災害を防ぐように国土を管理する。生物多様性だけを目標とした管理に税金を使うことには限りがあるが、農業に生物多様性保全の役割をもたせることによって、その費用を軽減することができる。人びとの合意を得る手段の一つに環境アイコン（4-05）がある

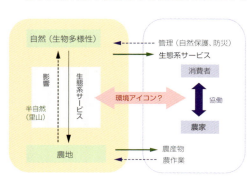

図1 自然環境と農業による生態系サービスへの影響

稲作

化学肥料や農薬を多投入することで、高い収穫とよい食味の米を得ることが、これまでは目標とされてきた。しかし、環境保全型の稲作では、化学肥料の低投入を条件とすることで共生微生物などの力を引き出し、病害虫に強く農薬に頼らないことが基本になる(2-01)。そのため、有機栽培で安定した収量とよい食味が得られる品種の開発が望まれる。多様な品種の栽培が気候変動への対応にプラスに働く可能性もある(4-05)。

土

窒素は植物になくてはならない元素だが、空気中に豊富にあるこの元素を直接利用することができない。イネは、根からおもにアンモニア態窒素を吸収して利用する(2-04)。アンモニア態窒素は、尿素など化学肥料として与えることもできるが、土壌微生物は空気中の窒素や土壌中の有機物からつくりだす。尿素の製造には化石燃料が必要である。また、イトミミズ類の存在によって、養分の循環が加速される実験結果も得られている(3-02)。堆肥の施用など、土の力が発揮されるような管理が見直されている。

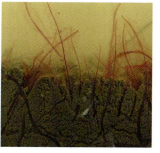

水

日本の田んぼは、ほぼすべて水路によって水を供給する灌漑水田である。灌漑、排水、治水という水利技術は、田んぼを拡げることを可能にした。それだけでなく、日本文化の深層にもつながるという(2-02)。拡大した田んぼは、豪雨時に一時的に水を貯めて洪水を防ぐ役割や、地下水を養う働き、暑い夏に蒸発によって気温を下げる役割を担ってきた(2-03)。もちろん、本書の主役である生きものにすみかを提供している。

虫

田んぼは水の中にいる虫とイネや畔にいる虫とに分けることができる。害虫となることもなく関心をもたれなかった水や泥の中に、驚くほど多数の種が生きている(3-01)。泥に棲むユスリカは害虫でも益虫でもない。しかし、羽化すると捕食者であるクモの餌となり、クモを増やす。ふゆみず田んぼでユスリカが増える(3-03)。すると、クモが増え、害虫を食べる。こうした生態系サービスを引き出す稲作に注目が集まっている。いっぽうで、環境に優しそうな殺虫剤の苗箱施用も、田植え時期に増える水生生物にとって脅威となっている。

魚とカエル

田んぼの水路からは106種の魚が記録されていて、そのうち7種が田んぼで産卵する。多くは水路をつうじて川や湖と行き来する(3-06)。13種のカエルが、早春から夏まで季節をちがえて田んぼで暮らす。しかし、圃場整備で用水はバルブ給水、排水路はコンクリート製で田んぼとの落差が50cm以上になり、水の必要のないときは完全に乾くようになった。魚は移動できなくなり、干上がった田んぼでオタマジャクシはカエルになれなくなった(3-07)。近年、魚道やビオトープによって、魚やカエルと共存する田んぼが増えつつある。

鳥

日本ではいったん絶滅したトキやコウノトリを復活させるために、田んぼの役割が大きい。佐渡や豊岡の農家は、こうした鳥が餌をとることのできる田んぼを復活させた(79ページ、コラム)。しかし、生態系にとっては、希少種よりもツバメやサギなどの普通の鳥の役割が大きい。普通の鳥も少なくなりつつある。ツバメの餌となるユスリカ、サギの餌となるドジョウやカエルが豊富な田んぼと、田んぼで餌をとれない季節に餌を探せる湿地があることが大切である(3-04)。

コミュニティ

みんなで支え合うという習慣は、どこにでも見られるのではない。日本の農村では、田んぼと灌漑施設を造成して運営管理する必要性が、支えあう文化を形成してきた（2-02）。ところが、農業用水ダムなど灌漑施設の近代化によって、農村での自発的な維持管理が不必要となった。加えて農村の高齢化によって、支え合う文化が失われつつある。伝統的な共同作業に代わるものとして、生きものなど「環境アイコン」を介した共同作業の可能性も示唆されている（4-05）。

ブランド米

「コウノトリ育むお米」や「魚のゆりかご水田米」など、生きものをブランドにした米が売れている（4-02、4-03）。農水省のパンフレットでは、全国に42の「生きものマーク」があるという。環境アイコンとしての生きものは、ブランドとしてだけでなく、農村集落の再生にも力を発揮する（4-05）。しかし、米だけを売るのでは限界がある。日本の食文化は大きく変化した。農業生産額が4兆8千億円（2012年）であるのにたいして、製造、流通、外食を含む食品産業の生産額は78兆円（2011年）に達する。加工や外食、中食も含めたブランド化も試みられている。新しい価値の創造によって、生物多様性が守られる可能性が生まれる（4-06）。

コミュニケーション

農家が環境保全の努力をしても、それが消費者に伝わらなくては、支持を得ることができない（4-02、4-03）。知らせる方法として、「生きものマーク」をつけることや、大都市のデパート等での宣伝販売、エコプロダクツ展などイベントの利用がなされている。消費者がお金を払って農作業に参加したり、収穫したお米を届けてもらう「田んぼのオーナー制度」もコミュニケーションを促す方法だ。

いま、田んぼではなにが起こっているのか　夏原由博

どろんこ探訪記

魚米の郷と人びとの暮らし——イネと魚とともに生きる知恵

楊 平（滋賀県立琵琶湖博物館 学芸員）

田んぼは、私たちの主食を支える生業の場でありながら、そこに適応して生きる多様な生きものたちの生活の場でもある。近年では、生きものたちのそういう暮らしをとりもどす環境にやさしい田んぼづくりをめざす「水田再生」の取り組みが拡がっている。

琵琶湖周辺では、「魚のゆりかご水田」プロジェクトが2001年から実施されてきた。この取り組みは、田んぼでフナなどの魚が豊かに暮らすとともに、「魚のゆりかご水田米」の生産など、「人も生きものもにぎわう」水田再生に向けて展開されている。田んぼでの生きもの観察などでいきいきとした表情の子どもたちの姿も、各地の農村で見受けられるようになってきた。

近年、琵琶湖周辺では、水田農家にとって「イネ」と「生きもの」とは「主役」と「脇役」の関係として認識されているところがある。いっぽう、東アジアのなかにおいても、主役と脇役の関係ではなく、イネも生きものも「主人公」として育まれてきた田んぼが古くから存在する。田んぼとは、本来そのようなものなのか。また、その地の農家は、どのような工夫のもとに田んぼとともにある暮らしを長年にわたって守ってきたのだろうか。

ここでは、中国・長江下流域で世界農業遺産に認定された浙江省青田県の「水田養魚」という古くからの稲作農業をとおして、人と自然との関わりについて考えてみる。

この地の水田養魚は、「田魚」とよぶコイの一種をイネとともに育てるもので、1,300年の歴史がある。田んぼは棚田状につくられ、年中水を張り、水位を維持する畦の高さは50～60cmもある。田んぼの水の出入口には竹や木の枝を張り、その中で養魚を行なう。毎年2月末に新たな稚魚を田んぼに移し、成魚とは別の田んぼで育てる。魚の餌は、米ぬかや水中昆虫などである。棚田の上流には分水池がつくられ、山から流れ出る水を灌漑用水と養魚用水に利用している。

イネや草などの植物だけではなく、魚や昆虫などの生きものと人間とのつきあいも、ある種の「リズム」によって支えられてきたことが調査であきらかになった。ここでいう「リズム」とは、「人為的工夫によって成りたつ

田んぼで養殖されている赤い「田魚」

世界農業遺産の浙江省青田県の田んぼ

もの」と「動植物などの自然資源間の相乗効果をうまく利用することによって成りたつもの」という二つに分けられる。

一つめは、「イネや魚の病気を防ぐため、草や枝を燃やしたあとの灰で田を消毒」し、また「魚の餌になる昆虫を、夜の田んぼ周辺の明かりで集めて」おき、さらに「棚田の畦を場所によって高くしたり、落差のある棚田を落ちる水が田に酸素を供給し、魚の成育を促したりする」などと地元で語られるような人の日ごろの手入れである。

二つめは、「魚は餌を探すときに水面を波だて、水中に泥を巻き上げ、田んぼを耕す」こと、そして「イネは魚たちの日よけになり、魚はイネの天敵の害虫を食べ、養分を循環させるなどの役目を果たす」と地元がいうように、自然資源間の力をうまく利用することである。

このように、水田養魚の稲作は「リズムにあり」、その「リズムを活かす」ことが本来の暮らしの源流となっている。また、「田んぼを愛でて、自然の力をうまく利用しなければ、魚米も郷も成りたたない」と地元民がよく語るように、人と自然とのつきあい方に大切なヒントを示してくれている。

農家の庭先の養魚池

本文の内容についての引用文献、参考文献

1-01

『田んぼの生き物図鑑 増補改訂新版』内山りゅう、山と渓谷社、2013

『今、絶滅の恐れがある水辺の生き物たち──タガメ・ゲンゴロウ・マルタニシ・トノサマガエル・ニホンイシガメ・メダカ』内山りゅう（編）、山と渓谷社、2007

『田んぼの生き物400（ポケット図鑑）』関慎太郎、文一総合出版、2012

『絵解きで調べる田んぼの生きもの』向井康夫、文一総合出版、2014

1-02

『「ただの虫」を無視しない農業──生物多様性管理』桐谷圭治、築地書館、2004

『生態学入門』日本生態学会（編）、東京化学同人、2012

1-04

『モンスーン農耕圏の人びとと植物』佐藤洋一郎（監修）、臨川書店、2009

1-06

『中世の村のかたちと暮らし』原田信男、角川学芸出版、2008

『イネの歴史』佐藤洋一郎、京都大学学術出版会、2008

1-07

『農林水産業を見つめなおす』寺西俊一・石田信隆、中央経済社、2010

『農業と人間』生源寺眞一、岩波書店、2013

第2章
100年先も「米づくり」を つづけるために

『成形図説』巻之四-十四 （国立国会図書館ウェブサイト）

2-01 日本の米づくり今昔
競争力ある米づくりと環境保全とのバランス

齊藤邦行（岡山大学大学院環境生命科学研究科 教授）

日本の人口は明治初期の3,500万から3倍に増加した。それを支えたのは、圃場整備や肥料・農薬の導入、機械化による米の増収だ。有機栽培の試みも増えつつはあるが、稲作にはいまなお多くの化学肥料や農薬が用いられ、環境への負荷もある。生態系サービスをかしこく利用した水田稲作は可能なのだろうか

人が生き、働くためには、食べることは欠かせない。1960年（昭和35）には1人あたり年間118kgの米を消費し、1日あたり供給熱量の約半分を米に依存していた（図1）。2014年には食の欧米化にともない動物性タンパク質、油脂類の摂取が増加して、年間56kgまで減少したが、それでも米は供給熱量の約4分の1を供給する主食である。古来、日本で米が主食として選ばれてきたことには、気候、土壌、地形などの自然条件、政策や技術等の社会条件、味覚の好みや食文化などが関係する。

イネの起源と伝播

お米が稔る作物を「イネ（稲）」という。イネ（学名はオリザ・サティバ Oryza sativa L.、英名 rice）はイネ科の一年生草本で、世界三大作物（コムギ、イネ、トウモロコシ）の一つである。主産地はインドから日本にいたる南・東アジアで（表1）、世界の生産量の約90%が生産され、世界人口の半分以上の人たちが主食としている。

イネの栽培がアジアに偏っているのは、イネは、水をたたえた田んぼで栽培されることにより多くの収穫が得られる作物であるからだ。南・東アジアはアジアモンスーン地域とよばれ、夏になると南の海から季節風が吹いて多量の雨を降らせるため、イネの栽培に適した気象条件となっている。また、水をためやすい地形的・土壌的特徴をもっていることも、イネの栽培がアジア地域に局在している理由である。

表1 主要国の米の生産量と収量（2013年）

国名	栽培面積 （×百万ha）	籾生産量 （×百万t）	籾収量 （kg/10a）
世界	164.7	745.7	452.7
中国	30.5	202.0	672.5
インド	43.5	159.2	366.0
インドネシア	13.8	71.3	515.2
日本	1.6	10.8	672.8

世界のイネの栽培面積は1億6,500万haで、その9割近くはインドから日本にいたるアジア諸国で栽培され、中国、インド、インドネシアで栽培が多い。中国や日本では面積あたり収量が高い。栽培面積および籾生産量は小数点第2位を四捨五入している

表2 日本の水稲作付面積、生産量、収量（2013年）

道・県	作付面積 （×千ha）	玄米生産量 （×千t）	玄米収量 （kg/10a）
全国	1599	8607	538
新潟	120	664	555
北海道	112	629	562
秋田	93	529	572

日本ではイネが約160万ha栽培され、861万tが生産される。主産地は北海道、東北、北陸地域で、熱帯起源のイネであるが、北日本の面積あたりの収量が高い。各数値は小数点第1位を四捨五入している

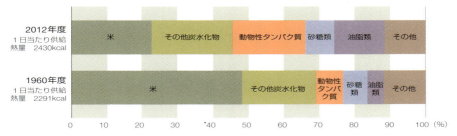

図1 国民1人・1日あたり供給熱量
2012年には1960年にくらべ1日あたり供給熱量は6％しか増加していないが、食の欧米化にともない動物性タンパク質、油脂類の摂取が増加して、米への依存割合は48％から23％に低下したが、それでも米は供給熱量の約4分の1を供給する主食である

　日本での生産(2013年)は、作付面積160万ha、生産量861万t、10aあたり収量538kg。南方起源のイネであるが、北海道、東北、北陸地方で生産が多く、収量も高い(表2)。イネの起源地は、かつてはインドのアッサム地方から中国雲南省にまたがる地域が有力視されてきたが、長江(揚子江)下流域で紀元前4,700年ころの稲作遺構が発見され、日本型は長江中・下流域、インド型は熱帯アジアで祖先野生種から起源したとする「二元説」が提唱されている。日本へは、中国山東半島から朝鮮半島をへて、北九州に渡来したといわれる。北九州ではじめられた水稲栽培は、瀬戸内海を東上し、紀元前400年ころには大阪へ、紀元前200年ころには青森まで伝播し、北海道と琉球を除く日本列島のほぼ全域で水田稲作が定着した。

日本での稲作の始まり

　佐賀県唐津市の菜畑遺跡は、いまから2,500～2,600年前ころ、縄文時代の終わりの日本最古の水田耕作跡である。縄文時代晩期には、大陸で稲作を行なっていた集団が稲作技術とともに日本に渡来し、灌漑による水田稲作が行なわれたいっぽうで、畑では陸稲や雑穀類が栽培されていたと考えられる。弥生時代には稲作の普及にともない、人びとは稲の耕作に便利な低地に定住するようになり、集落を形成した。稲作の発展によって人口は増加し、集落も大きくなり、人手や耕地に恵まれた集落が米や鉄製農耕具などの富を蓄え、土地・交易をめぐる争いが起こったため、周囲に濠をめぐらした環濠集落を形成した。

　飛鳥時代に入ると、「大化の改新」によって国家が統一され、「公地公民制」によって人びとに一定の農地(口分田)が与えられた。しかし、奈良時代には人口が増えて農地が足りなくなったので、朝廷は「墾田永年私財法」を発布し、開墾地に限っては私有を認めるようになり、貴族や寺社は荘園とよばれる私有田を拡げ、農地は拡大した。

　平安時代になると、天皇に代わって政権を握る摂政・関白制となり、しだいに荘園の警護や開墾地の領主であった武士たちが台頭しはじめ、戦国大名の多くは農地拡大、治水・利水事業をすすめた。安土桃山時代には太閤検地が行なわれ、「一土地一農民制」

を設けたことで、荘園制は崩壊した。

　江戸時代になると、幕藩体制が確立して戦乱は収まり、各藩は新田開発や大規模な用水事業を行ない、農地面積は倍増した。しかし、干ばつや冷害、病虫害により飢饉が起こり、年貢の重圧から一揆や打ち壊しが頻発した。江戸時代に稲作技術が発達した重要な要素として、肥料としての人糞尿の利用がある。

科学的な農業技術の開発 ── 明治時代～第二次世界大戦

　明治維新後、政府の税（地租）として、地価（土地の値段）の3%をお金で納めることになり、農民は米の増産に励むようになった。明治政府は当初、西洋農業を導入するために外国人教師を招き、農業指導者の養成を試みた。また、用水や干拓事業が開始され、国立農事試験場が開設された。
草や糞尿の代わりに魚肥・油かすなどの効果の高い肥料（金肥）を買うようになり、それらを使うことで、米の生産量は大幅に伸びた。鍬による耕起にかわり、牛（馬）耕が普及した。また、地方の研究熱心な農民により、「神力」や「亀の尾」といった耐肥性や耐冷性の強い品種が選抜されて、普及した。

　大正時代には、農薬として「いもち病」の防除のための石灰ボルドー液や、化学肥料としての硫安（硫酸アンモニウム）が輸入され、使用されるようになった。人工交配による初めての品種「陸羽132号」が育成され広く普及した。

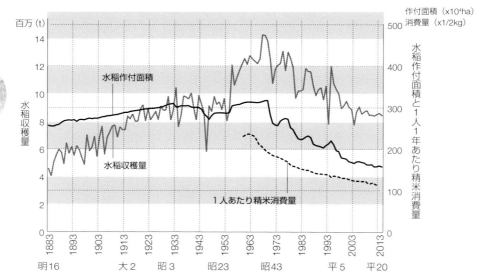

図2　水稲作付面積、収穫量、1人あたり精米消費量の推移

明治期以降、昭和初期まで、水稲の収穫量は急速に増加した。これは水稲の作付面積の拡大と単位面積あたり収量が増大したことに起因する。1955年（昭和30）以降も収穫量は急速に増加し、1967（昭和42）に最高となった。1人あたりの精米消費量が急速に減少したことから、政府は生産調整を実施し、作付面積、収穫量は計画的に低下することになった

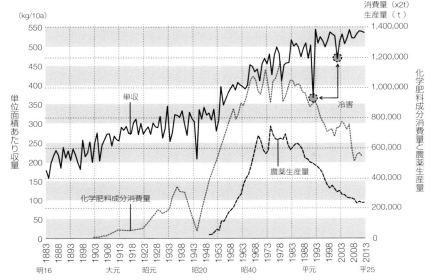

図3 水稲の単収、化学肥料消費量、農薬生産量の推移（FAOSTATほか）
明治期以降、昭和初期まで水稲の単収は直線的に増加した。これには用水の整備や金肥の利用、品種改良等が関係し、戦後から昭和50年ころまで、化学肥料、農薬の大量施用により、単収は著しく向上した。これ以降、生産性と環境保全とのバランスを取ることが求められ、化学肥料、農薬の施用は急速に低下したが、管理技術の向上により、平成年代にも単収は徐々に向上してきている

　昭和に入ると、耕耘機の開発が始まり、全国規模での育種事業が開始され、農林1号以降、さまざまな品種が育成された。第二次世界大戦が始まると、農民が兵役にとられて農業労働力が不足し農業生産は大きく低下した。さらに、戦時物資調達によって食糧不足が深刻化し、食糧は配給制となった。終戦後、米の収穫量は587万tに低下して、食糧不足はピークを迎えた（図2）。

肥料・農薬、機械化による食糧難の克服と生産過剰 ── 第二次世界大戦後～昭和末期

　戦後、GHQによる農地改革により、地主制が解体するとともに、土地改良法により、農業水利の改良、圃場整備事業も進んだ。動力耕耘機が普及しはじめ、耕起・代かき作業は畜力から動力へとかわった。

　肥料供給が好転し、米を増産するために多肥・多収穫品種の育成や施肥技術の開発がすすみ、単位面積あたり収量（単収）は飛躍的に向上した（図3）。減収防止や安定生産のための病害虫防除が求められ、農薬の海外からの導入、国産化によって、病害虫・雑草防除に画期的な効果を発揮した。ニカメイチュウ幼虫に卓効を示すDDTやパラチオン、ウンカに対するBHC、パラチオン、いもち病に対する有機水銀剤や除草剤である2,4-Dが戦後すぐに輸入され、1955年（昭和30）ころに全国的に普及した。これら農薬の普及は、増収と生産の安定化に大きな役割を果たすとともに、除草に費やされる労働時間の軽減にも貢献した。1949年には、10aあたり50.6時間であったが、1970年には13.0時間まで減少し、炎天下での重労働から農民を解放した（図4）。除草剤は、従

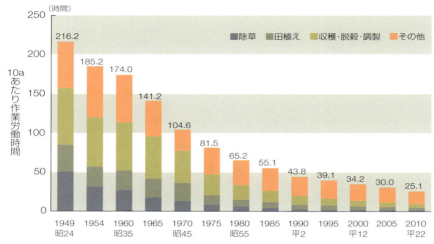

図4 稲作単純労働時間の推移

10aあたり稲作労働時間は1949年の216時間から2010年には25時間まで減少しており、これには除草剤による除草労働時間、トラクター、田植機、コンバイン、乾燥機等の機械化による労働生産性の向上が関係する

来の水溶液から、あつかいやすい粒状剤が開発され、これらによって稲作労働はさらに軽減された。

　栽培技術では、苗代を油紙で覆って保温して育苗する「保温折衷苗代」が開発された。田植えが1か月以上早くなることで冷害を避ける効果があり、画期的な水稲技術として、東北地方に広く普及し、その後は油紙からビニール被覆へと置き換わった。施肥技術では、V字稲作理論による生育中期の窒素中断、出穂前35日ころに地表下約10cmに追肥を行なう深層追肥や、佐賀や長野方式の後期重点施肥法等により、施肥効率が向上した。

　1955年以降、高度経済成長に移行し、製造業や化学工業の発展は農家の兼業化を促進し、肥料、農薬、農業機械などの農業生産資材の開発を促進した(図3)。その結果、水稲単収(10aあたり)は1955年以前の300kgから1965年以降の400kgまで、飛躍的な向上がみられた(図3)。10aあたり作業労働時間も1954年の185時間から1965年には141時間まで低下し、これには除草労働時間が31時間から17時間に減少したことや、耕起・脱穀作業が機械化されたことに起因する(図4)。

　多肥料、多農薬による多収穫品種(フジミノリ、ホウヨク等)の栽培は、1967年、1968年に1,426万t(史上最高)、1,422万tと2年続きの大豊作をもたらし、政府は全量買入制度のもと720万t(1970年)の過剰米を抱えることとなった。1971年以降、今日にいたる生産調整を開始するとともに(図2)、政府買い入れを行なわない自主流通米制度を創設した。戦後の食糧難を品種開発、多肥、多農薬、機械化によって克服した稲作は、多収穫から高品質、良食味米生産へと転換するようになり、1970年代には現在作付面積の38％を占めるコシヒカリやササニシキ(1993年の冷害以降はひとめぼれ)の栽培が増加した。

レイチェル・カーソンの『沈黙の春』(1962年)によって農薬の使用がもたらす深刻な環境汚染が指摘され、日本では高度経済成長のなかで、自然環境の破壊と公害問題が深刻化していた。農薬の毒性に対する関心と、あきらかになってきた自然への影響などを考慮して、農薬を登録するさいに各種毒性試験や自然界への残留試験などを義務づけた農薬取締法改正が行なわれた。DDT、BHCなどの農薬は、長期間食品や環境中に残留するため、1971年には使用禁止になり、農薬による防除体系は大きな転換点を迎えることとなる。その後、1975年には、有吉佐和子の『複合汚染』が出版され、農薬・化学肥料の過剰施用による環境汚染や地力低下が社会問題化した。これ以降、低毒性で残留性の低い農薬が開発され、従来の農薬を代替した。

表3 米生産へ投入された補助エネルギー

項目	1955年	1975年
労働・畜力	119	45
種苗	29	17
自給肥料	1,715	915
購入肥料	339	649
農薬	36	247
資材・光熱動力	130	410
水利・土地改良	194	566
賃料料金	101	257
建物・構築物	218	227
農機具		260
全補助エネルギー(A)	3,131	5,453
全産出エネルギー(B)	3,095	3,335
全産出/全補助(B/A)	0.99	0.61

1955年にくらべ1975年には、労働・畜力が農機具・光熱動力に代替され、購入肥料、農薬、水利、土地改良の投入エネルギーが増大したため、補助エネルギーは1.74倍に増えているのにたいして、産出エネルギー量は1.08倍にしか増えていない。産出/投入比は1955年の0.99から1975年には0.61と著しく低下した
(宇田川 1977より抜粋)

収穫機械は、1960年代後半に動力刈取機および動力刈取機と自動脱穀の機能を結合した日本独特の自脱型コンバインが開発された。1960年代末には田植機も開発され、1970年代に入って爆発的に普及した結果、田植から稲刈り、脱穀、乾燥まですべて機械で行なう中型機械一貫体系が確立し、その後、農業機械は大型化・高性能化して、労働時間はさらに短縮した(図4)。

水稲栽培には補助エネルギーの投入が不可欠である。補助エネルギーには直接的な労力や燃料、間接的な肥料、農薬、機械・建物製造のエネルギーが含まれる。表3は1955年と20年後の1975年の米生産における補助エネルギー投入量と産出エネルギーを示している。20年間で補助エネルギーは1.74倍に増えているのにたいして、産出エネルギー量は1.08倍にしか増えていない。その結果、産出/投入比は1955年にはほぼ1.0であったのにたいして、1975年には0.61と著しく低下している。このような、補助エネルギーの過剰投入は、肥料、農薬の施用による土地生産性(単位面積あたり収量)と、機械や化石燃料に労働を代替することによる、労働生産性(時間あたり産出量)の向上をもたらした。

環境保全型農業への転換 ── 平成元年～現在

1970年以降の水稲作付面積、収穫量、単収、1人あたりの精米消費量の推移をみると、精米消費量は95.1kgから2012年の56.3kgまで低下し、これに応じて作付面積は減

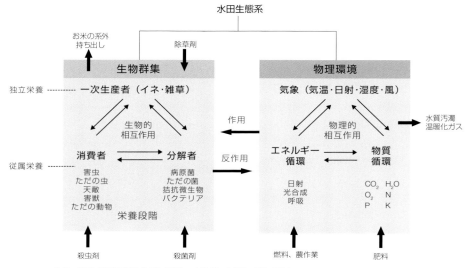

図5 水田生態系の概念(矢印は補助エネルギーの投入・持ち出し)

田んぼにイネが植えられると、イネは光合成をして雑草と競争し、消費者や分解者との食物連鎖網が形成される。この過程でエネルギーの受け渡し、物質の移動が起こり、田んぼの生物群集は特有の生息環境を形成する。環境は生物に作用し、生物は環境に反作用をおよぼす。このような生物と環境の相互依存的、動的系を生態系という。水田生態系は一次生産(光合成)をイネに集中させるため、肥料や農薬、栽培管理等の補助エネルギーの投入が行なわれ、生産された米は系外に持ち出される。過度に施用された農薬・化学肥料は、系外に流出して、水質汚濁や地球温暖化に影響する

反(転作)割り当て(目標)にしたがい、317万haから2014年の157万haまで、約半分になり、収穫量は1426万tから844万tに減少した(図2)。

『沈黙の春』や『複合汚染』は環境の悪化に警鐘を鳴らし、1972年のローマクラブ報告でも同様に議論され、人口増加や環境悪化、資源の消費などによって地球上の成長は限界に達することが示された。アメリカ合衆国では、土壌浸食や環境汚染の問題が顕在化し、1990年のアメリカ農業法で低投入持続的農法(LISA)が提唱された。

日本では、1980年代の有機農業ブームに対応して、農林水産省に有機農業対策室が1989年に設置され、1992年以降、環境保全型農業を推進してきた。環境保全型農業は、「農業のもつ物質循環機能を生かし、生産性との調和などに留意しつつ、土づくりなどをつうじて化学肥料、農薬の使用等による環境負荷の軽減に配慮した持続的な農業」と定義している。1999年に食料・農業・農村基本法に農業の多面的機能が盛り込まれ、その後は、持続農業法、有機農業推進法に基づき、持続性の高い農業生産方式を採用する農業者を支援している。有機農業は「化学肥料や農薬を使用しないこと、並びに遺伝子組換え技術を利用しないことを基本として、環境への負荷をできるかぎり低減する農業生産の方法を用いる農業」と定義されている。

平成年代(1989年〜)以降の水稲単収と肥料成分消費量(農業全般)、農薬生産量(農薬全般)との関係をみると(図3)、単収は1993年と2003年の冷害で低下しているものの、

現在でも増加傾向にある。その要因として、消費量の減少により田んぼの約39％を転作しているため、水稲生産に適した田んぼのみで稲作が行なわれていることや、緩効性肥料（表面を特殊な樹脂等で覆い、肥料成分がゆっくり溶出する）の利用が一般化したことが関係すると考えられる。肥料成分消費量は1979年以降は直線的に低下して、2013年には約半分にまで減少した。1975年以降、コシヒカリなど良食味品種に栽培が集中し、これらの品種は倒伏しやすいため、施肥量を減肥したり、食味向上のため追肥を控えたことなどが関係する。

　農薬生産量は、1975年以降に急速に低下し、2013年には約3分の1にまで低下した。これには、水溶剤や油剤などの多様な剤型の開発や、防除機（ラジコン・ヘリ）の導入による少量散布、苗箱施用剤（長期間効果が持続する殺菌・殺虫剤を播種時や田植え前に施用するため、田んぼでの散布を省略できる）の普及、病害抵抗性品種の育成などが関係していると考えられる。水稲においても、減農薬を目的とするだけでなく、米の価格低下傾向を反映して、農薬のコストを抑えるために、予防的な防除のための散布は減少し、要防除水準に応じた対処的な防除が主流となった。このことも、防除回数の減少に関係する。

省力・低コスト環境保全型農業技術の開発

　水田生態系は、人間が生存のために自然生態系に人為的改変を加えた、「人為なくして存続できない」生態系である（図5）。水田生態系では、収益性や風土に対する適合性から選択されたイネが生物的要素の中心となる。一次生産（光合成）は作物と雑草によって担われ、両者は競争関係にある。水田生態系の消費者は、植食昆虫とその天敵（クモ、トンボなど）、目的生産物（米）をめぐって人間と競争関係にある鳥類やネズミ、病原微生物などで構成される。自然生態系ではさまざまな種で構成されるのに対し、水田生態系では系の構成が単純で、イネによってバイオマス（光合成によって生産される総重量）の大部分が占められる。さらに、収穫した米は、私たち人間が生存するための糧として、生態系外に持ち出される。

　水田生態系は構成生物種が少なく、食物網の発達が乏しいため、病害虫の大発生が起こりやすい。その結果、農薬という補助エネルギーを大量に投下してきた。田んぼでは裸地の期間が長く、太陽エネルギーを捕捉できる期間が短い。それにもかかわらず、肥料農薬や機械などの補助エネルギーの投入、品種改良、管理技術の向上により、高い生産性をあげてきた。

　しかし、1970年代に見られたような化学肥料、農薬の大量な施用（図3）は、地下水の汚染や湖沼・河川の富栄養化、製造による大量の温暖化ガスの放出により、地域環境のみならず地球環境の悪化を招いた。また、過度の化学肥料の施用は、田んぼの地力低下や温暖化ガス（N_2O）の発生を増加させる（有機物施用によるメタン生成のほうが温暖化への影響が大きい）。残留性・毒性の小さい、生態系への影響を配慮した農薬が開発されているものの、すべての生物への影響を考慮されているわけではない。耐性雑草、耐性害虫、耐性菌を生み出し、農薬によって天敵が減少したあとに害虫が増加する誘導多発生（リ

サージェンス)などの問題を引き起こしている。また、COP10以降、田んぼの生物多様性とその保全の重要性が指摘され、田んぼのみならず農村を含めた景観、生態系の保全が求められている。

　このような背景から、今後とも堆厩肥(たいきゅうひ)などの利用により地力を培養し、化学肥料、農薬の使用等による環境負荷の軽減や生物多様性に配慮し、生産性とのバランスに配慮した環境保全型農業の推進と農業生態系の保全に取り組まなければならない。減農薬・減化学肥料栽培や有機農法を継続すると、慣行農法にくらべて水田生態系の多様性により病害虫による被害が小さいといわれるが、施肥量を同等にすると、病害虫の発生に相違が認められないとする場合も見られ、今後さらなる検証が必要である。また、一般の有機栽培では施肥量が慣行栽培にくらべて少ないため、有機野菜や有機栽培米はタンパク質含量やアミノ酸含量が低く、おいしいといわれるが、有機質肥料の施用量が多いと、タンパク含量が高くなり、食味が低下する場合もある。すなわち、環境保全型農業を継続しても、雑草、病害虫に対する充分な理解や管理を怠ると、不安定性を増大させ、著しい減収や食味低下を生じかねない。

　近年では、食の安全・安心の観点から減農薬・減化学肥料栽培や有機栽培のお米が市場で価格優位性を確保し、その結果、環境保全型農業が普及しているのが現状である。しかし、技術的に低コスト化を阻害する要因が有機栽培自体にある。堆厩肥の製造やヒエ抜きなどの除草対策は、それ自体がコストの増大因子である。したがって、このコスト増をいかに逓減できるか、またはいかに価格に反映できるかが、大きな課題となる。

　減農薬・減化学肥料による水稲栽培技術を考えた場合、除草剤以外の手間を省くことが低コスト化につながる。具体的には、田植時に緩効性肥料を側条施肥(移植時に苗近くの土中に施肥する方法で、効果が速く、吸収割合も高いので、施肥量を半分に減らすことが可能)して、病害虫抵抗性品種を採用し、除草剤は有効な薬剤成分の数が少なく、水生生物への影響の小さな薬剤を1回散布し、病害虫防除は発生が認められたら防除することで、省力・低コスト、減農薬・減化学肥料栽培が可能である。苗箱施用剤の利用は、防除の手間を省けるが、効果が持続するため、生物多様性の保全の観点からは望ましくないとする意見もある。

　有機栽培では、堆厩肥や発酵鶏糞、米糠または有機栽培用肥料を用い、田植の1か月前と3日前の2回にわたって代かきすることで除草効果を高める。病害虫抵抗性の良食味品種の種子を温湯消毒して、有機栽培用培土をつめた育苗箱に薄播きして、プール育苗した稚苗(中苗、ポット苗が推奨される)を機械で移植する。水管理は水深が浅いと雑草が発生しやすくなるため、15cm以上の水深として、中干しは行なわない(中干しを行なうと雑草が発生する)。機械除草(田植機装着の中耕除草機)は必須で、移植後2、3回除草するのが望ましい。

　また、再生紙のロールを装着して、紙を田んぼに敷きながら苗を植えていく紙マルチ田植機も、雑草防除には有効である。追肥には米糠や菜種油粕(ぬか)、専用肥料が用いら

れる。収穫、乾燥、調製は慣行栽培のものと同様に行なうが、混入しないように注意する。それでも、収量は慣行栽培にくらべて約10〜30％減収するのが通常である。

　有機栽培は、化学肥料や農薬がなかった明治時代、金肥を用いたころにもどることを意味するが、有機栽培用肥料、中耕除草機、深水栽培等により、低コスト化も可能である。現在、開発中のアイガモロボット(岐阜県情報技術研究所)の実用化も期待される。アイガモロボットは稲列をまたいで走行することで除草作業を行なうもので、本体左右に搭載した幅15cmのクローラで稲列の間の雑草を踏み潰し、水を濁らせて雑草の発生を抑えることにより除草効果を得る。

＊

　いずれにしても、農業者は水田生態系の構造(図5)を念頭に置き、補助エネルギーの投入のしかたによって、生物多様性や環境に大きな影響をおよぼし、しっぺ返しを食らうこともあることや、自然生態系にちかい物質循環を崩さない管理方法が望ましいことを理解することが重要であり、消費者にも田んぼの生態系を理解し、田んぼの生物多様性(田んぼのにぎわい)がお米の安全・安心の指標であることを納得してもらう必要がある。

　営為として経営する場合は、減農薬・減化学肥料農産物、有機農産物を6次産業化(1次産業である農業と加工〈2次〉、流通〈3次〉を一体とした経営)も含め、高付加価値化する必要がある。これは、農業生産工程管理(GAP)認証やJAS認証有機農産物が、大手宅配・通販業者において、有利販売されていることからもあきらかである。農薬を減量した場合、除草に労働時間を費やすことになり、収量も減収または不安定になる。そのぶんを有利販売につなげなくては、収益性は確保できない。

　豊岡市の地域で取り組む「コウノトリ育む農法」においても、冬期湛水による生物多様性保全の取り組みで、米や醤油等をブランド化、有利販売することによって、行政・農業団体・農家・住民とが一体となった保全活動の成功事例として認められている(170ページ4-03、178ページ4-04)。この場合は、消費者が食の安全・安心に加えて、生物や景観を維持する活動に付加価値を見出しているといえる。

　環境保全型農業を実践するには、農業者は生物多様性や地域景観の保全を通じて食の安全・安心につながることを理解して、より多くのお米を低コストで生産するよう努力していかねばならない。そして、農業者、地域住民、消費者、行政担当者が一体となって、契約栽培や環境支払い制度(環境に配慮しながら生産活動を営む農家に対し、所得を直接補償する制度)など、環境保全型農業が持続できるようなしくみをつくってゆくことが不可欠である。

日本の大地をつくり、文化をささえてきた灌漑

2-02

渡邉紹裕（京都大学大学院地球環境学堂 教授）

縄文時代以来、日本人の祖先は営々と自然を改変しながら田んぼを造成してきた。田植えの季節になると国土の10％は水を張った池と化す。その田んぼに水を供給する灌漑は、日本の国土をつくると同時に、文化をも支えてきたのである。しかし、その水田稲作にいま大きな変化が生じている。稲作や生きものだけでなく、日本の文化にも黄信号が灯ったのかもしれない

　日本人の多くは古来、「お腹いっぱい白いご飯を食べたい」と願ってきた。しかも、日本の気候と地形や土壌は、知恵を出し労力をかければ、おいしく栄養たっぷりの米の生産に適していることを理解していた。その米の生産の場としての田んぼを国のいたるところで拓き、生産量を増やす努力を重ねてきた。この努力が、米の栽培をはじめて以来の日本の歴史の基軸の一つをつくってきたといえる。

日本人と米の関係に生じた異変

　第二次世界大戦後の食料不足時には、遠くエジプトなども含めて海外からの輸入までもする事態もあったが、そういう2,000年来の願望がなんとか実現したのは、1960年代に入ってからのことである。1967年に、米の生産量は1,445万tと、ピークに達したのである。

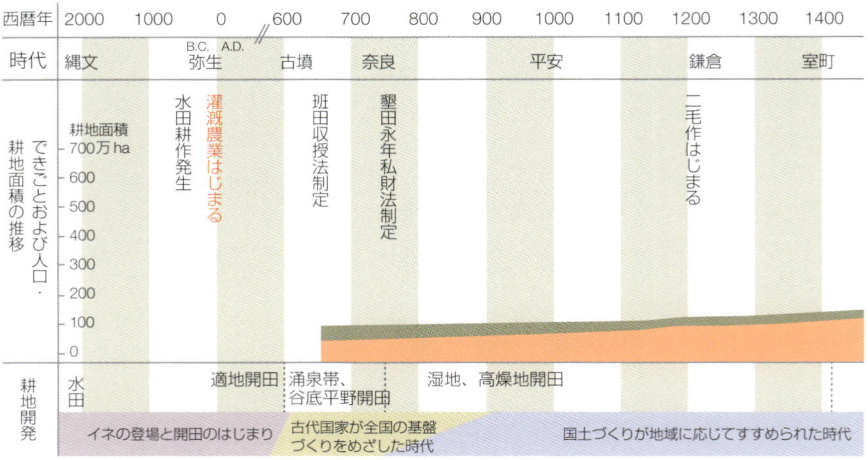

図1　日本の人口と水田面積の変化
日本の人口と水田面積の変化と農地開発の概況

写真1　現在の八郎潟干拓地
八郎潟(22,024ha)の17,239haが国営の農地開発事業によって干拓されて農地となった。52kmの堤防に囲まれ、排水路、排水機場などが設けられた。589戸が新たに入植し、周辺農家4,450戸にも増反地として配分され、大型圃場での水田稲作が営まれてきた。(写真提供・東北農政局西奥羽土地改良調査管理事務所)

　しかし、その後の経済成長や欧米志向の流れにともない、パンや肉、乳製品などを多食する欧米流の食生活が急速に拡大し、米の消費・生産量は減少に転じた。日本人1人あたりの年間米消費量の平均は、ピーク時の1960年代初めには約126kgであったが、2000年代初めには約65kgに半減している。1世帯あたりの年間の米への支払い金額は、2011年にパン類への支払金額とほぼおなじ額にまで減少している。この間、水稲の栽培面積はピーク時の1960年代初頭の約330万haから2010年代に入ると160万ha前後と、ほぼ半減している。

　日本の田んぼと米をめぐる状況は、この50年間で大きく変わってきているが、それでも日本の農業の中心は田んぼにおけるイネの栽培であること、日本の食生活の中心に米が置かれていることに変わりはない。そして、米生産を中心とする日本の農業・農村とそこで醸成されてきた日本文化の基層は、いまなお継続している。

国の歴史と相関する水田面積の変遷

　日本での水田稲作の展開を、国土・社会の発展との関わりから見なおしてみることにしよう。図1は、日本の人口と水田面積の変化を、農地の開発の概況とあわせて示している。ここに示したように、日本では稲作は縄文時代にはじまり、紀元前後には灌漑による水田稲作を展開しはじめている。これ以降、水田面積は17世紀初頭まで継

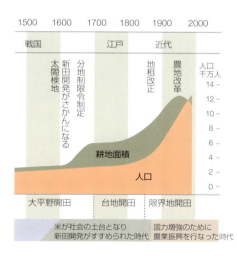

続して徐々に増大し、150万haほどにまでなっていたと推定されている。

　弥生時代には、小河川沿いの湿地や河口部の低湿地など充分な水を安定的に湛えている土地にイネが植えられ、田んぼにされていった。そして古墳時代までは、山間の小河川の谷底平野や扇状地の扇端など、比較的容易に水が得られるところを田んぼとして拓いていった。この開発は、大陸からの渡来人の稲作や農地開拓の技術に依存していたと思われる。やがて、そのような生産の安定を基礎に古代国家が成立し、さらにその安定化を基礎に河川・河口部の三角州等の低平湿地などは排水溝が開鑿（かいさく）されるとともに開墾され、標高がやや高く河川の水を利用しにくいところでは、溜池を築くなどによって水田面積は増大していった。

　水田面積が急増したのは、17世紀の江戸時代初期である。社会の安定を背景に土木技術の開発がすすみ、封建領主によって各地で新田の開発がすすめられた。それまで手が付けられていなかった比較的大きな河川の沖積平野で、河道の安定や排水の改良がはかられ、これを基礎に大規模な灌漑水路が建設され、水田面積はいっきに約300万haにまで増大した。現在の日本の田んぼと水田灌漑の骨格は、この時期に形成されたといえる。江戸時代は、米が社会や経済の根幹に置かれるようになり、水田稲作の安定にさまざまな努力や投資が重ねられた。水利の悪い台地などには、遠方からでも水路を引いて導水するなどして開発がすすめられた。また、傾斜がきつく充分な水を確保できないなど田んぼには適さない土地は、畑地として開発された。

　明治期以降は、治山治水などの土木技術やポンプなどの機械技術など近代西洋技術の導入の結果、農地面積はさらに増大をつづけた。第二次世界大戦以後の食料不足に対応する緊急開拓を含めて、農地の拡大は1960年代まで続いたのである。この時期に秋田県の八郎潟（写真1）や岡山市の児島湾など、干拓による農地開発が各地ですすめられ、用排水の条件の改良も国の事業として大規模にすすめられた。

　こうした水田面積の拡大とともに、人口も推移してきた。古墳時代では500万人までであった人口は徐々に増大して、江戸時代末には3,000万規模にまで増大していた。その後も社会経済の安定や食料供給・保健衛生の改善などで急増し、2008年のピークで約1億2,800万までに増大した。近年になって、人口は農村部を中心にして減少に転じはじめており、水田面積は社会や食生活の変化とともに、それに先んじて減少に転じていることは、先に説明したとおりである。

日本の田んぼはなぜ灌漑水田なのか

　日本の気候、とくに日照と気温は稲作に比較的適した条件となっている。通常のイネの品種は、北海道などの寒冷地や日照時間と気温が不足する「冷温年」では、充分な生育が得られない「冷害」となることがあっても、基本的には夏季の日照と気温は稲作に必要な条件がそろっている。地形や土壌も、山間を流れる小河川沿いや比較的大きな河川の中・下流部に肥沃な沖積地が展開していることから、稲作適地は国土全域に拡がっている。

したがって、イネの生育のポイントは、充分な水が供給できるかどうかである。日本の年降水量は地域によって差はあるが、平均は約1,700mmであり、夏季の稲作期間の雨量も800〜1,000mmあり、かなりの量が見込める。しかし、その多くは梅雨や台風などにともなう豪雨時のものである。しかも、雨が連続して降らない期間(連続干天)も盛夏を中心に頻繁に起こることから、水田稲作には人為的な水の供給、すなわち灌漑が必要となる。河川の氾濫などによる致命的な洪水被害が予想されない場所を見きわめて田んぼとし、そこに降る雨を貯留して有効に使い、さらに夏の日照り続きなど雨では足りない部分を河川などから取水して補うのである。言い換えれば、用排水条件が整えば日本のたいていの地域で水田稲作は成立することになる。

　灌漑の水源となる河川は、日本は大陸とくらべて地形や流域の規模が小さいために流量の規模は小さい。しかし、平野の規模も田んぼの面積も大きくないために、それぞれの水田地帯ごとの需要水量の総量は多くない。このため、比較的小さな土木工事で取水や送配水の施設を建設することになる。すなわち、地域の人たちが協力して小規模の土木工事を行なえば施設が建設でき、水田稲作が展開できることになる。そこで、このような努力が古来より営々とつづけられてきたのである。米を少しでもたくさん生産しようとする国家・国民的な目標に沿って、稲作が可能な土地はみな田んぼにしてきたのである。

　かくして、日本の田んぼはすべて「灌漑水田」となった。灌漑水田とは一般的に、「必要な水を、共同して建設する水路などの構造物を利用して供給する田んぼ」をいうが、世界的には田んぼに降る雨や、洪水時などに河川の水が自然に流入した湛水を利用した「天水田」も多く、灌漑水田は全水田の約55%にとどまる。

　2013年現在の日本の農地約454万haのうち約207万haが畑地であるが、灌漑がなされる畑地は約20%である。畑地で栽培される作物の必要水量は水稲よりも少なく、その多くは降雨によって供給できることが見込めるため、用水補給の必要性はときどきしか発生しない。したがって、畑作農家は灌漑施設の建設や維持管理等に多大な費用をかけることを選択しない。畑地で灌漑がなされているのは、用水供給を安定させるメリットがとくに大きいか、灌漑施設を肥料や農薬の散布に使うことができる、あるいはお茶の栽培のように散水することで凍結被害を抑えるなど別の役割があるか、ハウス栽培などでとくに水が必要な場合などに限られている。

　畑地はもともと、土壌の水分保持能力が小さい台地の上や火山灰地、あるいは傾斜がきつくて重力を利用する灌漑がむずかしいところに拡がっている。灌漑しやすくて肥沃な土地は、みな田んぼとして拓かれたのであるから、当然のことでもある。

文化となった日本の水田灌漑システム

　生活と生産の中心に米が置かれてきたことから、米の生産の場である田んぼの造成や、河川など水源からの取水のための堰や導水路、水を田んぼまで送る水路や分配のための分水施設、田んぼからの浸透水や過剰な雨水を排除するための排水路など、一

写真2 灌漑用水路
見沼代用水路。利根川から取水され、約15,000haの田んぼに用水を供給する。江戸時代（1700年代初め）に開鑿され、新田開発がなされた

連の水利施設の建設と維持補修は、国土の人為的な形成の中心となってきた。この水田造成や水利施設の造成と維持補修は個人の力だけではおよばず、共同作業が必要となった。しかし、すでに述べたように、地形や河川の規模から、造成される田んぼの規模は比較的小さなものが多く、強大な権力がなくとも人びとの自治的な共同組織で実現できることが多かった。比較的大規模な河川の扇状地や中・下流部の平野で水利施設を含む水田開発が行なわれたのは、近世の封建領主が農家組織を巻き込んで計画的・集権的に土木工事をすすめることができるようになってからのことである。

田んぼと灌漑施設を造成して運用管理する地域的・自治的なしくみは、生産に限定したシステムにとどまらない。このしくみは、地域の自然に人が働きかけ、協働の形で労力を投下し、それを田んぼや施設という物理的な構造物の形で資本蓄積する社会的な秩序、言い換えれば「文化」を形成してきたのである。水稲の生産を生業とする人たちが集落を構成して洪水や土砂の災害から協力して村を守り、周辺の森林を共同で利用するなど、生活に関わる作業の多くを共同で行なってきた。しかも、自然への畏怖や敬意を表したり、豊作や生産の安定を祈願したり、健康や収穫に感謝する祭りなどの伝統的な行事も不可分一体として営まれてきた。日本は「瑞穂の国」とされるが、それは稲作に適した自然条件の土地を意味するのではなく、働く人たちの「知恵と努力に支えられたイネの国」なのである。「灌漑が田んぼを造り、田んぼが日本を創った」といえよう。

日本の田んぼは、ピーク時の1960年代前半には約340万haとなった。この面積は、サッカーの国際的な公式試合の競技場（ピッチと周辺）の面積を約1haとすると、じつに340万個分に相当する。日本人は、国土の10分の1ちかいそれだけの土地を毎年、田植えの時期になるとほぼ同時に湛水させてきた。それを可能とする灌漑施設と維持管

写真3 日本の田んぼの風景（その1）
用排水路と農道に接続する圃場整備された矩形の田んぼ

理の組織・体制を、長きにわたって築いてきたということでもある。

　ここで一つ忘れてならないことは、大規模な田んぼの開発や改良には、その基礎としてより広い範囲での治水や水源の開発があったことである。たとえば、江戸時代に関東平野の利根川下流部の平野で水田開発が進んだのは、現在の江戸川の流路にちかい流れであった利根川の流れを東に導き、房総半島北端から太平洋に注ぐように流路を変更することで洪水氾濫の危険を回避したことが背景の一つにあった。

　あるいは、腰まで水に浸かっていた新潟平野の湿地帯の田んぼが、排水が改良されて日本有数の米どころとなったのもその例である。これは上流の信濃川を分水して、新潟平野を経ずに日本海に流下させる大河津分水が1922年に開鑿・通水されたからである。さらに、1960年代からは日本各地で田んぼの区画の拡大や成形、用排水路や農道などの圃場整備事業が行なわれ、田んぼ1枚ごとにほぼ自由な水の掛け引きができるようになったのは、水源である河川にダム貯水池が建設されるなどで水源が安定し、広域的な排水整備が進んだことが前提となっている。

歴史的造形物としての日本の田んぼと灌漑のかたち

　日本の田んぼと灌漑システムは、自然条件に適合するように地域の人たちが共同して建造し、運営してきたのだが、留意すべきは小規模で共同的な開発が歴史的に継続されてきたことである。地域の土地や水の条件を見きわめながら、徐々に、ときには試行錯誤をくり返しつつ、田んぼと灌漑施設系がつくられてきた。そこには自然の修正がついてまわるが、自然のシステムを根底から改変することはなく、持続性を決定的に乱す問題が生じない範囲で、またそのように認識できる範囲で、開発や改良が加えられてきた。とくに近代の大規模事業が急速に展開するまではそうであった。

　この田んぼと灌漑システムの造成と整備は、国土形成の歴史であったが、同時に国の環境形成の歴史でもあった。たとえば、河川水の利用についていえば、利用できる流量は基本的にはすべて水田稲作にふり向けられることになった。もちろん、農村で生活する人たちの飲用などの生活用水にも利用されることになるが、それは田んぼが

必要とする水量にくらべれば、無視できるほどのごく少量である。とくに夏季の河川の流量は、利用できる限界まで田んぼに取水されることになった。

河川の流量は、その年の雨の量など、天候に左右されて変化する。さらに季節や時期によっても変動することになる。このため、厳しい渇水期は、とくに上・下流の地域間で田んぼの取水量を巡って争いが生じることになる。厳しい渇水年、なかでも水量の少ない時期の河川流量を基礎に田んぼが造成されていれば、水を巡る争いは起こらないか穏やかなものとなろう。しかし、田んぼの造成は通常は水量が少ない時期の状況をもとに行なわれるため、厳しい渇水時には水利を巡る紛争が生じるのである。それでも、このような紛争は、そのくり返しをへて調整・解決するような申しあわせなどのルールがつくられることになる。慣行だけでなく、文書での取り決めのかたちをとることもある。これも先にみた社会システムの一部であり、その存在意義を示すものとなる。

日本の田んぼの骨格は江戸時代に完成したと述べた。江戸時代以降、夏季の河川の水は水田灌漑用に取水し尽くされて、豪雨時を除けば河川の本川には限られた水量しか流れないという事態になった。このことは魚や昆虫など河川に生息する動物の生息環境を著しく劣化させて、生物多様性や生態系に大きな影響を与えてきた。いっぽうで、河川から離れた農村では、充分な流れが集落や田んぼを流れ、緑豊かな農村を維持していた。多くの動植物が生息する地域固有の水田生態系を形成することになったのである。

写真4　農家の共同作業としての水田灌漑施設の維持管理(草刈り)
用排水路などの水利施設を共同で建設し管理する農家は、水利組合や土地改良区などの組織を形成し、日常的に水路に溜まった土砂を上げたり、法面の草刈りをするなど、共同で施設機能の維持に努める
(写真提供・愛知川沿岸土地改良区)

写真5 日本の田んぼの風景（その2）
中山間の傾斜地に拓かれた棚田。地域の自然条件に巧みに適合したみごとな景観をつくりだす

農業・農村の変化が迫る「文化的転換」

　水田稲作の安定が人びとの生活と生産の中心にあり、米の生産増大と安定を最上位の課題としているならば、この夏季の河川の流量の減少、ときに「瀬切れ」と称する流れの枯渇は大きな問題とはならなかった。しかし、米の消費が急減し、また田んぼの面積が減少して水田灌漑の必要水量が基本的には減少しているはずの状況では、この河川生態系と復元が社会的な課題となるのである。あわせて、豊かに形成されていた水田生態系の劣化も問題となっているのである。生産と周辺の環境をいかに調和させ、河川系と水田地帯の生態系を復元・維持するかは喫緊の課題であり、実態の調査はなお必要な状況となっている。

　農業の中心にあった水田稲作の急速な縮小や水田面積の減少にもみられるが、日本の農業・農村は、歴史的にもみられなかった厳しい事態を迎えている。農村では、都市以上に速く少子高齢化が進行し、後継者がいない農家が急増している。農村に住む非農家の割合は9割にもおよび、農家が共同して農業、とくに水田稲作を営むというこれまでのスタイルは崩壊寸前ともいえる。そのようななかで、大面積を耕作する大規模農家や法人が急増しており、農地の集積や集団化も進んでいる。

　これにともなって、田んぼを巡る灌漑排水の管理のあり方にも変革が求められることになる。均質で小規模な農家が共同して自発的に維持管理に加わるという前提は成りたたなくなることから、水田稲作や灌漑排水施設の管理に関するさまざまな組織や制度の見なおしが必要となってくるであろう。そのさいに、生産だけでなく、地域の文化を支えてきた組織や秩序にも影響が出てくることに留意しないといけないであろう。

　田んぼやその灌漑のあり方は、国土・社会の根幹に関わることである。水田・灌漑が造ってきた日本の国土は、「文化的転換」とさえいえる大課題に直面する事態となっているのである。

どろんこ探訪記

古老のフナが語る田んぼとヒト

金尾滋史（滋賀県立琵琶湖博物館）

　私のような古老のニゴロブナにとって、田んぼはしばらく遠い存在だった。ところが、最近になって明るい話題を聞くことも多くなった。私たちがヒトという生きものと関わりはじめてから、良くも悪くもさまざまな出来事があった。そんな出来事の舞台となった田んぼは、私たちとヒトにとってどのような場所なのだろうか。

　私たちニゴロブナは、琵琶湖の沿岸から沖合いにかけての環境をおもな生息地としている琵琶湖固有亜種のフナである。滋賀県の伝統的湖魚料理である「ふなずし」の材料となっているのは、なにを隠そう私たちだ。そんなニゴロブナは、4～7月の繁殖期になると田んぼにもやってきて産卵する。田んぼは人がつくった環境でありながら、琵琶湖や川に生息する一部の魚にとっては「ゆりかご」であり、「ふるさと」のひとつなのだ。

　田んぼは、魚とヒトとが出会う場でもあった。とはいえ、私たちは田んぼで安全に卵を産むことができたわけではない。とくに梅雨どきの雨上がりの朝は要注意だ。産卵のために田んぼに入っていくと、そこに魚つかみをしようと、子どもたちがやってくる。おとなたちも、モンドリやウケなどのさまざまな仕掛けをあちこちの水路に置いている。私たちは懸命になって逃げ回るが、捕まった仲間たちは、どうやら晩御飯やふなずしになってしまったようだ。

　考えてみると、ヒトにとっても、田んぼは米をつくる場としてだけではなく、おかずとりの場として、さらには水辺遊びの文化を生み出す場として地域の風土をつくってきた存在だったのだろう。私たちは田んぼという場において、よい意味でヒトと良好な関係が築けていたのかもしれない。

　ところが、40～50年ほど前から圃場整備や開発などによって、田んぼそのものが消失したり、水路と田んぼとのあいだに高低差ができて、私たちは田んぼに入ることができなくなってしまった。気がつけば、私たち魚類をはじめとする多くの生きものたちの繁殖の場、暮らしの場が失われていた。それと同時に私たちとヒトとの関係も希薄となり、さらには種の減少や絶滅という、これまでとはべつの意味での危機が迫っていた。

　しかし、田んぼの生きも

写真1　田んぼで産卵をするニゴロブナ
かつて琵琶湖周辺の田んぼではどこでもこのような光景を見ることができたが、いまではほとんど見られなくなった
（撮影・金尾滋史、滋賀県野洲市、2010年5月）

写真2 滋賀県内で実施されている「魚のゆりかご水田」
小排水路を段階的に堰上げて魚道化することで、魚が田んぼに入りやすい構造となっている。滋賀県内では116haにおいて魚のゆりかご水田の取組みが行われている(2014年12月現在)
(撮影・金尾滋史、滋賀県彦根市、2009年6月)

のをもういちど復活させようとするさまざまな取り組みが、最近になって行なわれるようになった。琵琶湖周辺の田んぼでは、排水路を堰上げして魚道化し、魚が田んぼに入ることができる「魚のゆりかご水田プロジェクト」の取り組みがはじまった。これを行なっている人たちは、どうやらかつての魚つかみ体験の感動が原動力になっているようだ。その結果、私たちもふたたび田

写真3「魚のゆりかご水田」での自然観察会
田んぼの中干しにあわせて、滋賀県各地で実施されている。観察会では子どもだけではなく、おとなも夢中になってフナやナマズを追いかける
(撮影・金尾滋史、滋賀県野洲市、2013年6月)

んぼに遡上できるようになり、子どもたちに追いかけられるようになった。そうはいっても、いまの子どもたちはどうやら魚つかみに慣れていないようだ。子どもたちは網を使って追いかけてくるが、逃げるのはかんたんだ。ここは魚つかみ有段者である「大きな子ども」が、しっかり訓練をしてやってほしい。

　田んぼという場所があったからこそ、私たちニゴロブナとヒトとの関係はより深いものになってきたといっても過言ではない。この関係は一時は薄れつつあったが、なんとかもちなおしつつある。この関わりがさらによい方向に向かうのであれば、私自身、たとえ捕まってふなずしになっても、それはそれで本望である。

田んぼという巨大なダム
多量の水を湛える水田の豊かな機能と役割

渡邉紹裕（京都大学地球環境学堂 教授）

　田んぼをダムに見立てて洪水を調節しようという試みが注目されている。豪雨時に田んぼに一時的に雨水を貯留して、周辺の市街地の湛水（たんすい）を抑制したり、下流河川などの洪水ピークの流量を抑制しようとするものである。水稲が栽培される田んぼでは湛水が一般的で、畦畔（けいはん）などに囲まれていて湛水が可能な構造であることから、豪雨時に雨水を一時的に活用しようというものである

　湛水せず畑地状態で陸稲（おかぼ）を生育している面積は、世界に約1,700万haもあり、全稲作面積の約12％を占める。現在の日本の稲作は、ほぼすべてが基本的に灌漑による「湛水水田」で行なわれる。湛水の維持に必要な水量のうち、雨だけでは不足する水を河川などから人為的に取水して田んぼに供給するしくみが灌漑である。

田んぼを湛水するわけ

　田んぼで湛水されるのはなぜであろうか。水稲は、充分な水分が保持されている土壌でよく生育する性質をそなえている。したがって、土壌に充分に水を注いでその水分を保つことになるが、どうして湛水というかたちで水が供給されるのだろうか。田んぼを湛水することには、以下の利点がある。①充分な安定した水分供給、②水に含まれるミネラル類の安定供給、③湛水による土壌の還元状態化による肥料成分分解の抑制、④雑草生育の抑制、⑤病虫害の防除、⑥保温を中心とする温度調節、⑦土壌中の塩分などが安定して浸透することによる溶脱、などである。いずれも水という物質の特徴や働きを湛水によって引き出して利用するものである。逆にいえば、水以外の物質やほかの灌漑方法によってそれが担えるのであれば、湛水は不要になる。

　たとえば、化学肥料や除草剤・農薬が安価で容易に施用できるならば、上記の③や④、⑤の役割は期待しなくてもよい。現に1960年代以降の日本の田んぼでは、湛水されるのは水稲がとくに水を必要とする時期と、雑草の生育と競合したり気温が急に低くなったりすることのある生育前半にほぼ限られつつある。したがって、イネが株分かれする「分げつ」がすんだ生育なかばには、湛水による土壌酸素の欠乏を避けるために「中干し」が行なわれる。湛水を止めて土壌をあるていど乾燥させるのである。そして、その後の生育後期は、湛水せずに間断的に灌水するのが一般的である。生育後期は、重い収穫機械の走行を支えるために地耐力を向上させるうえでも湛水は回避される。こうした非湛水管理は、必要に応じていつでも湛水を回復できるという安定した灌漑の整備と、必要に応じて湛水を排除できるという排水の整備を前提にして実現できる。

田んぼは「ダム」を超えるダム

　日本のかなりの田んぼは、生産効率を上げるために一つひとつの田んぼの面積を大きく矩形に整えている。標準は短辺30m、長辺100mの3,000m²＝0.3haである。そのうえで用排水路や農道に接続させ、必要に応じて土壌を改良する圃場整備事業によって基本的な構造が改良されてきた。整備後の田んぼの周囲の畦畔は田面から25～30cmの高さが標準で、20cmほどの湛水が可能となる構造になっている。ただし、湛水されているときは3～7cmの深さに水が湛えられていることから、13～17cmの雨水を貯留する容量があることになる。貯留量の操作は排水口（落水口）に設けられた湛水を調節する装置（通常は板や石などのかんたんな堰）によって湛水深や雨水貯留量が調整されることになる。

　この田んぼの雨水貯留量は、概算すると2013年の水田面積250万ha、貯留水位幅13cmとすれば、日本全体で約32億5,000万m³となる。国内の大型治水ダム一つの貯水量を800万m³とすると、約400個分の水量となる。

　田んぼでの雨水の一時的な貯留は、圃場整備事業など田んぼが近代的に整備される以前からも広くみられたことである。もちろん、豪雨時に排水が悪くて湛水してしまうなど、住宅地などほかの用途での利用がむずかしい土地が田んぼとされてきたという側面もある。そのような田んぼを意図的・計画的に湛水を許容する土地として維持し、住宅など都市的に利用されている周辺の土地を洪水被害から守るしくみは日本各地で見られる。海外の代表的な例では、タイのチャオプラヤ川の低平地の田んぼに湛水を広く保持させることで、下流の大都市バンコクの湛水被害を回避・軽減している。

　近年の排水改良を含めて田んぼの管理・改善と、周辺地域の都市的な土地利用の拡大にともなって、田んぼの洪水調節能力をさらに意図的・計画的に活用しようとするのが、冒頭の「田んぼダム」の試みである。

地域の水循環システムの要として

　田んぼでの湛水など、安定した水の供給・排水調整が行なわれることは、地域的な水の循環にも影響をおよぼすことになる。降雨や灌漑で水田土壌に供給された水は、水面や土壌表面からの蒸発、水稲の根から吸い上げられて葉の気孔からの蒸散、田んぼの排水口から排水路への流出、土層下方への浸透などによって田んぼから出ていく。気体として大気に移動する蒸発・蒸散は正味の「消費」であり、そのほかは地域の水循環システムに加わることになる。土層下層に浸透した水の一部は近くの排水路などに進出するが、かなりの部分はさらに下方に移動して地下水となる。日本のこの水田圃場の水の出入り（水収支）の平均的な状況を示すと図1のようになる。

　下方に浸透して地下水に加わるということは、田んぼは地下水を涵養しているということができる。図1にも示すように、その水量はかなり多く、涵養された地下水は下流などで揚水され、さまざまな用途に使われることになる。1960年代の経済成長時期には、濃尾平野下流での工業用利用が目的の地下水の大量揚水が地下水位の大幅な低

写真1 田んぼでの湛水（生育前期）
日本の田んぼは、イネの苗が移植されてからの生育前期は、基本的に湛水がつづけられる。水深は3～7cmで、蒸発散や浸透で失われたぶんのうち、降雨でまかなえないぶんを、灌漑によって人為的に補給する

写真2 豪雨時の雨水貯留（田んぼダム）
田んぼでは、豪雨時に一時的に雨水を貯留することができる。それによって、周辺や下流の土地を洪水の被害から守ったり、被害を軽減したりすることに寄与できる。（写真は兵庫県での実験的取り組みの光景。https://web.pref.hyogo.lg.jp/whk11/tannbodamu/tannbodamu.html）

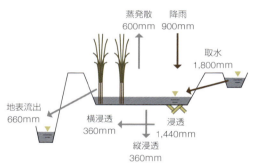

図1 水田圃場の平均的な水収支
日本の田んぼの、灌漑期間中の水の出入りと、その平均的な水量の総量を、面積あたりの量（水深）で示したものである。世界各地の田んぼにくらべて浸透の量が多く、浸透した水は下流で河川に流出したり、地下水を涵養したりする

下と地盤沈下をもたらして地域的な問題となった。しかし、濃尾平野の上流部の田んぼからの浸透水が増大することで、地下水の涵養と地盤沈下の抑制に大きな役割を果たしたことが知られている。

最近では、この田んぼの地下水涵養機能に改めて注目し、湛水による地下水涵養によって地域の地下水流動や下流の地下水利用の安定化を計画的にすすめることが行なわれるようになった。たとえば、熊本市は上水道の水源を地下水に依存しているが、その水源・涵養源が周辺の田んぼの浸透であることがあきらかになり、下流の都市や住民の支援によって湛水水田の確保と湛水時期の拡大が計画的に行なわれている。さらに、田んぼの地下水涵養の活用策として、夏季の浸透水を地下水として保留して、冬季に相対的に温かい地下水を揚水して融雪に活用したり、農作物のハウス栽培の熱源とすることも行なわれている。

田んぼは多様な生命体のインキュベータ

湛水を中心に、田んぼで充分な水が一定期間、確実に維持されることは、イネだけでなく、さまざまな野生の動植物に生息の場を与えることになる。日本では、春先のほぼ同時期に最大約340万haが耕起され、湛水される。しかも、この状態が約120日

写真3 地下水を涵養する田んぼ（熊本県）
田んぼからの浸透水が地下水となり、下流の水道の水源となる。このため、田んぼからの地下水の涵養を増大・安定化させるために田んぼで長期の湛水が行なわれる（http://www.maff.go.jp/j/nousin/noukan/new_tamen/tikasui.html）

間継続するのが日本の田んぼの基本である。この田んぼの土地・水条件は、17世紀初頭以来、約400年間もつづき、人為的な湛水域が安定的に保持・継続されている。

このような日本の田んぼでは、湛水や土壌水分に依存する動植物によって固有の生態系が築かれてきた。もちろん、稲作に不都合な動植物は、害虫・害獣、雑草として徹底して排除されてきた。そのいっぽうでは、稲作に好都合なものは益虫などとしてだいじにされ、直接に影響のない生命体は数えあげられないほど生息している。例をあげればきりはないが、ナマズやフナなどの魚類、田んぼで産卵するカエル類、トンボ類、ゲンゴロウ、タガメなどの昆虫も多数生息する。それを食するヘビなどのは虫類、さらに食物連鎖の上位にいる鳥類などもいる。水路や溜池などの水路システムとも関わって、さまざまな生物の生息環境が形成されているのである。

最近では、この「水田生態系」の役割が見直され、その保全を目的とする湛水管理や用排水路の構造や管理のしかたが再検討されている。イネの収穫後の田んぼは、翌年の生産条件の向上のために耕起され、湛水を止めて乾燥させるのが生産農家の基本的な管理方法である。しかし、冬季に飛来するカモ類などの渡り鳥の滞在環境を保全するために、意図的に湛水水田の割合を拡げ、その水深、湛水期間を大きくすることも各地でみられるようになった。これが「ふゆみず田んぼ」などとよばれるものである。

田んぼの多面的な機能にあらためて脚光

田んぼの湛水とそこからの安定した多量の蒸発散は、周辺の熱エネルギーを吸収する役割を果たし、急激な気温の上昇を抑制する効果をもたらしている。こうした「気候緩和」の効果を含めて、上述のように、田んぼは湛水を中心にして多量の用水を保持して安定的な水条件を継続し、水稲栽培という本来の目的に加えて地域の環境にさまざまに貢献している。この田んぼの「多面的機能」は、日本の水田面積が減少するなかで、その意義や役割の重要性が指摘され、経済効果が試算されている。

田んぼの土づくりの主役は、酸素を利用しない嫌気性の微生物

2-04

浅川 晋（名古屋大学大学院生命農学研究科 教授）

田も畑も作物を栽培する場であるが、土の状態や土のなかではたらく微生物たちの種類と数はずいぶんとちがう。年に100日も水に浸かる田んぼの土は、空気と遮断されて酸素量は激減するが、だからこそ、酸素を利用せずとも生育できる微生物たちの活躍の場がうまれ、イネの成長に不可欠な栄養分を供給できる

　田んぼは、トンボ、カエル、メダカ、ヘビ、水鳥など、さまざまな生きものたちに「生きる環境」を提供している。それらの生きものの命を支えている食物連鎖（食物網）のはじまりは、田んぼの表面にある水（田面水）の中に棲む藻類などの微小な生きものによる光合成であることをご存じだろうか。さらに、そのほかの多様な微小動物や微生物のはたらきもくわわり、全体としての食物網が維持され、生態系が維持されているのである。

　田んぼの田面水や土の表面には、藍藻（シアノバクテリア）、緑藻、珪藻、緑虫藻（ミドリムシ）が棲んでいて、太陽の光を受けて活発に光合成して増殖する。この際に、田んぼにまかれた肥料に由来する窒素やリンなどの養分を体の中に取り込む。それらの養分は、藻類が死んだあと、あるいはほかの生きものに食べられて分解され、ふたたび放出され、イネに吸われることになる。

イネの成長に欠かせない窒素の循環をつかさどる微生物

　微生物の力を利用して、空中の窒素分子を、アンモニアに変換することを「窒素固定」という。細菌のなかまの藍藻は、この能力をもっている。7月から10月まで、田面水の底にペトリ皿を沈め、光をあてた場合と遮光した場合とを比較した実験では、光をあてた場合にのみ、26kgN/haもの窒素が固定された。これは、通常の田んぼで肥料としてイネに与えられる窒素量の約4分の1から5分の1に相当する。

　さらに、この藍藻の一部のなかまは、水生のシダ植物であるアカウキクサ（アゾラ）と共生して棲んでいる。根粒菌と共生するマメ科植物には高い窒素固定能力があることは知られているが、藍藻と共生するアカウキクサにも、これと匹敵する能力があり、田んぼの肥料（緑肥*）として使われている。日本には、アカウキクサおよびオオアカウキクサのなかまが分布している（写真1）。

　これらの藻類は、光合成によって田んぼに有機物と窒素を供給するとともに、食物網のはじまりとして、さまざまな生きものの命を支えている。光合成によってつくられる酸素は、田面水や土の表面に棲んでいる酸素を利用して生育する生きもの（好気性

＊田んぼや畑で育てた植物を土にすきこんで肥料として使うこと、あるいはその植物のこと。田んぼではレンゲが昔からよく使われてきた。

写真1a 筑後地方のクリークに繁茂するオオアカウキクサ

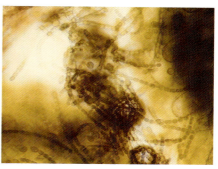
写真1b オオアカウキクサの葉の裏側に共生する窒素固定性の藍藻

オオアカウキクサは水生のシダ植物のなかまで、葉の裏側に共生して棲んでいる藍藻のはたらきにより窒素固定をする能力が高く、イネへの肥料として使われる（撮影・浅川晋）

図1 田んぼの生態系の模式図

田んぼの土の中にはイネの根や前の年にすきこまれた稲わらなどがあり、さらに、水が張られることにより、微生物の生育にとってさまざまに異なる生息部位がつくられる
〈『身近な自然の保全生態学——生物の多様性を知る』、根本正之編著、培風館、2010、p.150、図7-1をもとに作成〉

生物）の代謝に利用される。田面水や土の表面は、有機物がつくられる場であるとともに、それらの有機物が酸素を利用して分解・消費される場でもある（図1）。

好気性の細菌や真菌類、繊毛虫、鞭毛虫、アメーバといった原生動物や、ミジンコ、センチュウ、ウズムシ、イタチムシなどの微小な水生動物が活発に活動し、有機物を分解したり、捕食したりする。これらの活動全体が、水生昆虫、両生類、魚類、貝類、鳥類といった、田んぼに棲むさまざまな生きものの命を支えているのである。

いっぽう、田面水に覆われた土の表面のさらに下の土ではどうであろうか。じつは、ここでは細菌などの微生物が主として活動している。田面水中に劣らず、土の中でも多種多様な微生物が真っ暗な泥の中ではたらくことによって、有機物が分解され、物質が循環する。それらの活動により、イネの生育が支えられて、田んぼの環境が維持されているのである。

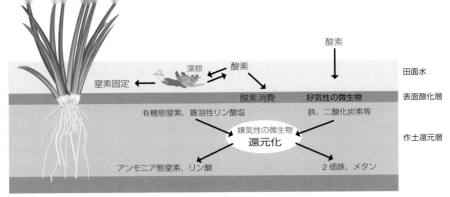

図2 田んぼでの物質変化
水が張られた田んぼでは、田面水や土の表面のごく薄い層を除いて酸素がなくなってしまう。無酸素の土の中では発酵作用や酸素以外の物質を用いる嫌気呼吸作用により微生物が生育し、さまざまな物質変化が起こる

田んぼの土と畑の土とのちがいは、土の中で活動する微生物の種類と数

　田んぼには、イネが栽培されている大部分のあいだ、水が張られている（湛水）。このことが、畑や牧草地などのほかの農地とは著しく異なる、田んぼの特徴である。湛水期間中に土は田面水に覆われるが（図1）、たんに薄い水の層が存在することにとどまらず、その下の土と微生物の活動に大きな変化をもたらす。

　田んぼはまず、トラクターによって耕起されたあと、水が張られて、代かきによって、土の粒子が細かく均平にならされる。酸素などのガスが水中で拡散する速度は、大気中にくらべると著しく遅いので、土の表面が水に覆われると、大気からの酸素の供給量は大きく減少する。

　代かきのすぐあとには、土壌のすき間などに酸素がわずかに残っているが、酸素を利用して生育する好気性の微生物が活動して消費されてしまう。田面水では、大気から酸素が拡散されるとともに、藻類や水生植物などの光合成生物によって酸素がつくられ、水中に酸素が供給される。しかし、湛水された土の中では、酸素の消費の方が供給よりも多く、土はしだいに無酸素の状態になっていく（図2）。

　酸素がなくなってしまった土では、微生物は酸素を使った好気的な呼吸ができない。そこで、有機化合物を酸化する発酵作用や、硝酸塩、二酸化マンガン、酸化鉄、硫酸塩、炭酸塩（二酸化炭素）などの酸素以外の物質を用いる嫌気呼吸という作用を利用してエネルギーを得て、生育することになる。これらの反応は、「強い酸化的な物質をつかう反応」から「弱い酸化的な物質をつかう反応」へと、順番に進行していく（表1）。それにともなって、土の無酸素状態がますます進んで、その状態を示す酸化還元電位という値が下がっていく。

　このように土が還元されると、土の中のさまざまな物質も酸素が奪われ、その形態が変わる。硝酸イオンはおもに窒素ガスに変化し、マンガンや鉄の酸化物は2価マンガン（Mn^{2+}）や2価鉄（Fe^{2+}）に変化する。さらに硫酸イオンは硫化水素、二酸化炭素はメタンへと、それぞれ還元的な化合物に変わる。

　そして、その変化の鍵をにぎるのが、酸素を利用しない嫌気性の微生物たちである。

表1 湛水した土の中で起きる反応と微生物

湛水後の経過日数	物質変化	反応の起こる土壌の酸化還元電位(V)	二酸化炭素生成	微生物の代謝形式	有機物の分解形式
初期	分子状酸素の消失	+0.6～+0.3	活発に進行する	酸素呼吸	好気的・半嫌気的分解過程（第1段階）
↓	硝酸の消失	+0.4～+0.1		硝酸還元、脱窒	
	2価マンガンの生成	+0.4～-0.1		3価、4価マンガンの還元	
	2価鉄の生成	+0.2～-0.2		3価鉄の還元	
	硫化物イオンの生成	0～-0.2	緩慢に進行するか、停滞ないし減少する	硫酸還元	嫌気的分解過程（第2段階）
後期	メタンの生成	-0.2～-0.3		メタン生成	

土の中から酸素がなくなると、嫌気性の微生物の作用により上から下へ順番に反応がすすみ、土が還元され、さまざまな化合物も還元された状態に変化する〈高井康雄：肥料科学、Vol.3、p.17-55、1980、表2をもとに作成〉

　硝酸の還元には硝酸還元菌や脱窒菌が、マンガンや鉄の酸化物の還元はおもにマンガン還元菌や鉄還元菌が活躍する。硫酸の還元は硫酸還元菌、二酸化炭素の還元はメタン生成古細菌というように、田んぼの土の還元には、嫌気性の微生物たちのはたらきが欠かせないのである。

　すなわち、畑の土では酸素を利用する好気性の微生物がおもに活動しているのに対し、田んぼの土では、酸素を利用しない嫌気性の微生物が主役となっているのである。このことは、田んぼの土の色からもわかる。湛水期間の田んぼの土や、イネが刈り取られて水のない期間であっても、水はけが悪くジメジメした低い土地にある田んぼの土の断面が、灰色がかっていたり、青灰色をしているのは、このような反応によって生じた2価鉄（Fe^{2+}）に由来する（写真2）。

　以上は、有機物の分解反応でつかわれる酸素以外の物質の変化である。いっぽうで、分解される有機物は、酸素がある場合とは異なる反応によって、嫌気的な分解過程をたどることになる。

　図3に示すように、多糖、タンパク質、脂質などの高分子の化合物は、加水分解という作用を受けて、まずは単糖、アミノ酸、グリセロール、脂肪酸などになる。つづいて、低級脂肪酸（有機酸）やアルコールに分解され、さらにつづけて起こる反応により、水素、二酸化炭素、酢酸等が生じ、最終的にメタンに変換される。これらの過程には、発酵性微生物をはじめとする多種多様な嫌気性微生物が関与している。ここでも、嫌気性の微生物が主役として活動しているのである。

　一部では、微生物どうしの共生の関係（ある微生物が代謝した産物をほかの微生物が利用することで、単独では進まない反応をもたらす関係）のもとで代謝が進行している。図3に示す分解の過程は、土の還元がもっとも進んだ場合であり、硝酸塩や、マンガンや鉄の酸化物など、より強い酸化的な化合物が土の中にある場合には、それらを利用する嫌気呼吸によって有機物は代謝され、二酸化炭素に変換される。つまり、田んぼと畑とでは、主役として活動する微生物のメンバーが異なるのである。

写真2　岡山県児島湾干拓地の田んぼの土の断面

干拓地は低湿地にあり、土は還元された2価鉄（Fe^{2+}）に由来する灰色を示す。土の中にみえる黄褐色のまだらの紋様は鉄の酸化物である
〈『環境と微生物の事典』日本微生物生態学会編、朝倉書店、2014、口絵19より引用転載〉

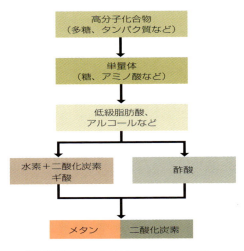

図3　有機物が酸素のないところで分解される過程

酸素のないところでは有機物はいくつもの段階を経て、次第に単純な化合物へと分解され、最終的にメタンと二酸化炭素になる。さまざまな嫌気性の微生物がこの過程に関わっている

湛水や中干しによって田んぼの土は激変するが、微生物の数は安定している

　表2には、日本各地の田んぼ（落水期間中）の土と畑の土について、各種の微生物の菌数を示している。

　好気性細菌と嫌気性細菌の菌数は、畑よりも田んぼの土のほうが多い。また、好気性の微生物の放線菌や糸状菌、硝化細菌の数は、田んぼのほうが少ないのに対し、嫌気性の微生物である硫酸還元菌、脱窒菌は田んぼのほうが多い。湛水によって土が還元的となる影響は、落水したあとの土にもあきらかに残っており、水が張られることもなく、つねに土に酸素が含まれている状態が保たれている畑とは、微生物相がまるで異なることがわかる。

　田んぼに水が張られるのは、イネが栽培される約100日間で、通常は代かきからイネを収穫する数週間前までである。また、多くの田んぼでは田植えの約1か月後の時期に、1週間ほど水が抜かれる（中干し）。排水性の悪い田んぼをのぞいては、イネの収穫前に落水したあと、翌年の代かきまでは田んぼに水のない状態がつづき、田んぼの土は畑とおなじような酸素の多い条件におかれる。こうした環境を利用して、地域によっては、冬のあいだに裏作としてコムギやオオムギが栽培されることもある。

　すなわち、湛水にともなう土の状態の変化や微生物の活動は、1年のうちの3分の1の期間に限られ、田んぼの土はそうした水の有無の条件によって、無酸素と酸素の多い条件とをくり返している。このように、1年のうちに土の状態が大きく変化することも、田んぼのもう一つの大きな特徴である。

それでは、土の中の微生物はどのような影響を受けるのであろうか。夏にはイネを、冬には、水が抜かれて畑のような状態になった田んぼでコムギを栽培する、いわゆる二毛作の田んぼで2年にわたって、嫌気性のメタン生成古細菌の菌数を調査した結果が図4である。メタン生成古細菌の菌数は、湛水や落水、さらにはコムギを作付した畑でも、ほとんど変化しない。さらに、嫌気性の微生物にかぎらず、好気性も含むさまざまな微生物についても、田んぼの土の中の微生物の菌数や菌群の構成はあまり大きく変化せず、安定していることが示されている。

 田んぼでは、毎年春に水が張られ、代かきが行なわれると、ごくあたり前のように、上に述べたように土の還元化が進んで、鉄が還元され、メタンが生成する。湛水、落水、代かき、耕起、中干し、裏作などにより大きく変化する田んぼの土の状態とは裏腹に、田んぼの土の中の微生物が示すこのような安定性は、イネが毎年、健康にすくすくと成長する土をつくるには、とても大きな意味をもっているのである。

表2 落水した田んぼと畑の土の微生物数の比較（乾土1gあたり）

微生物	水田土壌 *1	畑土壌 *2
好気性細菌（偏性および通性）	30.0×10^6	21.9×10^6
放線菌	2.2×10^6	4.8×10^6
糸状菌	8.5×10^4	23.1×10^4
硝化菌	1.1×10^4	7.0×10^4
嫌気性細菌	2.3×10^6	1.5×10^6
硫酸還元菌	7.9×10^4	0.098×10^4
脱窒菌	29.7×10^4	4.7×10^4

*1：18地点の平均、*2：26地点の平均
畑とくらべて、田んぼの土には嫌気性の微生物は多いが、好気性の微生物は少なく、落水した土であっても、湛水によって土が還元される影響がはっきりみられる
〈石沢・豊田：農業技術研究所報告、Vol.B14、p.203-284、1964より作表〉

土の中の酸素が減る「還元化」によって、イネは栄養分を吸収しやすくなる

 湛水によって土が還元されると、いくつかの点で、イネの生育によい影響がもたらされる。還元された土の中での有機物の嫌気的な分解は、酸素を用いる好気的な分解とくらべて、少しのエネルギーしか得られず、不利な反応である。そのため、還元された田んぼの土では、有機物の分解は、畑のような酸素のある土にくらべて抑えられる。その結果、畑の土よりも田んぼの土には有機物が多くたまり、有機物に含まれる窒素成分も多く蓄積する。

 また、田んぼの土では、有機物の窒素成分が分解して無機態のアンモニア態に変化する速度は、ア

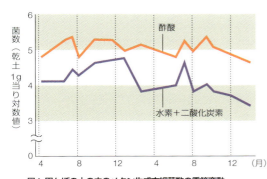

図4 田んぼの土の中のメタン生成古細菌数の季節変動
酢酸あるいは水素＋二酸化炭素を生育基質として用いて、2年にわたって測定した菌数の値。嫌気性微生物であるが、コムギ畑の間でも菌数はほとんど減少しない
〈Asakawa S. et al.: Soil Biol. Biochem. Vol.30、p.299-303、1998、Fig.1より改変〉

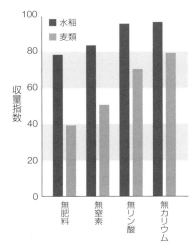

図5 イネおよびムギ類の
三要素（窒素、リン酸、カリウム）肥料試験の結果

三要素をすべて与えた区の収量を100とした場合の指数として示す。各要素を与えなくても、イネはムギ類とくらべ、収量が低下するていどが低い。なお、これは1916〜1946年のデータであり、現在の収量のレベルはこれらより高い
〈久馬一剛ら：新土壌学、朝倉書店、1984、p.173、表29をもとに作成〉

ンモニア態が有機態の窒素になる速度よりも速いため、アンモニア態の窒素が集積しやすい。イネが吸収する窒素の約半分は、土の中の有機態の窒素が分解してできるアンモニア態の窒素であるので、このような田んぼの土の特性は、イネへの窒素養分の供給に大きく寄与しているのである。

土が還元されることにより、イネの生育に必要なリン酸やケイ酸の量も土の中で増える。土の中のリン酸は鉄、アルミニウム、カルシウムに結合や吸着していて、とても水に溶けにくい塩の形で存在している。土が還元化されると、鉄が2価鉄に還元されるため（表1）、それにともなってリン酸と鉄の化合物は、難溶性のものから、より水に溶けやすい形の化合物へと変化し、イネが吸収できるようになる。ケイ酸についても、土の還元化による鉄の還元にともない、鉄の化合物に結合や吸着していたケイ酸が水に溶けやすくなり、イネに吸収されるようになる。

田んぼが湛水され、微生物のはたらきによって土が還元されることによって、イネに供給される窒素、リン酸、ケイ酸の量は増大する。田面水や土の表面での窒素固定、さらには田んぼに張られる水に含まれるカリウムのような塩基類の養分などの天然供給もあいまって、田んぼは畑にくらべて肥沃性と持続性が高くなる。これは、微生物のはたらきを巧みに利用した、耕地の優れた利用方式といえる。図5は、日本各地で行なわれたイネとムギ類に対する三要素（窒素、リン酸、カリウム）肥料試験の結果である。田んぼの高い肥沃性の一端をよく表している。

もちろん、窒素を気体として放出する「脱窒」による窒素成分の損失、鉄が足りない田んぼ（老朽化した田んぼ）におけるイネの根の硫化水素による害、有機物の分解にともなってできる有機酸によるイネの生育障害、温室効果ガスであるメタンの生成など、還元によってイネの生育や環境によくない影響も生じる。しかし、これらも微生物の活動により引き起こされる現象である。田んぼの微生物のはたらきがイネの生育や土の環境に大きな影響をおよぼし、それらを維持し向上するために重要な役割を果たしていることが理解できるであろう。

水鏡 コウノトリの恩返し
生物多様性に配慮した兵庫県の農業の取り組み

西村いつき（兵庫県農政環境部農林水産局農業改良課 参事〈環境創造型農業推進担当〉）

生産者や関係機関による「一斉生きもの調査」（兵庫県豊岡農業改良普及センター提供）

「赤ちゃんを運んでくる鳥」として親しまれるコウノトリは、太古の昔から日本各地に生息していた。しかし、第二次世界大戦後の農業の近代化によって農薬使用や圃場整備が推進されて食料増産ははかられたものの、農村地域の生きものは減少した。これにともなって、食物連鎖の頂点に位置するコウノトリは食べ物を失い、1971年に最後の生息地であった兵庫県で絶滅した。

兵庫県は、1950年代からコウノトリの保護活動を先導してきたが、1970年代には自然界での保護から人工飼育に切り替えて増殖をはかってきた。時は流れ、飼育下のコウノトリが100羽を超えたことを契機に、2005年に野に放鳥することが決まった。それでも、1日約500gのドジョウやカエルなどの生きものを食べるコウノトリが棲める環境は、飼育していた豊岡市周辺の自然界には整っていなかった。

兵庫県では、農業者や関係機関とともに、放鳥をはじめるまでに安全良質なお米の生産と、その田んぼで生きものを増やす稲作技術を確立し、それをコウノトリ育む農法（育む農法）と名づけて、兵庫県北部の但馬地域全域で普及をはかった。その結果、多くの人たちの努力によって「育む農法」の生産面積は2014年に約400haになり、コウノトリの餌場機能を果たすことができるようになった。その恩返しのように、「育む農法」のお米は消費者に積極的に買い支えられ、生産者の意欲を向上させている。

また、「育む農法」支援チームを結成して、生きもの指針を作成して生物多様性の可視化をすすめている。「JAたじまコウノトリ育むお米生産部会」は、2012年から「一斉生きもの調査の日」を定め、生産者自身が生きものと共生する意義を自覚する場としている。さらに、コウノトリが棲める環境の豊かさを外部に発信する場としても活用している。

本文の内容についての引用文献、参考文献

2-02

『水土を拓く——知の連環』『水土を拓く』編集委員会・農業農村工学会（編）、農山漁村文化協会、2009

『21世紀水危機——農からの発想』山崎農業研究所（編）、農山漁村文化協会、2003

『心やすらぐ日本の風景　疏水百選』林 良博（監修）、疏水ネットワーク（著）、PHP研究所、2007

2-03

『地球環境・人間生活にかかわる農業及び森林の多面的な機能の評価について』（答申）日本学術会議、2001、http://www.scj.go.jp/ja/info/kohyo/pdf/shimon-18-1.pdf

「農業の水、地域の水」渡邉紹裕『水をめぐる人と自然——日本と世界の現場から』第2部 第7章　嘉田由紀子（編）、有斐閣、2003

2-04

『新・土の微生物（1）耕地・草地・林地の微生物』土壌微生物研究会（編）、博友社、1996

浅川晋 2006「水田土壌の機能と微生物群集構造」『土と微生物』60:79-84

『湿地環境と作物——環境と調和した作物生産をめざして』坂上潤一・中園幹生・島村聡・奥田徹・伊藤治・石澤公明（編著）、養賢堂、2010

浅川晋 2011「酸化還元研究の新展開——土壌の酸化還元がもたらす現象を追う 2. 水田の湛水・落水に伴う土壌微生物群集の変化——分子生物学的手法による解析」『日本土壌肥料学雑誌』82:428-433

 筆者おすすめの基礎的な文献……もっとくわしく知りたい方に

『大地への刻印：この島国は如何にして我々の生存基盤となったか』農業土木歴史研究会（編著）、公共事業通信社、1988

『水利環境工学』丸山利輔ほか、朝倉書店、1998

『世界の水田——日本の水田』田渕俊雄、農山漁村文化協会、1999

『土壌サイエンス入門』三枝正彦・木村眞人（編）、文永堂、2005

『身近な自然の保全生態学——生物の多様性を知る』根本正之（編著）、培風館、2010

『環境と微生物の事典』日本微生物生態学会（編）、朝倉書店、2014

第3章 いのちが飛びかう田んぼの秘密

『成形図説』巻之五 - 四（国立国会図書館ウェブサイト）

田んぼの生物多様性の見方・見え方の多様性

大塚泰介（滋賀県立琵琶湖博物館）

　本章では7人の研究者と共著者が、それぞれの視点から田んぼの生きものの多様性を紹介する。しかし、各論をいきなり読みすすめると、かえって全体像がわかりにくくなるかもしれない。そこで、全体像を捉えやすいようにアブストラクト（要約）を示しておく。

　「農薬は生物多様性を大きく損ねるのか」、「冬の乾田化で田んぼの生きものはいなくなるのか」、「『ふゆみず田んぼ』は生物多様性を向上させるのか」、「田んぼの環境改善は、すなわち生物多様性の保全につながるのか」等々の問いにたいして、以下の各論が示す回答はそれぞれ微妙に、場合によっては大きく異なる。

　では、いずれかが正しく、ほかは誤っているのであろうか。そうではない。研究対象とする生物の分類群、対象へのアプローチ、そして、見ている空間スケールの違いによって、見えるものがちがうのである。

農薬の影響

　かつてのような「みな殺し型」の農薬の使用はもはや稀である。しかし、殺虫剤が害虫を殺し、除草剤が雑草を枯らすものである以上、すべての生物に無害ということはありえない。たいていは、駆除対象に近縁の生きものほど強い悪影響を受ける。だから水生昆虫の研究者は、たとえばネオニコチノイド系の殺虫剤で多くの水生昆虫、とくに水生カメムシ類やトンボが減ることを指摘する。

　いっぽう、農薬の影響が致命的でない生きものにとっては、捕食者や競争相手が減ることでむしろ生存が有利になり、かえって増えることもありうる。たとえば、ユスリカの幼虫やカイミジンコは、使用する殺虫剤の種類によっては、無農薬の田んぼより多くなることがある。

乾田化の影響

　圃場整備によって排水がよくなると、冬に田んぼの土がよく乾くようになる。これが乾田化である。乾田は土の上や中で冬を越す多くの生きものにとって厳しい環境なので、生きものは乏しくなりがちである。しかも、

水たまりができにくいために、冬のうちに産卵にくる両生類の産卵場所にはなりにくい。さらに、中干し時に水たまりが残らないので、それまでに羽化や上陸ができなかった幼虫・幼生たちは死に絶えることになる。

　しかし乾田にも、湛水から中干しまでのわずか1か月半のあいだに上陸・羽化まで成長し、あるいは爆発的に増殖する生きものが、少なからず生息する。カイエビやカブトエビのように、むしろ乾田で多くなる生きものもいる。

「ふゆみず田んぼ」の効果

　ふゆみず田んぼ(不耕起冬期湛水田)は、イネの収穫前後を除いて冬から翌夏までつねに水を張り、耕さず、農薬も化学肥料もつかわず、有機肥料も原則として田んぼからとれる米ぬか、もみ殻、稲わらだけで営まれる。水鳥のねぐらとして有効なだけでなく、土壌改良に有効なイトミミズ類を増やし、水生昆虫の多様性も高くなることが知られている。

　ところが、田んぼの典型的な生きものは、農事による環境変動で生じた機会を捉えて一気に成長・増殖することは得意でも、捕食に無防備だったり、競争に弱かったりする。そのため、ふゆみず田んぼの安定した環境では、あまたの捕食者に食いつくされ、あるいは強力な競争者に敗れて、生きていけない生きものもいる。

田んぼの環境改善だけでよいのか

　微小生物や植物にとって、田んぼの環境改善はそれだけで、おおむね都合よくはたらく。多くが生活史を田んぼ内で完結でき、そうでなくても灌漑水に運ばれたり、種や胞子が空気中を飛んでくるなどして、容易に田んぼに定着できるからだ。

　しかし、魚、両生類、鳥などでは、一部の例外を除いてそうはいかない。魚は、用排水を通じて田んぼと川や湖などの環境を容易に往来できる環境が必要である。両生類であれば、繁殖場所である田んぼと、親の生息場所である森林や草原と近接していることが必要である。鳥の多くは田んぼを餌場やねぐらとして利用しており、しかも、利用する季節もかぎられていることが少なくない。したがって、こうした大型の動物は田んぼの環境改善だけでは保全できないことが多い。

　話が抽象的にすぎたかもしれないが、アブストラクト(抽象的な)というくらいなので、ここは勘弁していただきたい。次頁からの豊富な具体例に基づいた各論に期待していただくことにしよう。

探せば探すだけ、新種が見つかる！
田んぼは小さな生きものの宝庫だった

大塚泰介（滋賀県立琵琶湖博物館）

畦にしゃがんで田んぼの水の中に目を凝らそう。そこではわずか1mmほどのミジンコ、ケンミジンコ、カイミジンコがせっせと食事にいそしんでいる。ゲンゴロウやタガメなどの人気ものたちの影で存在感の薄いプランクトンだが、食物連鎖の底辺を支えるこうした小さな生物たちがいなければ、田んぼは田んぼでありえない。彼らの実直な仕事ぶりをのぞいてみよう

昨今、「田んぼは生きものの宝庫」などといわれるようになり、私も随所でそういう話をしてきた。すると、「うちの田んぼは農薬がきついから、生きものはほとんど見ない」などと反論をいただくことがある。じっさいのところ、どうなのだろうか。

現状認識に食いちがいがあるときには、まずは検証である。田植えから1か月ほどをへた田んぼの畦に立って、田んぼの中をのぞいてみよう。イネ以外にはなにも見えないって？　そういうこともあるだろう。そうしたら、次は畦にしゃがんで、もっと近いところから水中を見てみよう（田んぼに落ちないよう注意）。こんどはきっと、水中に無数の小さな生きものがうごめいているさまが見えるはずだ。

藻食・肉食・雑食系──田んぼごとに異なるミジンコの勢力図

この田んぼの水をすくってきてシャーレに入れ、10倍くらいの実体顕微鏡で観察してみよう。すると、さまざまなプランクトンが見えるだろう。時期さえはずさなければ、湖や池でのプランクトン採集とは異なり、プランクトンネットでこしとって濃縮する必要がない。それほどまでに高密度にプランクトンが生息しているのである。

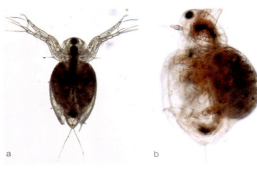

写真1　タマミジンコ
a：体長約1mm。酸素不足になるとヘモグロビンをもって赤みを帯びる。b：孵化寸前の卵をもって膨れ上がっている
（撮影・宮本知子）

田植えの1か月後くらいだと、多くの田んぼではミジンコのなかま（双殻目枝角亜目）がもっとも目だつ。そのなかでも、タマミジンコ（写真1）が優勢になることが多い。大きさは1mmくらいで、ピッピッ……と、多少の緩急をつけながら泳ぐ。水中の細菌や小さな植物プランクトン、原生動物など（1μm[*1]弱～数10μm）を濾過して食べている。

写真2 ケンミジンコ
a：ノコギリケンミジンコの雌。体長約1mm（撮影・中西康介）
b：ケンミジンコのなかまのノープリウス幼生。種は不明、体長約0.1mm（撮影・宮本知子）

丸々と太っているように見えることが多いが、よく見ると、背中を覆う甲殻の下に、大きな卵をたくさん抱えて膨れ上がっているのである。この卵、じつは親とまったくおなじ遺伝子をもったクローンで、やがて親とおなじ姿をした子（雌ばかり）が孵化して泳ぎだす。そして、適温（水温25℃くらい）で餌がたっぷりあると、生まれて3日ほどで卵をもちはじめ、4日ほどで子を産むようになる（単為生殖）。やがて餌不足などの危機が訪れると、タマミジンコは普段はいない雄を産むようになる。そしてその次の世代、受精によって生まれた卵は、黒っぽい莢に入った耐久卵になる（有性生殖）。その後、タマミジンコは急激に減少していくが、耐久卵は水田土壌の中に残り、翌年田んぼに水が入ると、いち早く孵化して増え始めるのである。

田んぼによっては、ケンミジンコのなかま（キクロプス目）が優勢になることがある（写真2）。種によって大きさは異なるが、成体でおおむね0.5〜2mmほど、ミジンコよりも大きく跳ねるように、ピンピンと断続的に泳ぐ。幼生は「ノープリウス」とよばれ、成体とはまったく異なる形をしている。これが脱皮をくり返して徐々に変態し、やがて成体になる。ケンミジンコのなかまは肉食あるいは肉食に偏った雑食で、種によっては自分と変わらない大きさのミジンコや、自分より大きなボウフラを襲って食べることもある。

カイミジンコのなかま（ポドコーパ目）が多い田んぼもある（写真3）。大きさはやはり0.5〜2mmほど、スーッと連続的な泳ぎ方をする。二枚貝の殻のような硬い甲殻をもち、その中から触角や脚がはみ出している。多くは水田土壌の表面付近で生活しているが、コブカイミジンコのように、水中をよく泳ぎまわる種もある。カイミジンコのなかまは一般に雑食で、藻類や植物の残滓から動物の死体、ときには生きた動物まで、なんでもかじって食べてしまう。私はいくどか、イボカイミジンコのなかまが、水中

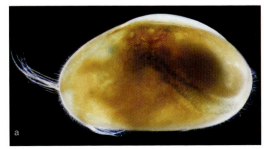

写真3 カイミジンコ
a：コブカイミジンコ。体長約1.8mm
b：ニホンシカクカイミジンコ。体長約0.8mm
（撮影・ロビンJ.スミス）

*1 1μm（マイクロメートル、ミクロン）は、1mmの1/1,000の長さ。

写真4 田んぼから見つかったイタチムシの未記載種(新種)の例 (撮影・鈴木隆仁)

に落ちて弱ったミミズにたかって食べているのを見ている。上記のような小さな甲殻類以外に、もっと小さなワムシのなかまや、緑色のミラーボールのようなボルボックス(オオヒゲマワリ:緑藻のなかま)もよく見られる。

さて、優勢になるプランクトンが田んぼによって異なるのはなぜだろうか。じつは私もよく知らない。しかし、これまでに行なわれてきた多くの研究によって、田んぼのプランクトンの増減に影響をおよぼすさまざまな要因があきらかにされてきた。追って紹介するが、ちょっとその前に、もっと小さな生きものに目を転じてみよう。

新種を発見するコツは、まずその生態をよく知ること

『田んぼの生きもの全種リスト』という本がある。その改訂版(2010年刊行)には、田んぼとその周辺で見られる生物が、なんと5,668種も掲載されている。そのなかには上記の小さな生きものたちも、もちろん含まれている。しかし、私たち小さな生きものの研究者は、このリストはまったく不完全であると考える。このリストから漏れた多くの生きものの存在を知っているからである。その多くは、10倍ていどの実体顕微鏡で観察しても形がよくわからない、あるいは、その存在すら確認できない、たいへん小さな生物である。

大阪大学の鈴木隆仁氏は、滋賀県大津市の田んぼに生息するイタチムシ(腹毛動物門毛遊目)の調査をした。イタチムシはワムシと並んで最小の動物(原生動物を除く)の一つで、大きさは平均的なもので0.1~0.2mmほどしかない(写真4)。腹側の繊毛を動かして体をうねらせながら、あたかもイタチのようにすばやくはいまわる。

このイタチムシ、上記リストにはまったく掲載されておらず、日本の田んぼ以外の環境からも、35種しか知られていない。ところが鈴木氏は、大津市の12筆の田んぼを調査しただけで44種も発見したのである。しかも、そのうち少なくとも5種は新種であるという。

田んぼのイタチムシがこれまで見落とされてきたのは、分類同定のむずかしさに加えて、田んぼ内でイタチムシがほんらい生息している場所の調査が、ほとんど行なわれてこなかったためであろう。鈴木氏は畦から田んぼの水中に垂れ下がった植物や、水底の稲わらなどの堆積物を洗い出すことによって、かくも多様なイタチムシを見出した。イタチムシは、水中に漂って生活する「プランクトン」ではなく、水底の堆積物や藻・植物などの表面で生活する「ベントス」であるため、従来のプランクトン調査では発見されなかったのである。

私が専門としている珪藻も、田んぼにおける多様性が過小評価されている分類群の

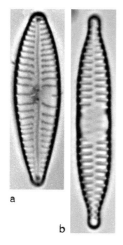
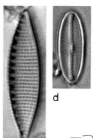

写真5 田んぼで除草剤使用に対する指標性をもつ珪藻
除草剤を使用しない田んぼを指標する珪藻
 a *Gomphonema parvulum*
 b *Fragilaria vaucheriae*
田んぼで除草剤の使用を指標する珪藻
 c *Nitzschia taylorii*
 d *Mayamaea agrestis*

一つである。上記リストには、未同定種も含め45種の珪藻が示されている。しかし、私と藤田裕子氏(京都大学基礎物理学研究所)は、高槻市の京都大学農学研究科附属農場の1筆の田んぼから、92種の珪藻を同定して報告している(2001年)。さらに私は、2009年に滋賀県内の65筆の田んぼの珪藻を調査し、これまでに300種以上の珪藻を同定している。

　どのような環境条件が田んぼの珪藻の種類やその割合に影響をおよぼすのかを調べるために、手始めに上記65筆の田んぼから得た珪藻試料のうち22の試料を用いて、田んぼの環境条件との対応を「冗長性分析」という方法でモデル化してみた。すると、珪藻にもっとも強く影響をおよぼす環境条件が、除草剤使用の有無であることが示唆された。そして意外にも、除草剤を使用していない田んぼの指標種となった珪藻は沼沢や湿地の普通種だったのにたいして、除草剤を使用した田んぼの指標種となったのは、田んぼ以外からはほとんど知られていない「レアもの」であった(写真5)。これは、除草剤に弱い種が減少することにより、種間競争が緩和され、除草剤に耐性がある種が増えやすくなったためと考えることができる。

微生物の世界に目を凝らせば、その多様性に驚愕！

　ここまでは、ごく小さいといえども、顕微鏡で観察すれば一応は分類が可能な生きものたちである。しかし、田んぼには、光学顕微鏡では形態がはっきりわからないほど小さなバクテリアが、水中には1mlあたり100万細胞ていど、土壌中には乾燥土壌1gあたり数10億細胞も存在している。また、そもそも光学顕微鏡では存在が確認できないウイルスが、バクテリアよりもさらに多数存在している。

　バクテリアは小さく、形態学的特徴に乏しいものが多い。そのため、顕微鏡観察による形態分類はほとんど通用しない。名古屋大学の木村眞人氏の研究室では、細胞膜の主成分であるリン脂質の組成、そして、DNAおよびRNAの塩基配列の違いを用いて、どのようなグループのバクテリアがいつ、どこに生息しているのかを、皆で分担して調べていった。すると、おなじ田んぼの中でも、表面水、浸透水、小型甲殻類、土壌、イネの根、稲ワラ、堆肥には、それぞれ異なるバクテリアの群集が発達していることがあきらかになった。バクテリア群集には多少の季節変化もみられるものの、それよりも生息場所による違いのほうが大きかったという。

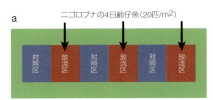
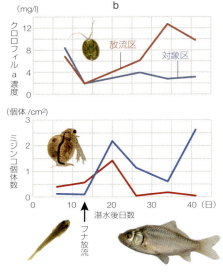

図1 ミジンコの生物群集への影響を確かめるニゴロブナ仔魚の放流実験

仔魚放流区ではフナの成長にともなってミジンコが激減し、植物プランクトンが増加した

　T4型ファージという、バクテリアに感染する一群のウイルスがある。木村氏の研究室で、このT4型ファージの田んぼにおける多様性も調査した。すると、田んぼにはさまざまな系統のT4型ファージが存在し、海洋や大腸菌群から分離されたそれとは異なる系統のものが多く、しかも、その系統は海洋よりも多様であることがあきらかになった。

　ウイルスにまで話が拡がって、田んぼの生物多様性がかえってわからなくなってしまったという読者もおられることだろう。しかし、ここで強調したかったのは、田んぼの生物多様性は微生物を中心に未解明であり、着眼点や調査方法によっては、今後も多くの新発見が期待できる、ということである。気になったあなた、ぜひとも調べてみよう。

ミジンコは田んぼのキーストーン生物

　ここまで、じつにさまざまな小さな生きものをみてきた。しかも、これは田んぼの小さな生きものの多様性の、ほんの一部である。このように多くの生きものが共存している以上、共存する生きものとのあいだに「食う・食われる」、「寄生あるいは共生」、「競争」など、さまざまな関係が生じてくる。

　ただし田んぼでは、多様な種が時間的・空間的に棲み分けをしながら共存しているために、種間の相互作用はどちらかといえば希薄なようだ。たとえば、大型のミジンコは、広範なサイズの餌を効率的に濾過捕食することができるので、ほかの濾過捕食性の動物プランクトンとの餌をめぐる競争で優位になる。そのため、ミジンコを食べる魚がいない池では著しく優占し、ほかの動物プランクトンが「競争排除」によって極端に減ってしまうことがある。しかし、田起こしや水入れ、田植え、中干しなど、一連の農作業で人間の手が頻繁にくわわる田んぼでは、種間競争の勝敗が決定的になる前にどんどん環境条件が変わっていくため、競争排除は起こりにくいようだ。

　いっぽう、田んぼのミジンコも、湖沼とはべつのかたちで田んぼの生物間相互作用に重大な影響をおよぼす。タマミジンコは田んぼで、多くの水生昆虫、ミズダニ、ウズ

a　トップダウン栄養カスケード

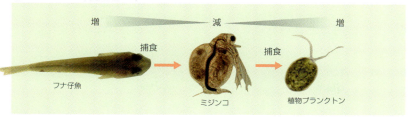

b　ギルド内捕食

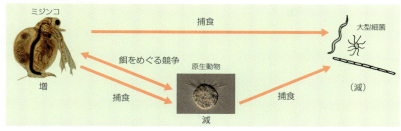

図2　田んぼで見られるミジンコを介した三者間相互作用の例
トップダウン栄養カスケードとギルド内捕食

ムシ、そして仔稚魚などの主要な餌生物になっている。いっぽうでタマミジンコは、先述のように1μm弱〜数10μmまでの広範なサイズの微生物を、無差別かつ大量に濾過捕食する。つまり、多くの動物に食われ、また多くの微生物を食うことによって、田んぼの食物網の重要な結節点となっているのである。このような種のことを「キーストーン種」とよぶ。

　ミジンコが水田生態系におよぼすインパクトを検証することはむずかしい。田んぼからミジンコだけを取り去ったり、逆にほかの条件を変えずにミジンコだけを増やしたりという実験が困難だからである。しかし、有効な方法が一つある。それは、ミジンコを選択的に捕食する捕食者を田んぼに放ち、その捕食者がいない田んぼと比較することである。

　私たちは1筆の田んぼの中に六つの実験区をつくり、そのうち三つにニゴロブナの4日齢の仔魚(全長約6mm)を1m²あたり20匹ずつ放流して「放流区」とし、仔魚を放流しない「対照区」とのあいだで生じる微小生物の遷移の違いを追った(図1a)。ニゴロブナの仔魚は最初、ミジンコよりも小さい繊毛虫やワムシなどを食べているが、孵化後10日、全長10mmを超えるころから、タマミジンコなどのミジンコを選択的に捕食するようになる。

　ニゴロブナ仔魚がミジンコを選択的に捕食するようになっても、しばらくのあいだ、放流区と対照区とでミジンコの密度に大きな違いは見られなかった。しかし、ニゴロブナが稚魚へと成長し、いっそう多くのミジンコを食べるようになると、放流区ではミジンコがほぼ全滅するに至った。この結果は、タマミジンコが減るとほかのミジンコが入れ替わりに増加してくる対照区とは好対照を示した(図1b)。

するとニゴロブナ放流区では、糸状細菌など大型の細菌、小型の植物プランクトンや鞭毛虫、繊毛虫などが、のきなみ対照区よりも多くなった。こうした生物のサイズはタマミジンコが濾過捕食できる範囲にあるので、捕食圧の低下によって増加したと考えられる。このように、捕食者が被食者を介して、そのまた被食者にまで影響をおよぼすことを「トップダウン栄養カスケード*2」という(図2a)。

鞭毛虫や繊毛虫には、ミジンコとおなじく細菌や小型の植物プランクトンを捕食するものが多い。こうした微小な原生動物は、ミジンコに餌を奪われるのみならず、自分自身まで食べられてしまうのだから、まさに踏んだり蹴ったりである。このように、おなじ餌を食べる競争相手を捕食することを「ギルド*3内捕食」という(図2b)。したがってニゴロブナに食われてミジンコがいなくなると、鞭毛虫や繊毛虫は強力な捕食者と競争者の両方から同時に解放されることになる。

ところでこの実験では、放流区の植物プランクトンの総量は、対照区よりも多くなった(図1b)。この結果はトップダウン栄養カスケードだけでは説明できない。水中の栄養塩が一定量であるかぎりは、ミジンコの減少により小型の植物プランクトンが増えると、そのぶん大型の植物プランクトンが減少して、プランクトンの量は一定に保たれるはずだからである。しかしじっさいには、ニゴロブナが稚魚に成長して以降は、放流区のほうが水中の全リン量はあきらかに多く、全窒素量もやや多くなっていた。これはニゴロブナ稚魚が水田土壌の表面付近に生息するカイミジンコやユスリカ幼虫を捕食するさいに、土壌表面に沈殿した植物プランクトンを巻き上げて再懸濁させたこと、土壌表面の酸化層を壊して窒素やリンの溶出を起こりやすくしたこと、そして、土壌状の餌生物に含まれていた窒素を排泄物として水中に放出したことなどが原因であると考えられる。このように、魚の摂餌行動が水中の栄養塩量を増加させ、植物プランクトンの増加をもたらす現象を「間接ボトムアップ効果」という。

生物多様性を高める栽培管理方法はあるか？

私はこれまで、小さな生きものを含めた生物群集の多様性を高めることができる田んぼの栽培管理方法について、考えを巡らせてきた。ところが、データを集めて考察をすすめるほどに、この問いにたいしてシンプルな答えを導くことは絶望的であると考えるようになった。以下、その理由を述べることにする。

◆ 殺虫剤の使用

有機リン系の殺虫剤を用いた田んぼでは、無農薬の田んぼにくらべてカイミジンコとユスリカ幼虫が多くなったという報告がある。これはおそらく、トンボ幼虫やゲンゴロウ幼虫などの捕食性昆虫が減少したためである。いっぽう、おなじ殺虫剤でも、ネオニコチノイド系のイミダクロプリドを用いると、逆にカイミジンコとユスリカ幼

---

*2 カスケードとは、階段状に連続する滝のことである。トップダウン栄養カスケードとは、捕食者の増減が被食者を介してそのまた被食者にまで影響をおよぼすさまを、カスケードになぞらえた表現である。
*3 ギルドとは、封建時代の商工業者が結成した同業者の組合のことである。転じて生態学では、おなじ場所に生息しおなじ餌を食べるなど、共通の資源を似た方法で利用している種の集まりを指す。

虫の壊滅的な減少を招いたという報告もある。近年の田んぼでは、すべての動物を皆殺しにするような殺虫剤は用いられていない。しかし、対象とする「害虫」以外の、いくばくかの動物も殺してしまうのは確かである。すると、使用された殺虫剤に対する感受性が高い動物が減少するいっぽうで、感受性が比較的低い生物は、競争や捕食圧の緩和によってむしろ増加する可能性がある。しかも、殺虫剤の種類ごとに動物の感受性の強さは異なる。結果として、使用した殺虫剤の違いが生物群集の違いを生み出しているかもしれない。

◆除草剤の使用

　現在、田んぼで用いられている除草剤は、ほとんどの動物にとって強い毒ではない。しかし、除草剤は維管束植物だけでなく緑藻やシャジクモの増殖も抑えることが多いので、そこに付着するオカメミジンコなどの付着性甲殻類には負の影響をおよぼすことになる。いっぽう、珪藻には除草剤への感受性が高い種と低い種とがあるので、除草剤を用いた場合に感受性の高い「普通種」が減少し、代わって感受性の低い、通常の環境ではほとんど見られない「レアもの」が台頭してくる場合があることは、先述のとおりである。

◆魚の繁殖

　フナに限らず、田んぼで繁殖する魚の多くは、成長の初期にミジンコを選択的に捕食する。したがって、先述の研究結果から、魚の密度が充分に高い場合には、ミジンコの大幅な減少が起こることが一般的であると考えられる。そうなると、ミジンコと餌を巡る競争関係にある小型の動物プランクトンや、ミジンコの強い捕食圧を受けていた微生物が増加することになる。しかし、この一連の結果がトータルとして生物多様性を高めたことになるのかについては、意見の分かれるところだろう。

◆冬期湛水

　稲刈り前後の限られた期間を除き、田んぼに水をつねに張っておく冬期湛水は、生物多様性を高める栽培方法として評価されている。たしかに、水鳥の越冬場所や冬〜早春に産卵する両生類の繁殖場所にはなる。また水生昆虫にとっては、田面水が底まで凍結しないかぎり、よい越冬場所になる。そのためか、水生昆虫の多様性は高いことが多いようである。しかし、すべての生物にとって好都合とはいえない。滋賀県立大学の田和康太氏らの研究によれば、冬期湛水田んぼの動物プランクトン群集はケンミジンコ中心の単調なものになるという（102ページ、3-03）。ケンミジンコはほかの動物に捕食されにくく、小型の動物プランクトンをよく捕食するので、長期にわたり水を張る冬期湛水田んぼで優占しやすい。すると、ドジョウは、仔稚魚のよい餌であるワムシやミジンコが少ないうえに、水生昆虫などの捕食者が待ち構えているために、ほとんど繁殖できないという。

　一つだけ確実なのは、栽培管理方法が異なれば、そこに発達する生物群集にも違いを生じえるということである。ならば、地域全体でみた場合には、「栽培管理方法の多様性こそが水田生物群集の多様性を生み出す」といえるのではないだろうか。

3-02 イトミミズのはたらきを手がかりに 有機栽培の田んぼの土に注目すると……

伊藤豊彰（東北大学大学院農学研究科附属複合生態フィールド教育研究センター）

「食べる・食べられる」の関係が複雑にからみあっている田んぼの生態系。農家の人たちが「トロトロ層」とよんでだいじにしている田んぼの土の質を大きく左右するのが、小さなイトミミズたちのはたらき。土をどんどん食べて、どんどん排泄するかれらは、有機栽培の田んぼでこそ、より活発にその力を発揮することがわかっている

　たくさんの身近な生きものが、産卵場所や餌場として田んぼを利用し、生きている。田植えまえの田んぼに産卵するのはニホンアカガエル。ニホンアマガエルは、田植えのために田んぼに水が引かれたとたんに騒がしくなる。メダカ、ドジョウ、フナたちは用水路から田んぼに入って産卵し、アカトンボ、タガメ、ゲンゴロウの幼生は、オタマジャクシやミジンコを食べて田んぼで育つ。イネの葉や茎には、イネの害虫のバッタやウンカや、それを狙う天敵のクモも潜んでいる。水中ではタニシなどの貝類や、ホウネンエビなどのエビのなかま、無数のミジンコ、イトミミズやユスリカの幼虫が土中の微生物を食べて生きている。カエルやドジョウやアメリカザリガニを求めて上空からやってくるサギ類やトキ、コウノトリも、田んぼの住人である。

田んぼの生態系と養分循環

　このように田んぼの生きものたちは、「食べる・食べられる」という関係によって複雑につながり、網目状の食物網をつくっている。多様な生きものたちが存在し、それらが相互に関係しあうことで、数や種類が変化しにくい生態系を形成できる。

　生きものが成長し活動するには、栄養分としての窒素とリンがとても大切である。田んぼの生態系は、栄養分の循環によって支えられているともいえる。イネは、太陽の光エネルギーと二酸化炭素と水を使って光合成し、土から吸収した窒素やリンを有機物に変えて成長する。田んぼに張られた水（田面水）に生息する植物プランクトンも、土から田面水に溶け出た窒素やリンを光合成によって有機物に合成し、成長し、増殖する。

　植物プランクトンは、ミジンコなどの動物プランクトンに食べられ、動物プランクトンはドジョウやオタマジャクシ、ヤゴなどの餌になる。ドジョウやカエルはサギ類に食べられ、栄養となり、その命を支えている。そして、すべての生きものの排泄物と死骸は土に還り、土の微生物によって分解され、ふたたび無機物である窒素とリンにもどる。このように、土の中の窒素とリンが、田んぼの生きものたちをめぐり、生態系を支えている。

　田んぼの生態系を底辺から支えているのは、土の有機物とそれを分解する生きものたちである。有機物の分解はおもに微生物が行なうが、田んぼのイトミミズも重要な役

写真1 田んぼに優占するイトミミズの2種
左はユリミミズ。右はエラミミズ。エラミミズの頭部は土の中にあり、尾部を水中に突き出してゆらしながら摂食した土を排出し、水中の酸素を吸収している。左の写真の下部に見える赤く丸まった生きものは、田んぼのもう一つの重要な土壌動物、ユスリカの幼虫である

割を担っている。イトミミズは多量の土を食べ、活動することで土の性質を変化させ、イネの生産量を増やし、田んぼの生態系を豊かにする働きもある。小さな土壌動物のイトミミズの働きをとおして、田んぼの生きものたちの役割を考えてみよう。(写真1)

田んぼの土は、畑の土よりも生産力が高くて長つづきする

畑の場合、おなじ作物をおなじ土地に連続して栽培すると、作物の生産量は低下していく。これは「連作障害」といわれる現象で、土壌病害の発生や養分バランスの悪化などが原因である。しかし、田んぼの場合は毎年つづけておなじ作物(イネ)をつづけて栽培しても大丈夫。つまり、持続性が高い。田んぼの生産力は高くて、しかもその力が長続きする。だから、お米を主食にするアジアは人口密度が高い！

田んぼの土の生産力が高いのは、次のような水と微生物の作用といわれている。

①田んぼでは「土壌病害」が起こらない

田んぼの土は、秋から春までは乾燥して酸素の多い酸化状態にあるが、春から秋までの水が張られている湛水期間には、微生物の呼吸によって酸素が急激に消費されるために、酸素不足になる。田んぼでは、おもに酸化状態で繁殖する病原菌や作物を害する線虫などが生きにくいと考えられる。

②灌漑水によって養分が供給される

イネの栽培期間中は、たくさんの水が灌漑される。その水に含まれる養分(カリウム、カルシウム、マグネシウム、ケイ素など)は肥料分としてイネの成長を助ける。

③浸食によって肥沃な表土が失われにくい

斜面にある畑では、強い雨が降ると、表土が流される。これを土壌浸食といい、畑作のもっとも大きな障害となる。しかし、水を貯める田んぼは、畦をつくり、田んぼの底を平らにするために、土壌浸食はほとんど発生せず、養分の豊富な表土が守られる。

イトミミズのはたらきを手がかりに有機栽培の田んぼの土に注目すると……　伊藤豊彰

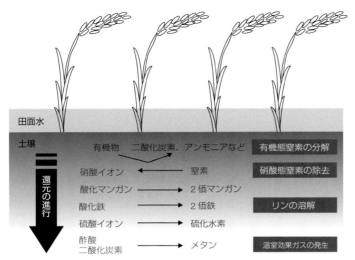

図1 微生物がおこす田んぼの土の物質変化

表面に水が張られた田んぼの土の中では、酸素がなくなると硝酸イオンや酸化鉄を呼吸につかうことができる微生物に変化していく。その過程で有機物は分解されて窒素が放出され、酸化鉄の還元溶解に伴って、これに結合していたリンが溶解して、イネの栄養になる

④土の有機物が減少しにくい

イネの栽培期間中の土は無酸素になるので、微生物の活動は抑制され、有機物の分解のスピードは、畑にくらべて遅くなる。いっぽう、田んぼの土や田面水には、空気中の窒素を有機物に変える能力をもつ藍藻や光合成細菌が繁殖する。このような微生物の働きによって、作物がもっとも不足しやすい窒素の供給は畑より田んぼの土が高く維持される。

⑤水を張ると土は還元状態になり、リンが溶けやすくなる

図1のように、田んぼの表面には水が張られる(湛水という)ので、土に空気(酸素)が入りにくく、しかも微生物の活動によって土の酸素は急激になくなる。そうすると、酸素の代わりに土の中の硝酸イオンや酸化マンガン、酸化鉄、硫酸イオンを呼吸につかうことができる微生物へと、還元の進行とともに変化する。

硝酸イオンの窒素ガスへの変化は、富栄養化の原因になる硝酸イオンを田んぼが浄化することを意味する。田んぼの土の酸化鉄には、リンがリン酸イオンのかたちで結合している。酸化鉄に結合したリンは水に溶けないが、酸化鉄が2価鉄になるとリンは水に溶けるようになり、イネが利用できるようになる。酸化鉄が微生物によって還元されることが、田んぼの土のリン供給力を高める原動力である。

図2は、じっさいの田んぼの調査データである。苗を移植してから、日数が経つにつれて地温が高くなるとともに、微生物の活動が活発になり、土の有機物が分解されていく。そうやって還元状態になると、酸化鉄から2価鉄への変化量が増加し、それとともに水に溶けやすいリンも増加することがわかる。

図1のように、酸素の代わりになる酸化物質が順番に変化しながら、田んぼの土の中では有機物が分解され、二酸化炭素やメタンが発生しつつ、リンが水に溶けやすくなり、イネがもっとも必要とする窒素は水に溶けるアンモニウムイオンの状態でゆっくりと放出され、イネの成長を支えている(図2)。

図2 田んぼの土で起こっている窒素、鉄、リンの変化

日数とともに地温が高まっていき、地温とともに微生物活動は活発になる。それとともに、田んぼの土では有機物が分解されてアンモニウム態窒素が増加し、酸化鉄が還元されて2価鉄に変化し、リンが溶解してくる。調査地は宮城県大崎市の田んぼ（伊藤ら、2003）
※図2〜5の縦棒線は測定値のふれ（標準誤差）を表わす

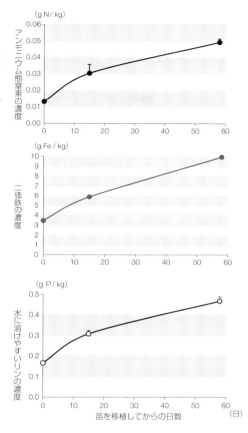

田んぼの土の力を活かす有機栽培

　高い米生産量を得るには、土から供給される養分（とくに窒素）では不充分なので、慣行栽培では、化学肥料（たとえば、窒素肥料の尿素）を施肥する。さらに、病気、害虫、雑草からイネを守るために、殺菌剤、殺虫剤、除草剤を使用する。日本の単位面積あたりの米生産量は世界トップクラスだが、いっぽうで農薬使用量もかなり多く、田んぼの周りの生きものたちが減少する原因になっている。田んぼに産卵するアカトンボは激減し、タガメやゲンゴロウなどの水生昆虫を田んぼで見つけることがむずかしくなり、田んぼでドジョウやカエルを獲るトキやコウノトリは、日本ではいったんは絶滅してしまった。

　農薬による環境汚染や生きものに対する負の影響を排除し、安心な食べものを生産する農法として、化学肥料と農薬を使用しない「有機栽培」がある。イネが必要な養分を補給するために、堆肥を継続的に投入して土づくりを行ない、くわえて、分解性の高い有機質肥料を使用する。

　雑草の発生を抑制するために、米ぬか散布、田面水を深く張る管理、機械を使用した除草を行なう。これらは、米ぬかの分解途中で発生する有機酸が雑草の成長を妨げ、深水管理によって酸素不足になり、雑草発生が抑制されることを利用する技術である。害虫の抑制には、クモやカエルなどの天敵の効果を期待する。有機栽培は、地域の有機物資源を活かし、自然の力（生きものたちのいとなみや水）と、人の力を利用した米づくりといえる。

　地域にある有機物を積極的に利用した土づくりは、本来の農業の姿であり、生きものの餌を増やすことも意味する。田んぼに水を張る期間が長くなることも農薬を使用しないことも、生きものの繁殖にはよい環境を提供する。その結果として、有機栽培の田んぼには多様な生きものがもどってくる。田んぼのミミズたちも例外ではない。

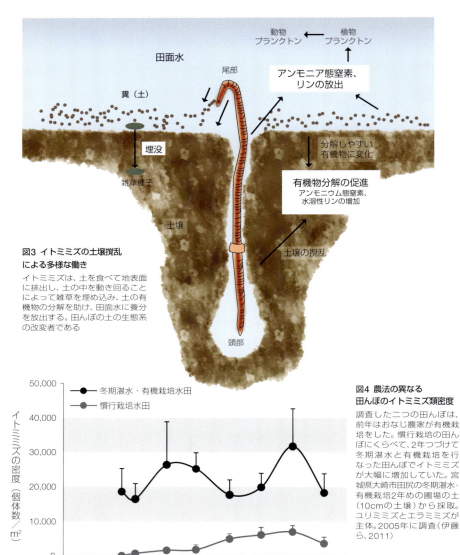

図3 イトミミズの土壌撹乱による多様な働き

イトミミズは、土を食べて地表面に排出し、土の中を動き回ることによって雑草を埋め込み、土の有機物の分解を助け、田面水に養分を放出する。田んぼの土の生態系の改変者である

図4 農法の異なる田んぼのイトミミズ類密度

調査した二つの田んぼは、前年はおなじ農家が有機栽培をした。慣行栽培の田んぼにくらべて、2年つづけて冬期湛水と有機栽培を行なった田んぼでイトミミズが大幅に増加していた。宮城県大崎市田尻の冬期湛水・有機栽培2年めの圃場の土（10cmの土壌）から採取。ユリミミズとエラミミズが主体。2005年に調査（伊藤ら、2011）

小さなイトミミズの地道な働きと、大きな影響力

　多くのイトミミズは、直径1mm未満、長さ10cm未満の小さな水生ミミズだが、田んぼの土の中ではメジャーな動物である。名前は「糸のように細い」ことに由来していると考えられる。イトミミズという種が存在するが、ここではイトミミズのなかまの総称として「イトミミズ」とよぶことにする。

　日本の田んぼでは、次のような種類が見つかっている。イトミミズ（*Tubifex tubifex*）、ユ

リミミズ (*Limnodrilus hoffmeisteri*)、エラミミズ (*Branchiura sowerbyi*)、ウィリーイトミミズ (*Limnodrilus udekemianus*)、モトムライトミミズ (*Limnodrilus claparedianus*)。東北地方の田んぼでは、ユリミミズとエラミミズが優占しているようである。

　イトミミズは、田んぼの土や湖底の泥の表層に生息し、頭部を下(土中)に、尾部を上(田面水中)にして、土や泥を食べて、その中の微生物や有機物を消化吸収して土の表面に糞を排泄する(図3)。この摂食と排泄によって、下層の土は表層に移送され、土は上下に撹拌される。さらに、イトミミズは土中の移動や巣穴をつくることによっても土を撹拌し、田んぼの土の物理的、化学的性質を変化させる。

　イトミミズは田んぼにどのくらいの密度で生息しているであろう。季節によって大きく変動するために、最大の密度で比較した。筆者たちは宮城県の3か所で、冬期湛水・有機栽培の田んぼと慣行栽培の田んぼとをペアで調査した。すると、冬期湛水・有機栽培の田んぼでは1m²あたり1.5万～7万匹で、慣行栽培の田んぼではその4分の1～2分の1であった。

　図4は、隣接する二つの田んぼの調査例である。どちらの田んぼも、前年にはおなじ農家が有機栽培しているが、2年つづけて有機栽培した田んぼでは最大3万匹／m²に達している。2年めに慣行栽培に切り替えて化学肥料と農薬を通常量使用した田んぼにくらべて、有機栽培の田んぼ(「ふゆみず田んぼ」でもある)でイトミミズが増えている。

　冬期湛水・有機栽培の田んぼでイトミミズ密度が高いのは、冬期間の湛水だけでなく稲栽培期間中の湛水期間も長いこと、使用された有機質肥料や米ぬかがイトミミズの餌になること、農薬を使わないことなど、複数の要因によると考えられる。

イトミミズは「米づくり」に欠かせない「裏方さん」

　イトミミズは、多量の土を摂食して、まるでベルトコンベアのように田んぼの表面に排泄する。そのようすが写真2でわかる。収穫時に稲わらは田んぼの表面にばらまかれるので、農地を耕さずに作物をつくる不耕起栽培の田んぼでは、翌年も表面に稲わらが残ったままになるはず。しかし、写真2では、前年秋に散布された腐った稲わらが層状に埋まっていて、その上には厚さ5cmの土が堆積していた。これは、稲わらの上にイトミミズが土を移送し

写真2　冬期湛水・有機栽培の田んぼの不耕起圃場の表層土壌のようす
宮城県大崎市の前年秋に土壌表面に散布されたイネわら(腐朽している)の上に約5cmの土壌が堆積。これはイトミミズ類がわらの下から移送した土壌である。この圃場の栽培期間中のイトミミズ類の平均密度は10,063匹／m²である

たためで、その土の量は、乾燥した状態で約40kg/m²というから、ミミズの排泄量はたいへんなものである。

イトミミズによって移送された表層土は、イトミミズの口より小さな粒子だけが摂食され、排泄された土なので、ゴロゴロとした砂はなく、クリームのように滑らかな触感になる。農家の人たちは、この表層土を「トロトロ層」とよぶ。除草剤を使用しない有機栽培では、雑草防除がもっとも重要なポイントである。イトミミズが増加した有機栽培の田んぼでは、雑草種子がトロトロ層まで深く埋没する。雑草の種子は、光があたる土の表面にあるときだけ発芽するので、有機栽培の田んぼでは、雑草が発芽しにくくなる可能性がある。イトミミズによる雑草種子の埋没と発生抑制のしくみは、室内でのビーカー実験や、私たちの研究室の圃場実験でも確かめられている。

イトミミズは、土の中のイネが利用できる養分（アンモニウム態窒素と水に溶けやすいリン）を増加させる働きもある。土を詰めた300mLのビーカーに水を張り、ミニ田んぼをつくって実験を行なった。そこに、約3,200個体/m²相当（ビーカーあたり9匹）のエラミミズが生存していると、20℃で、4週間後のアンモニウム態窒素と水に溶けやすいリンが増加することがわかった（図5）。

これらの養分がしだいに増加するのは、図1と図2でわかるように、土の有機物が微生物によって徐々に分解されたためである。イトミミズは微生物の活動を活発にして土の有機物分解を促進して、イネが吸収できる養分を増加させる働きをもっている。その理由としては、土が撹乱されると微生物活動が活発になること、イトミミズの消化管を土が通過するあいだに土の有機物が部分的に消化されて微生物に分解されやすくなることが考えられる。

有機栽培で米を安定的に生産するには、雑草防除と養分補給が重要であるが、イトミミズが雑草防除と養分補給に役だち、米の生産量が増加することを私たちは圃場実験で確かめることができた。

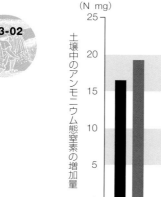

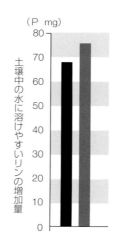

図5 土壌中のアンモニウム態窒素と水に溶けやすいリンの増加量に対するエラミミズの効果

ビーカーのミニ田んぼに、エラミミズ（イトミミズの一種）を加えると、土の有機物分解が早まるために、イネが吸収できる大切な養分（アンモニウム態窒素、リン）が増えた。図の数値は実験を行った300mlビーカー1個あたり（乾燥した土壌で170g）の値。（伊藤ら、2011）

■ エラミミズ　0匹/m²
■ エラミミズ　3,200匹/m²

図6 湛水土壌の表面水へのアンモニウム態窒素とリンの放出量に対するエラミミズの影響

ビーカーのミニ田んぼに、エラミミズ（イトミミズの一種）を加えると、田面水に放出された養分（アンモニウム態窒素、リン）が増えた。これらは植物プランクトンの栄養となる。図の数値は実験を行なった300mlビーカー1個あたりの値（乾燥した土壌で170gから120mlの表面水に放出された量）（伊藤ら、2011）

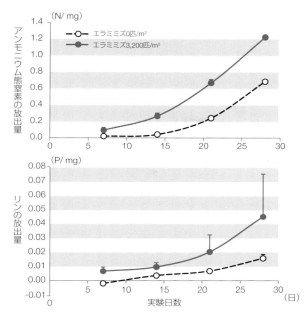

イトミミズの存在が田んぼの食物網を複雑にし、「にぎわい」をうむ

　イトミミズは、土の中の養分（アンモニウム態窒素とリン）を田んぼの田面水に放出する働きがある。ビーカーでのミニ田んぼ実験で、表面水のアンモニウム態窒素と水に溶けているリンの濃度を測定した。時間とともに二つの養分の放出量は増加したが、エラミミズを添加したビーカーでは、より多くの窒素とリンが放出された（図6）。これは、①イトミミズが土中の水溶性養分濃度を増加させたこと、②イトミミズが土を撹乱したために土からの養分の拡散が増加したこと、が理由として挙げられる。

　先に述べたように、田面水中の窒素とリンの増加は、植物プランクトンを増加させ、それが起点となって田面水中の動物プランクトンが増えることがわかっている。動物プランクトンを餌にする水生昆虫や魚類が増える可能性もある。さらに、イトミミズは魚のすぐれた生き餌として知られていて、昆虫と同等の栄養があるとされている。このことから、田んぼにイトミミズが増えると、微小動植物、水生昆虫、魚類などのつながり（食物網）がより複雑になり、「にぎわい」が増すことが期待される。

生態系サービスまでも増強してくれる

　有機栽培やマガンなどの水鳥の保全を目的とした「ふゆみず田んぼ」は、田んぼ周辺の生きものの種類を増やし、これまでの農業近代化で失われてきた「田んぼと農村の価値」を回復するための選択肢として期待される。しかしながら、農家の人たちの苦労が大きく増え、しかも米生産量が大幅に低下するのであれば、有機栽培では米の供給は不安定になり、結果的には消費者にもデメリットになり、農業の持続性も危うくなる。

　その矛盾を解決するには、生きものを活かした安定生産が可能な農業技術を早急に完成させる必要があるが、農家も消費者も田んぼの生きものにもっと関心をもつことも大切である。田んぼの小さな生きもの、なかでもイトミミズが農業生産を高め、同時に生態系サービスを向上させていることに、多くの人が気づいてくれることに期待したい。

どろんこ探訪記

作為を超えて豊かに機能する耕地——田んぼのランドスケープと人の営み

夏原由博（名古屋大学大学院 環境学研究科 教授）

にぎやかな田んぼ——イナゴが跳ね、鳥は舞い、魚の泳ぐ小宇宙　第3章　いのちが飛びかう田んぼの秘密

あなたにとって、田んぼのある景色はどのようなものだろうか。田植え直後の水面に映る月、黄金色の稲穂の上を飛ぶ赤とんぼ。もう少し遠くを見ると、畦道、水路や小川、鎮守の森や屋敷林、ため池、雑木林などが見えてくる。年配の方は、こうした風景はずいぶん変わってしまったと感じているだろう。曲がりくねった畦はまっすぐになり、小川はさらさらとは流れていない。ため池も減ってしまった。

2008年に朝日新聞社の主催で実施された「にほんの里100選」に応募した約3,024地区のデータを分析した岩田悠希さんの研究によると、人が想いを寄せるにほんの里は6種類にわけられる。もっとも応募数が多かった里は「森林型」の山やまにかこまれた集落で、典型的な青森県田子町新田地区は、「田んぼには刈った稲を天日に干す『はさ掛け(稲木)』があり、蕎麦畑や野菜畑も見られる」ところだ。次いで混合の「森林田畑型」、「水田型」までの上位3類型は、応募地区の73％を占めた。いずれもキーワードとして棚田、あるいは田んぼが登場する。

失われた田んぼの風景として、もっとも特徴的なのが畦畔木(はざ木)だろう。かつては、イネは田んぼで干していて、その支柱として使われた。湿地に強いハンノキやヤナギ、実のなる柿などが植えられていた。明治後期の1909年当時の滋賀県では、約6万haの田んぼに290万本もの畦畔木があった。100m四方に50本があった計算になる。とくに北部では、「森林中に田畑がある感を受ける」ほどであったという。ところが、県は木があるとイネの生育を妨げると考え、その1909年に「耕地障害木取締規則」を制定した。しかし、畦畔木には畦畔保護や田舟を繋留する役割も、炎天下

写真1　滋賀県湖北地方で見られた田んぼの風景
（撮影・内藤又一郎、1977年5月）

で日陰を提供してくれる役割もある。一律に伐採することには、農家の反対運動も起きた。県は方針を変えず、その年だけで190万本を切ってしまった。その後も、機械化された農作業の邪魔になることから、圃場整備などにともなって畦畔木はさらに減少し、現在はほとんど見られない。

　木のある農地の風景は、世界のあちこちで重要な役割を果たしている。『ハリー・ポッター』の舞台として知られるイギリスのレイコックなどのコッツウォルズ地方には、ヘッジロー（生け垣）のある美しい風景が残されている。ヘッジローは、牧草地などの境界を示すためにつくられた。イギリスでの総延長48万km（2007年）に達する。イギリスの農地は、生産の場であるのみならず、多様な機能をあわせもつことが共通認識となっている。ヘッジローは文化的な景観であると同時に、野鳥など生物の生息場所でもある。ヘッジローには植物600種、昆虫1,500種、鳥類65種、哺乳類20種が生育・生息しているとの記録がある。したがって、ヘッジローを適切に管理すれば、農家への補助金制度である環境スチュワードシップ（環境直接支払い）の対象ともなる。

　タイ北部からラオスにかけて見られる産米林とよばれる風景も、田んぼに残された樹木がつくる風景である。人や家畜が休息する日陰となるほか、薪や樹脂、果実など多彩な生態系サービスを提供することが知られている。田んぼの木の根本に営巣するシロアリは、落ち葉などを分解して養分を提供する。その樹上に営巣するツムギアリは、害虫の天敵となる。ツムギアリは、ラオスの人たちにとってはご馳走でもある。

写真2　ラオス南部の田んぼの風景
（撮影・夏原由博、2010年6月）

水生生物のいのちの連鎖の鍵を握る水
ふゆみず田んぼと湿田の特徴

中西康介(名古屋大学大学院環境学研究科 都市環境学専攻 研究員)
沢田裕一(滋賀県立大学名誉教授)

降雨量や日照時間に一喜一憂しながら、農家の人たちは丹精込めてイネを育てる。なかでも重要なのは水の管理。青々と葉を茂らせたイネの根をさらに成長させようと、6月から稲刈りまえにかけて人為的に水を入れたり抜いたりする。こうした田んぼの変化は、そこをすみかとする多くの生きものたちの生死とも深く関わっている

田んぼではイネが栽培される期間中、水が張られる。田んぼは農地であるが、ある期間だけ広大な湿地となるのである。このように、つねに水があるわけでなく一時的にできる湿地を「一時的水域」とよぶ。

日本国内の田んぼの合計面積は、日本最大の湖、琵琶湖の37倍にも相当する*。琵琶湖を抱える滋賀県においては、田んぼの合計面積は琵琶湖の半分の面積に匹敵する。現在、国内において自然の一次的水域、すなわち河川の氾濫原にできる湿地などはほとんど存在しない。つまり、田んぼが自然湿地に代わって、主要な一時的水域になっているのである(図1)。そのため、湿地を利用する水生生物にとって、田んぼは重要な生息場所の一つとなっている。

水生生物にとって、田んぼとは?

田んぼは一時的水域だが、田んぼをとりまく場所は、じつはそうではない。田んぼには、用水を蓄えるため池、ため池や河川から水を供給するための水路、田んぼから水を抜くための排水路などが備わっている。これらの水辺は、田んぼ本体とは対照的に、水が枯れることの少ない安定した「恒久的水域」である。

このような、田んぼとそれをとりまく水辺のことを「水田水域」あるいは「稲作水系」などとよぶ。一般的に「田んぼの生きもの」というと、田んぼだけでなく、水路やため池、それらを囲む草地や林に生息する生物全般をさすことが多い。ここでは、おもに一時的水域としての田んぼに注目する。

水生生物にとって田んぼとは、どのような場所なのだろうか。生息場所として、ため池や水路などのほかの水域ともっともちがう点は、やはり一時的水域という特徴である。その田んぼの水深は最大で5cmほどに浅く保たれている。さらに、田んぼではイネの生育のために窒素やリンを含む肥料がまかれるという特徴がある。この肥料は植物プランクトンの栄養ともなる。これらの要因により、田んぼに水が入ってしばらくすると、動物プランクトンが大発生する。これがさまざまな水生生物の餌となり、田んぼがにぎわうのである。

*「2013年度 農林水産統計」より算出。転作によりイネ以外の作物(小麦や大豆など)が栽培されている田んぼを除く。

写真1 水を入れる時期をずらした3枚の実験水田
1月の雪の積もる時期、縦に並ぶ3枚の実験水田のうち、いちばん手前の田んぼに水を入れ始めた
(撮影・中西康介、滋賀県彦根市、2012)

　また、一時的水域で、なおかつ水深が浅いという環境は、オオクチバスなどの大型の捕食者の侵入を防いでもいる。さらに、田んぼに植えられたイネは、育ってくると、水温上昇を和らげる日かげをつくり、サギなどの上空からの捕食者からの目隠しともなり、茎や葉は赤とんぼなどのヤゴの羽化場所としての役割も果たす。
　このような田んぼの環境の特徴が、田んぼに棲む水生生物の種の多様性を高めるおもな原動力となっている。いっぽうで、おいしいお米を効率よく生産するために、田んぼでは農薬散布、施肥、耕起、除草、中干しなどさまざまな農作業が行なわれる。田んぼをすみかとする生きものにとってこれらの作業は、生息環境に対する人為攪乱となる。この攪乱のインパクトは、水生生物にとって、プラスにもマイナスにもとても大きく作用する。農作業は、ときにある生物の全滅を導く要因ともなりかねない。しかし、工夫しだいで水生生物と共存した米づくりが充分に可能である。

ふゆみず田んぼによって、生きものの種類や数はどう変わるか

　水生生物にとって、田んぼに水がなくなることは、致命的である。陸上を歩いたり、空を飛んだりして逃げることのできる生きものはよいが、水生昆虫の幼虫、オタマジャクシ、魚などは、乾いた田んぼでは生きてゆけない。つまり、水生生物にとって、田んぼに水が張られている期間が、そこに生息し、繁殖できる期間である。通常の農法の田んぼでは、地域や米の品種にもよるが、4月下旬から8月下旬までが水を張る期間である。田んぼで繁殖する水生生物にとって、田んぼにいつから水が入り始めるのかがとても重要となる。
　ふゆみず田んぼ（冬期湛水栽培）はもともと、水鳥に越冬場所を供給するために行なわれた農法であるが、同時に水鳥以外にたいしても生物多様性の向上が期待された。ふ

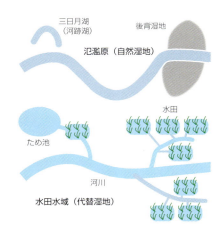

図1 自然湿地と水田水域との比較
河川の氾濫原に形成される自然湿地と、その代替と考えられる水田水域との対応。氾濫によって残された旧河道である三日月湖（河跡湖）がため池、後背湿地が田んぼにそれぞれ置き換わったととらえられる

ゆみず田んぼでは、文字どおり冬の時期から水を張り始める。水生生物の生息可能な期間が長くなることで、その種類や数が増えると考えられた。

しかし、じっさいにふゆみず田んぼの中で、どのような水生生物がどのような生活をしているのか、冬も水を抜いたままにする慣行農法の田んぼとくらべて、生きものの数や種類はどのようにちがうのか、科学的に調べられた例は少ない。そこで、筆者らはふゆみず田んぼが水生生物にあたえる影響をあきらかにするために、田んぼに水を入れ始める時期をさまざまに操作した実験水田で比較調査を行なった（写真1）。

調査の結果、1月から水を入れ始めた田んぼでは、4月ごろから、おもにユスリカ類の幼虫を中心としたハエ目が大量に発生した（図2a）。その後、これらを餌とするやや大型のカメムシ目やトンボ目（ヤゴ）などの水生昆虫が増加した。他方、5月に水を入れ始めた通常の管理方法の田んぼでは、初期にユスリカ類が増加することはなかった（図2c）。このように、ふゆみず田んぼでは水生昆虫の多様性が高くなることがわかった。

ところが、逆にふゆみず田んぼで減ってしまう生きものもいた。アキアカネなどのアカトンボ類、ドジョウ、ニホンアマガエルなどである。これらの生きものはいずれも田んぼを繁殖場所として利用するものたちである。ふゆみず田んぼでは、これらの種の幼虫、幼魚、幼生（オタマジャクシ）が通常の田んぼとくらべて著しく少なかったのである。つまり、一部の種にとって、ふゆみず田んぼが繁殖場所として適していないと考えられた。

この理由として考えられるのは、おもに3点である。
①幼虫や幼魚の餌として重要な動物プランクトンなどの発生パターンが変化した。
②幼虫や幼魚の天敵となる大型の水生昆虫が増加した。
③溶存酸素の減少などの水質の変化など。

そもそも、これらの生きものは産卵場所としてふゆみず田んぼを避けていた可能性もある。つまり、これらの生きものは、一時的水域としての特徴の環境を利用して田んぼに適応してきたと予想できる。これらのメカニズムの解明には、詳細な検証実験が必要である。

写真2 中干しで乾いた田んぼと変態したばかりの子ガエル
（撮影・中西康介、滋賀県高島市、2011）

栽培中の水管理が田んぼの生きものにおよぼす影響

イネの栽培中、田んぼの水は張りつづけられるわけではなく、イネの成長にあわせて水管理が行なわれる。通常の管理方法の田んぼでは、田植え後から40日ほどで中干しが行なわれる。中干しは少なくとも2週間ほど行なわれ、その期間中、田んぼの水は完全に排水される。とくに圃場整備がなされ、水はけがよくなっている田んぼでは、中干し期間中は田んぼの土の表面に深くひびが入る(写真2)。

中干し後、通常は間断灌漑が行なわれることが多く、田んぼは不安定な水域となる。じっさいに田んぼに安定して水が存在するのは、田植え後から中干しを開始するまでの期間である。そのため、田んぼで繁殖する生きものにとって、中干しが繁殖の成功を左右する要因となりかねない。

たとえば、トノサマガエルやダルマガエル類、ニホンアマガエルなどの田んぼで繁殖する代表的なカエルは、田んぼに水が入ると、越冬場所から集まって産卵する。孵化したオタマジャクシは田んぼで餌を食べて

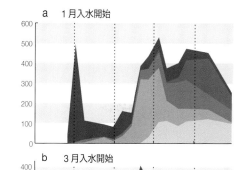

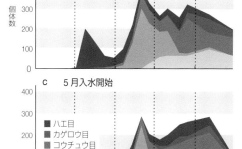

図2 入水開始時期の異なる田んぼでの水生昆虫の発生状況

入水開始を通常の5月と、それよりも2か月ずつ早めた田んぼを用意し、生息する水生昆虫の種類と個体数を調べた。1月に水を入れた田んぼでは、初期にハエ目が大量に発生し、水生昆虫の多様性が高くなった

育ち、変態して上陸する。餌の条件や水温によって異なるが、滋賀県での観察例では、産卵から上陸までニホンアマガエルでは30日ほど、ナゴヤダルマガエルでは40日ほど、トノサマガエルでは60日ほどかかることがわかっている。中干しが田植えから40日ほどで行なわれることから、ニホンアマガエル以外のカエルは田植え直後に産卵しても、中干しまでに上陸することはむずかしい。産卵が少しでも遅れてしまったり、中干しが少しでも早くなったりすると、オタマジャクシが全滅してしまう可能性もある。運よく、田んぼの深みにできた水たまりに集まったオタマジャクシも、サギ類の格好の餌となってしまうことが多い。

アキアカネの卵は、田んぼの土の中で越冬し、田んぼに水が入るとすぐに孵化する。筆者らが滋賀県高島市で、中干しを実施しない田んぼを調査した結果、アキアカネの羽化ピークは6月下旬から7月上旬にかけてであった。この地域の通常の管理方法の田んぼでは、ちょうどこの時期に中干しが行なわれる。そのため、アキアカネの羽化の成功は中干しのタイミングに大きく影響されていると考えられる(図3)。また、中干

しを実施しなかった田んぼでは、7月中旬以降に、イトトンボ類のヤゴ、コミズムシ類やカゲロウ類の幼虫などの多くの水生昆虫が増加した。この時期は、通常の田んぼでは中干しが終わり、間断灌漑が行なわれ、水深が不安定になり、水生昆虫の成育場所としてはかなり厳しい環境となる。つまり、中干しの実施は水生生物の多様性に大きな影響をあたえていると考えられる。

殺虫剤の種類と影響を受ける生きものたちの感受性の違い

近年、殺虫剤が田んぼの水生生物に悪影響をあたえることがわかってきた。田んぼで使用される殺虫剤成分イミダクロプリドやフィプロニルが、アキアカネなどの水生昆虫の死亡率を上昇させることが、実験によってあきらかになったのである。

これらの浸透移行性とよばれる殺虫剤は、イネの苗を育てるさいに、苗箱にまくだけで成分がイネに吸収され、田植え後に、イネの茎や葉を食べたり、吸汁した害虫の神経伝達を阻害するというもので、害虫防除の効果を長期間発揮できる。そのため、この殺虫剤は従来の薬剤散布にくらべ、農作業の省力化に大きく貢献した。しかし、近年になって、田んぼだけでなく周辺の生態系への影響が注目されるようになった。欧米での浸透移行性のネオニコチノイド系殺虫剤によるセイヨウミツバチの大量死のニュースは、日本でも大きな話題となった。

筆者らは、ネオニコチノイド系のクロチアニジンを含む殺虫剤が使用された田んぼと、殺虫剤がいっさい使用されない無農薬の田んぼにおいて、水生生物の種類や個体数を比較した。その結果、殺虫剤が使用された田んぼでは、無農薬の田んぼとくらべて、田植えから中干しが始まるまで、水生昆虫の種数は少なく、現れた水生昆虫の数もほとんど増えなかった。

無農薬の田んぼとくらべてとくに減少したのは、トンボ類の幼虫（ヤゴ）、マツモムシやコミズムシ類などの水生カメムシ類であった（図4）。いっぽう、ガムシ類やゲンゴロウ類などの成虫の数には、大きな差はみられなかった。水生昆虫以外では、ドジョウについては、殺虫剤が使用された田んぼでも多くの稚魚が育っていた。つまり、農薬に対する感受性は生きものの種類によって大きく異なることが示唆された。

農薬が開発されるさい、生きものへの安全性は「毒性試験」によって確かめられる。

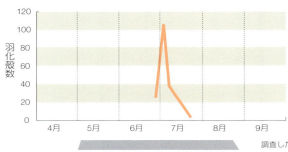

図3 アキアカネの羽化時期と田んぼの水管理

滋賀県高島市の田んぼでアキアカネの羽化殻の数を調べた。この田んぼでは、中干しが行なわれなかった。アキアカネの羽化ピークは周りの田んぼで中干しが始まる時期とちょうど重なっていた

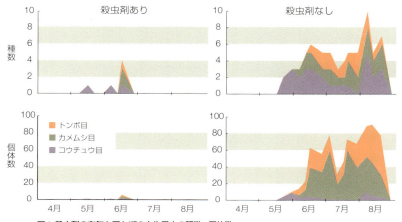

図4 殺虫剤の有無と田んぼの水生昆虫の種数・個体数
滋賀県高島市において、育苗箱に殺虫剤を使用した通常の管理方法の田んぼと農薬を一切使用しなかった田んぼにおいて、水生昆虫の季節的消長を調べた。殺虫剤が使用された田んぼでは、初期から水生昆虫が少なかった

しかし、その試験に使用されるのは、緑藻類、魚類（コイもしくはメダカ）、ミジンコのみである。田んぼの水生生物の多様性を維持するには、たったこれだけの種で試しただけで安全と認定するのは不充分であろう。

殺虫剤は昆虫を標的にしたものであるため、害虫以外の水生昆虫にも毒性を示すのは当然の結果であるかもしれない。また、殺虫剤が生きものにあたえる影響は直接的なものだけでなく、間接的なものも考えられる。殺虫剤がある生きものの数を減らすことで、それを餌としていた生きものに間接的に影響をあたえることも起こり得るのである（84ページ、3-01）。

農作業の手間を考えると、殺虫剤をまったく使用しないことはむずかしい。しかも、殺虫剤による田んぼの生物多様性への影響の評価は始まったばかりで、その因果関係は充分に解明されてはいない。田んぼで普通にみられる生きものたちが希少種となってしまうまえに、殺虫剤使用の方法を見なおす必要があるかもしれない。

生きもののにぎわう田んぼは、こうしてつくれる

田んぼの生きものを増やそうという取り組みは各地で行なわれている。これまで説明したように、ふゆみず田んぼの実施、湛水開始時期を早めること、中干しを遅らせる、あるいは実施しないこと、農薬の削減、農薬の種類や使用時期の変更などにより、田んぼの生物多様性はあるていど向上すると考えられる。

近年、認証制度（177ページ）の導入や米のブランド化などにより、このような環境保全型農法は普及し始めている。しかし、生物多様性を高める万能な農法はないことに注意しなければならない。水生生物にかぎっても、その生態的な特徴はさまざまであり、ある生物に有効な方法が、ほかの生物を減らしてしまう可能性もある。環境保全型農法が生物多様性にあたえる効果の検証についての研究は、まだ始まったばかりである。

写真3 素掘りの溝が備えられた田んぼ
生きものは溝と田んぼを自由に行き来することができる(撮影・中西康介、滋賀県高島市、2011)

　現在、生きものの多様性の高い田んぼの多くは、いわゆる湿田である。このような湿田は中山間部に多く残っている面積の小さな田んぼであり、圃場整備が行なわれていないものや、行なわれていても水はけの悪い田んぼである。農業の視点からみると、このような田んぼは生産性が悪く、価値の低い存在かもしれない。しかし、湿田では中干し期以降も田んぼが完全に乾くことが少ないため、オタマジャクシやヤゴも干からびずに上陸・羽化できる可能性が高くなる。湿田ではイネの作付期以外にも水たまりができることが多いので、春先にアカガエル類が産卵することもできる。

　湿田で生物多様性が維持されるもう一つの理由は、田んぼ内につくられた素掘りの溝の存在である。この溝は地域によって、「堀上」、「江」、「内溝」、「ひよせ」などさまざまな名前でよばれており、排水のための承水路や、用水を田んぼに入れるまえに温める目的で使用されている(写真3)。

　この溝は田んぼとつながっているので、中干し期やイネの作付期以外に、ドジョウ、メダカ、マルタニシなどのさまざまな水生生物の避難場所や越冬場所として機能する。平野部でも、このような溝を田んぼに造設することは比較的容易である。じっさいに、このような溝の設置を環境保全型農法の認証制度の基準の一つと定めている自治体もある。

　田んぼの生物多様性を維持・向上させるには、農業生産との両立が前提である。生物多様性の向上によって天敵の数が増え、害虫の大量発生を抑制することも期待されている。しかし、どれほど効果があるのか、その応用研究はほとんど行なわれていないのが現状である。そのため、すべての地域で農薬の使用や中干しを禁止するなど、極端な方法は実現不可能である。そこで、地域ごとにいくつかの生きものを選定するなどして生物多様性保全の目標を定め、小規模であってもさまざまな環境保全型農法を取り入れることが現実的ではないだろうか。

　生きものの視点から湿田の価値を見なおすことも有効である。同時に、一時的水域としての田んぼに適応したアキアカネ、ドジョウ、ニホンアマガエルなどが存在することも忘れてはならない。つまり、乾田、湿田、ふゆみず田んぼを含む環境保全型農法の田んぼなど、多様な環境の田んぼが存在することで、地域全体の生物多様性の向上につながることが期待できる。

水鏡

人と生きものでにぎわう農村をめざす
魚のゆりかご水田プロジェクト

青田朋恵（滋賀県湖北農業農村振興事務所 田園振興課）

　琵琶湖辺域のかつての田んぼは、水温が高く、稚魚の餌となるプランクトンが豊富なうえ、外敵も少なかった。フナやナマズなどの琵琶湖に棲む湖魚にとっては、稚魚の成育に適した「ゆりかご」のような環境だった。湖魚は、産卵のために田んぼをめざして琵琶湖から遡上し、田んぼで育った稚魚は排水路を通じて琵琶湖に流下していた。このような田んぼを、私たちは「魚のゆりかご水田」と名づけている。

　しかし、昭和40年代からはじまった琵琶湖岸の開発や、圃場整備などにより、琵琶湖と田んぼとをつなぐ魚類の移動経路が切断され、魚たちの産卵の場所が失われることになった。水田地帯で見られた魚類の姿はめっきり少なくなり、生物の多様性、にぎわいが失われることになった。

　滋賀県では、人と生きものが共生する本来の姿をもういちど取りもどそうと、2001年度から行政が農家などと連携して、魚が田んぼまで自然に上れる魚道をつくるなどの「魚のゆりかご水田プロジェクト」をスタートさせた。現在、すでに約100haで実践され、この田んぼでとれた米を「魚のゆりかご水田米」としてブランド化もされている。

　そうした県内の活動組織の一つ、野洲市須原「せせらぎの郷」では、「オーナー制」を導入している。年間費を払えば、田植えや魚つかみ（生きもの観察）などを現地で体験し、収穫できた「魚のゆりかご水田米」がもらえるしくみである。琵琶湖の水を飲む京阪神や東京などの県外の消費者に向けてもPRして毎年ファンを増やしている。2013年からは、「魚のゆりかご水田米」を使ったお酒づくりにも取り組んでいる。「月夜のゆりかご」と命名されたお酒は大好評で、活動の輪をさらに拡げている。

　そうしたなか、2014年に韓国のピョンチャンで開催された生物多様性条約第12回締約国会議（COP12）において、各国の政府関係者や研究者をまえに農家の立場から「魚のゆりかご水田」の取り組みを発表する機会に恵まれた。人と生きものが共生している環境や世代や地域をこえての人と人とのつながり、田んぼの多様な役割の大きさと重要性を世界に発信することができた。

人気の田植え体験（左）と好評の「月夜のゆりかご」

3-04 水鳥の目を通して見る田んぼ
環境保全型農業の可能性をさぐる

片山直樹（農業環境技術研究所）

1950年代の終わりから60年代にかけて、サギ類をはじめとする水鳥たちの減少が取り沙汰された。おもな原因の一つは、化学農薬の毒性による。有害物質は食物連鎖で濃縮され、生態系ピラミッドの頂点にちかい鳥たちの命をうばった。圃場整備によってドジョウやカエルは生息場所を失い、鳥たちの餌も激減した。これらの反省から、私たちはどんな未来をつくりだせるのだろうか

　田んぼは、食糧生産のためだけでなく、鳥たちのすみかとしても重要な場所である。日本には500〜600種を超える鳥類が生息しているが、なんと135種以上が田んぼを利用している。代表的な種はガンカモ類、シギ・チドリ類、サギ類やツル類などの水鳥類である。

　田んぼの利用のしかたはさまざまである。たとえば、ガンカモ類やツル類の多くは越冬場所として田んぼに大きく依存している。ガンカモ類は植物食であり、田んぼに残されたイネの落ち籾などを食べる。ツル類は雑食であり、落ち穂から昆虫、カエルや魚までなんでも食べる。いっぽう、シギ・チドリ類はおもに春と秋の渡りのさいに田んぼを利用する（写真1）。種にもよるが、ヤゴやユスリカの幼虫、ミミズや貝類などさまざまな小型の動物を食べる。また、ケリやヒバリなど一部の種では田んぼの畔など

写真1　田んぼを利用する鳥たち
a) 湛水直後の田んぼにおりるムナグロ　b) 田植え前後の時期に畔で休息するキアシシギ
c) 農道におりるコチドリ　（撮影・片山直樹、茨城県、2008）

写真2 ヒバリ
早春から夏にかけて、田んぼの畦や畑などで餌を探す

写真3 ヒバリの巣
田んぼの畦のくぼみに巣をつくり2〜5卵を産む（撮影・片山直樹、茨城県、2013）

写真5 サギの巣
樹木の枝上など高い位置に巣をつくり、3〜5卵を産む

写真4 サギ類の集団営巣地
（撮影・片山直樹、茨城県、2007）

で繁殖することも確認されている（写真2、3）。このように、田んぼは食物連鎖の上位に位置する鳥類を支える、命にぎわう場所である。

　私が研究対象としたのは、チュウサギ（英名Intermediate Egret、学名Egretta intermedia）というサギ類の一種である。本稿では、チュウサギに関するこれまでの研究成果を紹介しながら、田んぼの価値だけでなく、そこに起こっている危機について伝えたい。

準絶滅危惧種のチュウサギの採食生態に迫る

　春から初夏にかけて、水を張った田んぼではシラサギ（白鷺）を日常的に見ることができる。ご存じの方も多いかもしれないが、シラサギとは「全身が白いサギ類」の総称であり、特定の種名をさすものではない。日本で見られるシラサギの多くは、体の大きさの順にダイサギ、チュウサギ、コサギという種である。

　シラサギは、ほかのサギ（アオサギやゴイサギなど）といっしょに山林や竹林で集団営巣を行なう（写真4、5）。集団営巣地は日本各地に分布するが、広大な水田地帯を有する関

写真6 ドジョウを捕えたチュウサギ
(撮影・片山直樹、茨城県、2012)

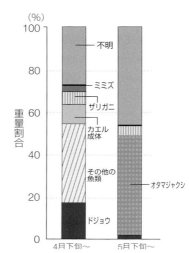

図1 チュウサギの食物内容
さまざまな動物種を食べるが、とくにドジョウなどの魚類やカエル類に依存している(Amano & Katayama 2009 Ecology 90: 3536-3545を許可を得て加工)

写真7 フィールドスコープで食物内容を観察する
食物の種を同定し、同時に大まかな体長を嘴(くちばし)の長さに対する比から記録する。その体長をもとに重量を推定することで、チュウサギが食べた食物量を計算する(撮影・天野達也、茨城県、2007)

東平野にはとくに多い。なかでも茨城県には20ていどの集団営巣地があり、それぞれ数個体〜数千個体のサギが繁殖する。親鳥は自身と雛のため、周辺の河川、湖沼、用水路や田んぼなど多様な環境で獲物となる動物を探す。

チュウサギは、サギ類のなかでもとくに田んぼに依存する種である。かつては氾濫原などの浅い湿地帯を利用していたのかもしれない。繁殖期には、田んぼ内を歩き、目で見て、魚やカエル、水生昆虫などの食物を探しまわっている(写真6)。効率よく食物を見つけるため、彼らはいったいどのような探索戦略をもっているのだろうか。その疑問に答えるため、私は天野達也氏(当時は農業環境技術研究所、現在はケンブリッジ大学)と野外調査を行なった。どの個体を観察するか決めたのち、まず1人は、フィールドスコープを用いて食物種を記録した(写真7)。その結果、茨城県の田んぼではドジョウとオタマジャクシをよく食べていることがわかった(図1)。

そしてもう1人は、おなじ個体の1分ごとの位置をGPS、レンジファインダー、コンパスを組みあわせた機器で測定した(図2、3)。このユニークな手法により、個体の意思決定には、過去数分間の採食経験が影響していることがわかった。つまり、チュウサギは1筆の田んぼで平均7〜8分ほど食物を探し、食物があまり得られなかったときはその田んぼをあきらめ、べつの田んぼに飛んで移動する傾向がみられた(図4)。一見するとおなじようにみえる田んぼでも、魚やカエルの多さには大きなバラつきがある。

図2 各種機器を利用してチュウサギの
1分ごとの位置を測定
矢印の地点にいるのが観察対象のチュウサギ
（撮影・片山直樹、茨城県、2007）

図3 チュウサギの1分ごとの移動経路の例
矢印が進行方向。点が集中している場所は、
チュウサギがそこに長い時間留まって、食物を
探していることを示す（情報提供・天野達也）

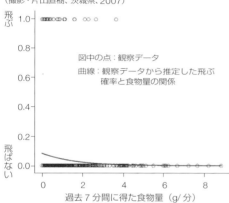

図4 チュウサギの食物量と飛ぶ確率との関係
チュウサギは、過去7分間に得られた食物量が少ないときほど、飛んでべつの田んぼに移動する確率が高くなる
〈Amano & Katayama 2009 Ecology 1: 3536-3545を許可を得て加工〉

　チュウサギは、その変化に素早く対応するためのりっぱな戦略をもっているのである。
　チュウサギは現在、環境省レッドリストにおいて準絶滅危惧種[*1]に指定されている。たしかに、よく見かけるほかのサギ類と比較すると分布範囲は狭く、おそらく総個体数も少ない。こうした現状は、戦後の高度経済成長にともなう農業活動の変化と無関係ではないようだ。次節では、筆者自身の研究成果を含むさまざまな資料や証言をまとめながら、農業活動の変化がもたらしたチュウサギの危機について詳しく述べたい。

田んぼに撒かれた化学農薬は、食物連鎖で濃縮されてサギの体内に

　1950年代後半〜1960年代は、全国的にサギ類などの鳥類の減少が起こったことが知られている。そのおもな原因の一つとして、戦後の化学農薬の普及による毒性影響

＊1　現時点での絶滅危険度は小さいが、生息条件の変化によっては「絶滅危惧」に移行する可能性のある種。

が挙げられている。

　私は、茨城県稲敷市のとある高齢の農業者から当時のお話をうかがう機会を得た。その方は、幼少時からずっと農村環境の変化を見つづけてきた、いわば歴史の生き証人である。その方によれば、「当時は農薬を散布したあとはドジョウやカエルの大量の死体が田んぼや水路に浮き上がることがめずらしくなく、サギの斃死体を見かけることもあった」とのことである。この証言は、生物濃縮[*2]がそうとう深刻なレベルで起こっていた可能性を示している。

　さらに埼玉県の調査においても、回収された白鷺の斃死体から、残留基準値をそうとうに上回る濃度のDDTやBHC（有機塩素系殺虫剤の成分）が検出されており、この証言を裏づける結果となっている。当時の人びとは、こうした生物毒性の強い農薬を使用してつくられたお米を食べていた可能性がある。

　1960年代後半以降、こうした農薬の規制がすすみ、現在ではすべての農薬に膨大な安全性試験が義務づけられている。それにともない、生物毒性も低下傾向にある。現

写真8　圃場整備が実施された地域の空中写真
田んぼ1筆ずつが長方形に整えられている
（撮影・国土地理院、2007）

写真9　圃場整備が実施された田んぼと水路
水路は護岸され、深く掘り下げられている
（撮影・片山直樹、茨城県、2008）

写真10　ペットボトルで作成したもんどりトラップ
内部のお茶パックには魚の餌を入れて水生動物を誘引する。入口にたいして出口が狭くなっており、一度入った生きものが出にくい構造になっている（撮影・片山直樹、茨城県、2008）

写真11　魚類調査用のハンディLEDフラッシュライトとヘッドライト
夜間に田んぼの縁を注意深く観察すれば、日中よりも高い確率でドジョウを発見できる
（写真提供・武田智、茨城県、2009）

在では、田んぼでシラサギの斃死体を見かけることもなくなった。ただし、農薬の影響がまったくなくなったというわけではない。

たとえば魚毒性の強い農薬(除草剤、殺虫剤や殺菌剤)を使用すると、多くのオタマジャクシが死亡することがある。直接の毒性影響だけでなく、食物連鎖を通じて影響する可能性もある。たとえばメダカは、ある種の殺虫剤を使用すると餌である動物プランクトンが減るため、成長速度が低下してしまう。そうした影響はいまだにあるが、1960年代ごろにくらべれば、近年の農薬の影響は間違いなく低下しつつある。

昔ながらの伝統的な素掘りの水路に集まるチュウサギ

化学農薬の普及に少し遅れるかたちで、1960年代以降、日本政府は圃場整備事業を全国的に実施した。圃場整備とは、圃場1筆を30a(30×100m)以上の長方形に整形し(写真8)、水路護岸や暗渠排水*3を行なって(写真9)、農作業の効率を高める事業である。現在までに、約6割の田んぼが整備済みである。圃場整備事業は、農業機械の作業効率を高めるなど、農作業の負担を減らすことに大きく貢献した。しかしそのいっぽう、田んぼの生物多様性に深刻な影響をもたらす可能性が指摘されてきた。

1990年代に入り、チュウサギを対象にした実証研究が埼玉県と茨城県で行なわれた。どちらの事例も、伝統的な素掘りの水路が残る田んぼと圃場整備済みの田んぼの両方で、チュウサギの個体数を比較した。その結果、多くのチュウサギが伝統的な田んぼに集まっていた。この理由は食物量の低下である。コンクリートなどで護岸され、深く掘り下げられた水路は、ドジョウやカエルの生息場所として適さないばかりか、産卵のための田んぼへの移動までも妨げていた。そのため、サギ類の採食場所としての価値も大きく低下してしまった。

圃場整備事業は、いちど実施されると、生物多様性への影響が長期にわたって続く可能性がある。そこで私は、2008～2011年に茨城県で同様のサギ類調査を実施した。さらにカエル類および魚類についても、農業者の許可を得て調査した。まず、カエル類成体は、1mほどの塩ビパイプで畦の草をかき分けながら歩き、確認した種と個体数を記録した。オタマジャクシは、2Lのペットボトルを加工して「もんどりトラップ」を作成し、各圃場の縁から手の届く範囲に仕掛けた(写真10)。翌日に回収し、中に入っている小型動物を数えた。そして、ドジョウなど魚類は、夜間に調査した。意外に知られていないが、日没後はドジョウの動きが鈍くなり、観察が容易になる。私たちは、LEDフラッシュライトを持ちながら畦を歩き、田んぼの縁から魚を数えた(写真11)。

調査の結果、圃場整備済みの田んぼは、現在でも多くの動物種の個体数が少ないことがわかった(図5)。もっとも影響の大きい種はドジョウなどの魚類であり、個体数は伝統的水田の10分の1ほどだった。また、トウキョウダルマガエルも5分の1ほどだった。ただし、アマガエルおよびオタマジャクシ(アマガエルが大部分を占める)では、明確な

---

*2 ある化学物質が生態系での食物連鎖を経て生物体内に濃縮されてゆく現象。
*3 田んぼを必要なときにすばやく乾田化するため、田んぼと排水路のあいだに排水用の地中管を設置すること。

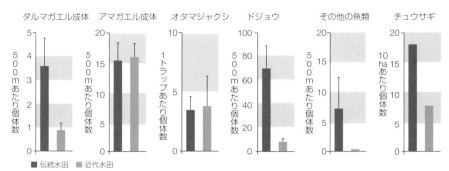

図5 田んぼの主要な脊椎動物の個体数に圃場整備事業が与える影響
ドジョウなどの魚類やダルマガエル、そしてチュウサギの個体数は近代水田よりも伝統水田で多い
（茨城県、2008〜2011、片山直樹、2014 農業および園芸 89: 340–344を許可を得て加筆修正）

差がなかった。その主な理由としては、樹上性のアマガエルは、脚の吸盤をつかって護岸された排水路の壁を登ることができることと、他種による競争や捕食の影響が緩和されること、などが報告されている。そして、チュウサギの個体数は、整備済みの田んぼではいまだ伝統的な田んぼの2分の1ていどだった。やはり、圃場整備事業は数十年にわたり田んぼの生物多様性に影響を与えつづけていた。チュウサギにとっても、大きな環境変化だった。

生物多様性を無視しない「環境保全型農業」の普及には、検証実験が欠かせない

戦後の農業活動の変化は、生物多様性の低下を引き起こしたいっぽうで、農作業の負担を減らし、安定した食糧生産に貢献したという事実も忘れてはならない。これからの私たちは、食糧生産と生物多様性との両立という課題にどうやって向き合っていけばよいのだろうか。

環境保全型農業は、その問いに対する一つの答えになるかもしれない。ここでは、鳥類と関わりの深いものをご紹介したい。現在、もっとも普及しているのは、化学肥料および化学農薬の散布回数を通常の半分以下（減農薬栽培）または不使用（無農薬栽培）にする農法である。無農薬栽培のうち、有機肥料のみを用いる場合を有機栽培という。こうした環境負荷の少ない農法は、水田害虫の天敵であるアシナガグモなどを増やしてくれることが知られている。いっぽう、カエル、魚や鳥類を増やしてくれるかどうかは、まだほとんど研究事例がないためあまりわかっていない。

現在、私は日本各地の研究機関と連携して、減農薬・無農薬栽培が生物多様性にもたらす保全効果の解明に取り組んでいる。まだ明確な結論を出すには至っていないが、関東地方の有機栽培の田んぼでは、農薬・化学肥料を使用する田んぼより、チュウサギやダイサギがより多くのドジョウを獲得できていることがわかってきた。目下、論文としてまとめているところであり、詳細は次の機会にご報告したい。

減農薬栽培とくらべて普及率は高くないものの、冬期湛水、魚道や江（後述）の設置は、圃場整備事業の影響を緩和する手法として期待されている。冬期湛水とは、その名の

写真12 田んぼに設置された魚道(a)と江(b)
魚類や両生類、またそれらを主食とする大型の水鳥類の保全に大きな効果が期待されている
(a:撮影・片山直樹、栃木県、2014。b:撮影・熊田那央、新潟県、2014)

とおり、冬期にも田んぼを湛水して、水鳥の生息地を提供することである。日本では宮城県の蕪栗沼・周辺水田が天然記念物マガンの越冬地として知られているが、じつは北アメリカなど海外の田んぼでも実施されている地域がある。

　魚道や江の設置はさらに稀である。魚道とは、排水路と田んぼをつなぐ道をつくることで、魚類の田んぼでの産卵を促す設備である(写真12a)。設置や維持に労力がかかるのが難点だが、最近では市販のコルゲート管を使用した簡易な魚道も開発されている。江とは、田んぼ内に(土水路のような)通年湛水状態の掘りこみをつくることである(写真12b)。朱鷺の再導入で知られる新潟県佐渡市では、これらの環境保全型農業に熱心に取り組んでいる。そして、じっさいに魚道や江が設置された田んぼは、魚類や両生類の生息地として高い価値をもつことが、最近になって報告された。したがって、水鳥類にとっても有益となるだろう。

　今後、こうした環境保全型農業をさらに普及させるには、それぞれの農法がじっさいに生物多様性の保全にどのくらいの利益があるのか、地域ごとの特性などを考慮しながら、科学的にあきらかにする必要がある。そして、その利益とコストにみあった農家への経済的支援が必要となるだろう。こうした地道な野外研究や保全活動の積み重ねが、田んぼがいのち豊かな環境でありつづけるために不可欠だと私は考えている。

攪乱に適応し生き延びてきた田んぼとその周辺の植物たち

今西亜友美（近畿大学 総合社会学部環境系専攻 准教授）

氾濫原や後背湿地などの自然湿地を切り拓き、人為的につくられたのが田んぼである。新入りのイネの成長が優先され、古株の植物たちの多くは「邪魔もの」あつかいされてきた。それでも、田んぼやその周辺の草地や水路に育つ植物たちは、文句一つ言わず、農作業という人為的な攪乱をむしろ利用し、「絶滅の危機」の縁で、したたかに命をつないでいる。その巧みな生存戦略に人間は脱帽するしかない

　田んぼに生えるイネ以外の植物は、ひとくくりに「雑草」とよばれる。しかし、じっくり見てみると、田んぼの底にべったりと拡がるミゾハコベから、イネに擬態してイネの成長とともに伸びるタイヌビエまで、さまざまな形、大きさ、性質をもった植物が生えている。田んぼ周辺の畦や水路、ため池にも、草原性植物から水草まで、それぞれの環境に合った植物が生育している。水位変動や草刈りなど、農作業にともなう攪乱に適応して、たくましく生き抜いてきた植物の姿を見つめてみよう。

氾濫原の植物から水田雑草、そして絶滅危惧種へ

　「田起こし」まえの田んぼでは、タネツケバナやスズメノテッポウなどの冬生雑草が花をつけ、春の訪れを告げる。かつてはゲンゲ（レンゲとも呼ばれる）の咲き乱れるピンク色の田んぼが春の風物詩であったが、化学肥料の普及や農薬の影響で、最近は見られなくなってしまった。春に花を咲かせるこれらの植物は、「代かき」で水が入れられるまえに、種子や栄養繁殖体を落として生活史を終える。

　代かきが終わり、水が張られた田んぼには、タイヌビエやタマガヤツリ、アゼナ、コナギなどの夏生雑草が芽生えてくる。夏生雑草には、稲作が日本に伝わったときに随伴して侵入した史前帰化植物が多い。夏生雑草は稲刈りの前後に種子や栄養繁殖体をつける。

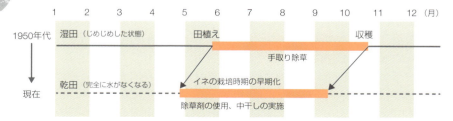

図1　水田雑草の生育に影響を与えたイネの栽培体系の変化
田植えや稲刈りの時期が1か月半ほど早まったこと（栽培時期の早期化）や、乾田化、除草剤の使用、中干しの実施などの栽培体系の変化が水田雑草の生育に大きな影響をおよぼした

田んぼに生育する植物の多くは、田んぼがつくられるまえは、河川下流に形成される氾濫原の後背湿地に生育していたと考えられている。先人たちは水はけが悪い氾濫原の環境を利用して田んぼをつくった。生育場所が氾濫原から田んぼにかわった植物たちは、イネの栽培サイクルにあわせて発芽時期や種子等をつける時期を変えるなどして変化した環境に適応してきた。しかし、近年のイネの栽培時期の早期化や、乾田化、除草剤の使用などの栽培体系の急激な変化には対応できず、かつての「水田雑草」の多くが絶滅危惧種になっている(図1)。

写真1　乾季の田んぼでパッカニャンを摘む少女
パッカニャンは湿ったところに生え、水はけの悪い田んぼでは乾季でも採ることができる(撮影・今西亜友美、ラオスのチャンパサック県Lak30村、2014)

　たとえば、水生の多年生シダ植物であるオオアカウキクサは、冬でも乾燥しない湿田が拡がっていたころは、葉状体のまま越冬することができた。ちぎれた葉からも繁殖するため、田んぼの強害雑草として嫌われていた。しかし、圃場整備による乾田化や外来のアゾラの繁茂、除草剤などの影響で激減し、環境省の第4次レッドリストでは絶滅危惧IB類に指定されている。このほかにも、ミズアオイ、ミズオオバコ、スブタ、デンジソウ、サンショウモなど、かつての嫌われものが、山間の水はけの悪い田んぼや管理の悪い田んぼでしかお目にかかれない希少種になっている。

水田雑草はおかずになる

　人びとは雑草を排除しようとするいっぽうで、利用もしていた。たとえば、セリのお味噌汁、コナギやミズアオイのおひたしなど、かつて水田雑草はりっぱなおかずになった。農薬にまみれた現在の日本の水田雑草は、なかなか食べる気は起こらない。

　日本では失われた雑草食文化であるが、ラオスなど東南アジアの一部では残されている。ラオスは熱帯モンスーン気候に属し、雨季と乾季とが明瞭である。灌漑施設が整備されつつあるものの、おもに雨季を利用した天水田稲作が営まれている。除草剤はほとんど使われておらず、天水田にはさまざまな種類の雑草が生えている。除草剤が多用された日本の田んぼを見慣れた筆者にとって、まさに夢の光景であった。はじめて見たときの衝撃は忘れない。おそらく日本でも、かつてはいたるところにこのような田んぼがあったのだろう。

　ラオスの人びとは、日常的に田んぼに生える雑草を採取して、スープに入れたり、つけあわせとして生のまま食べたりする。ラオス南部チャンパサック県内の二つの村でヒアリングをしたところ、パッカニャンとよばれるシソ科の*Limnophila geoffrayi*(日本には生育していない)、パックウェンとよばれるデンジソウ属の1種、パックイーヒンとよばれるコナギの3種類がよく食べられていた(写真1)。

ちなみに、「パック」とはラオス語で「野菜」の意味である。パッカニャンは葉をもむなどすると、とても良い香りがするので、香辛料としてタケノコのスープに入れられる。パックウェンは蒸してサラダにしたり、生のまま食べたり、パッカニャンと同様にタケノコのスープに入れられることもある。パックイーヒンはつけあわせとして生のまま食べることが多い。ラオスはそれほど豊かな国ではないが、飢えることがほとんどないのは、田んぼを含め周囲の自然から、雑草や昆虫、魚、カエルなどの生物資源を採取し、利用しているからである。

色とりどりの草原性植物が田んぼの周りを彩る

さて、日本の田んぼの周りに目を向けると、草地が多いことに気づく。田んぼを区切る畦や、ため池の法面のほか、谷につくられた田んぼでは、周囲の山林の下部が刈り込まれて草地になっている。畦は農作業のため頻繁に破壊・攪乱され、ため池の法面や山林の斜面下部は、雑草が種子を落とすのを防ぐため、年に何回かは草刈りが行なわれ、明るい環境が保たれている。

草地には、田んぼ内部とは異なり、おもに草原性の植物が見られる。たとえば、前年の秋から冬にかけてほどよく草刈りがされた畦では、春になるとオオイヌノフグリやホトケノザ、スミレやタンポポのなかまなど、背の低い草が色とりどりの花を咲かせる。夏がちかづくにつれて背の高い草が伸び、花よりも緑が多くなるが、緑のなかにハルジオンやノアザミ、スイバ、ヤブカンゾウなどの花ばなを見ることができる。

稲刈りの季節になると、ヨメナやノコンギクなどのキクの仲間やワレモコウ、ヒガンバナなどが農村の風景にいろどりを与え、冬には、カラスノエンドウやコハコベ、ナズナなどが枯れ草のなかで次の春を待つ。かつては湧水湿地であったと考えられる谷あいの田んぼの斜面では、オオミズゴケやモウセンゴケ、イシモチソウなど、湿地の生き残りの植物も生育する。

草原性植物の多くは絶滅の危機に瀕している

かつて日本には、現在よりももっと多くの草地が拡がっていた。それは、田んぼや畑に入れる肥料や牛馬などの家畜の餌、かやぶき屋根の材料として、草はなくてはならない存在だったからである。また、リンドウやゲンノショウコなどのように薬草として利用されたり、お盆や月見などの季節行事で花が飾られたりするなど、さまざまな場面で利用されていた。

日本は降水量が多いので、草地は放っておいたら樹林化する。そこで人びとは、草刈りや火入れなどによって植生遷移を中断させ、草の生える状態を保ってきた。このように人が手を入れることで保たれてきた草地を「半自然草地」という。しかし、化学肥料や農業機械、瓦屋根の普及などにより、草はその存在価値を失い、草地は放棄されるようになった(図2)。

人の手が入らなくなったことによって、半自然草地の面積が減少し、草地に生えて

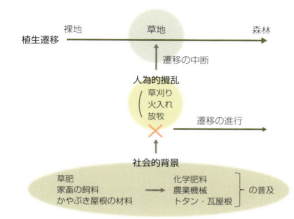

図2 草地の植物の利用に影響をおよぼした社会的背景と人為的攪乱、植生遷移の関係

かつては草肥や家畜の餌などとして草が大量に必要であったため、草刈りや火入れなどの人為的攪乱によって草地が維持されてきた。しかし、化学肥料や農業機械などの普及により草の必要性が失われ、草地は放棄されるようになった

いた植物の多くが絶滅の危機に瀕している。たとえば、ハギ、ススキ、クズ、ナデシコ、オミナエシ、フジバカマ、キキョウといった秋の七種は、いずれも草地に生える植物である。山上憶良が『万葉集』で詠んだこれらの草は、身近に草地があったころにはありふれたものだった。しかし、いまやフジバカマ、キキョウは環境省の第4次レッドリストでそれぞれ準絶滅危惧、絶滅危惧Ⅱ類に指定されるほど個体数が急減している。

「草刈り」が絶滅の危機に瀕する草原性植物を救う

　田んぼ周辺の草地に生える植物(草原性植物)は、もともとは林縁や森林のなかの湧水湿地などに生育していたのだろう。田んぼがつくられてから長いあいだ、人間がつくり出した草地に適応して暮らしてきた。田んぼの周りの草地で草原性植物が生育しつづけるには、草刈りなどの人為的な攪乱が不可欠である。

　ハルリンドウは、早春の田んぼ周辺の草地で、青紫色の花を咲かせる草原性の植物である(写真2)。高さ10cmほどの背の低い越年草で、秋ごろに芽生え、茎がほとんどない葉がバラの花びらのように地面に広がった状態(ロゼット)で冬を越し、ほかの植物に先がけて3〜5月に開花する。本来の生育地は、湧水湿地や湿った林縁などである。開発や水位の低下などによって本来の生育地が減少したため、田んぼの周りの草地はハルリンドウにとって貴重な生育地である。

　田んぼの周りの草地でハルリンドウの生育環境を調べたところ、日射量が大きくなるほど個体数が増えることがわかった(図3)。湧水湿地では、栄養分が乏しいため、栄養の豊富な氾濫原に生育するヨシやガマなどは侵入しない。また、湧水によりほぼ1年中湿った状態が保

写真2 田んぼの畦に咲くハルリンドウ
青紫色の花が多いが、ここでは赤紫色の花が混じっていた(撮影・今西純一、滋賀県甲賀市水口町、2010)

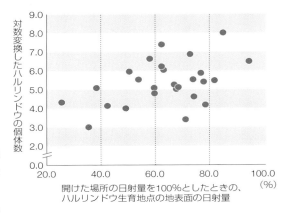

図3 ハルリンドウの個体数と日射量との関係
田んぼの周りの草地では、ハルリンドウの個体数は日射量が大きいほど多くなる

たれて、背の高い草や樹木の侵入が抑えられるので、草刈りをする必要がない。いっぽうで、ハルリンドウが生育する田んぼの周りの草地は、草丈が抑えられるほど過湿ではない。そのため、湧水湿地とおなじように草丈の低い明るい環境を維持するためには、人間が草刈りをすることが必須条件となる。田んぼが放棄されたりして草刈りが停止すると、ネザサなどが侵入し、ハルリンドウはこれまで以上に減っていくだろう。

水路・ため池にはいろいろな形の水草が生育する

田んぼの周りの水路やため池には、おもに水草が生えている。水草は、水中や水辺を生育域としている植物の総称で、植物体と水面の関係から、次の四つの生育形に分類される。

- ◆ **抽水植物** 根が水底にあり、茎や葉が水面を突き抜けて空中に伸びる。ヨシやガマ、ハスなど。
- ◆ **浮葉植物** 根が水底にあり、茎や葉柄を伸ばして葉が水面に浮かぶ。ヒシやオニバス、ヒツジグサなど。
- ◆ **沈水植物** 植物全体が水中に沈んでいる。クロモやオオカナダモ、ミズオオバコなど。
- ◆ **浮遊植物** 根が水底に着かずに水面や水中を浮遊する。ウキクサやホテイアオイ、マツモなど。

田んぼと田んぼ、田んぼとため池など、水域を結ぶ水路のうち、比較的に流れが緩やかな水路には、セキショウモ、エビモ、コカナダモなどのさまざまな沈水植物がみられる。もっと流れが緩やかになると、ミズハコベやガガブタなどの浮葉植物やコウホネなどの抽水植物がみられることがある。湧水の有無によっても生育する水草の種類が変わり、湧水のある水路では、一年をとおして水温は変化せず、バイカモやミクリの仲間などの特徴的な植物が生育する。

年間の降水量が少なく、水源となる大きな河川もないところでは、農業用水を確保するために、人工的にため池がつくられる。江戸時代には多数のため池がつくられ、日本各地に約30万か所もあった。ため池は、農作業にあわせて毎年おなじように水位が変動するので、このサイクルに適応した植物が生育する。たとえば、ホシクサのなかまは、ため池に水が貯められている春から夏にかけては水中で成長し、水位が下がる秋から冬にかけては、陸上で開花し種子を落とす。

日本の水草の約4割は絶滅危惧種である

　埋め立てや暗渠化によって、水路の多くが姿を消している。たとえば京都市の平野部では、1931年から1979年の48年間に、小河川や水路を含めた河川の総延長が338.8kmから258.0kmに減少した。生育地の減少だけでなく、護岸改修や水質汚濁、「藻刈り」などとよばれる除草作業の停止も水草の生育に影響を与えている。ため池も、近年の農業者の減少・高齢化にともない、埋め立てられて数が減った。また、清掃や池干しなどの手入れが停止して富栄養化がすすむことで、水草が生育しづらい環境に変わってきている。

　水質が悪化した水路やため池には、繁殖力の強いオオカナダモ、コカナダモ、ホテイアオイ、ボタンウキクサ、キシュウスズメノヒエ、キショウブなどの外来種や園芸からの逸出種[*1]が侵入し、野外で繁茂することがある。これらの要因が重なり、アサザ、オニバス、ガガブタ、スブタ、タヌキモ、サンショウモなど、在来の水草の多くが絶滅の危機に瀕し、環境省の第4次レッドリストでは日本の水草の約4割が絶滅危惧種や準絶滅危惧種に挙げられている。

田んぼとその周辺の植物の再生に「埋土種子」を利用する

　京都府南部の桂川、宇治川、木津川の三川合流地帯には、かつて、「巨椋池」とよばれる広大な沼沢地と氾濫原が拡がっていた。巨椋池には、オグラコウホネやオグラノフサモなどを含む日本産の水生植物の約8割の属が生育し、食虫植物ムジナモの生育地として天然記念物に指定されるなど、水草の宝庫であった。

　しかし、1933年から1941年にかけて干拓が行なわれ、田んぼとして利用されるようになり、多くの水草が姿を消した。干拓から約50年後に行なわれた調査では、干拓前に記録された種の55%を占める91種が見られなくなったことが報告されている。ところが、干拓から60年以上が経過した2005年に、埋め立てられた土などを取り除いた場所に、環境省の第4次レッドリストで絶滅危惧II類に指定されているオニバスや準絶滅危惧に指定されているミズアオイを含む、水草や湿地に生える植物が多数出現した。この場所の土を持ち帰って、ビニールハウス内のコンテナに撒きだし、少し湿った状態から冠水状態までさまざまな水位に保ち、発芽する植物の種類を調べた。すると、現地調査で確認されたミズアオイに加えて、絶滅危惧II類のミズオオバコやトリゲモ、準絶滅危惧のイチョウウキゴケなどの希少な水草が発芽した。

　植物の種類や土中の環境によっては、種子が発芽できる能力を保ったまま、土の中で長期間眠っていることがある。そのような種子を「埋土種子」とよぶ。巨椋池干拓地では、干拓される前の湿地の土壌で眠っていた埋土種子が発芽したのだろう。このように、とくに湿地であった場所などでは、発芽に必要な酸素が少ない環境に置かれるため、休眠状態が長く維持されることがある。福井県敦賀市の中池見湿地など、放棄水田や休耕田などに眠る埋土種子を利用して、かつての田んぼの植物相を復元させる取り組みが、いくつかの場所で行なわれている。

[*1] 自生地域外から持ち込まれ栽培されていた植物や飼育されていた動物が栽培・飼育状態から逸出して野生化したもの。

氾濫原由来の植物、オニバスの生き残り戦略

　オニバスは、ため池の代表的な絶滅危惧植物である(写真3)。オニバスを研究していると言うと、「ハスですか？」とよく聞かれるが、ハス科ではなく、スイレン科に属する。トゲだらけの1年草で、夏になると巨大な葉を水面に拡げる。日本ではかつて300か所以上で生育していたことが確認されているが、現在の生育地は80か所ていどに減少し、環境省の第4次レッドリストで絶滅危惧II類に指定されている。

　オニバスの繁殖には二つの大きな特徴がある。一つめは、自家受粉が卓越していることである。オニバスは7～9月に赤紫色の開放花を咲かせるが、水中に沈んだまま結実する閉鎖花のほうが多い。また、一つの果実につく種子の数は、開放花よりも閉鎖花のほうが多い。さらに、開放花は、開花する前に自家受粉を終えていることが知られている。

　二つめの特徴は、種子の長期休眠性である。オニバスの種子は、発芽できる能力を保ったまま長期間、泥の中で眠っていられる性質をもつ。このため、オニバスが見られなくなったため池でも、なんらかの刺激により埋土種子が目覚め、ふたたび見られることがある。オニバスはもともと氾濫原の後背湿地に生育していたとされる。これらの性質は、不定期に攪乱される氾濫原で生き抜いてきたオニバスの戦略であると考えられる。

オニバスの遺伝子組成は池ごとに異なるのか

　自家受粉が卓越しているので、オニバスは池ごとに遺伝子組成が異なるのではないだろうか。また、たくさんの個体が生育する池でも、もしかしたらそれは、少数の埋土種子から再生したもので、遺伝的多様性は低いのかもしれない。これらの疑問を解決するため、筆者らは、北限の新潟県から南限の鹿児島県種子島まで、日本各地からオニバスの葉を採取して、多型の検出感度が高いマイクロサテライトマーカー[*2]を用いて核DNAを調べた。

　マイクロサテライト8遺伝子座をつかって解析したところ、日本各地の58の個体群から20個の遺伝子型が見つかった(図5)。各個体群ごとに8個体ていどの葉を採取して解析したが、ほとんどの個体群で、個体の遺伝子型がおなじだった。おなじ個体群内で二つ以上の遺伝子型が見つかったのは、たった8個体群であった。

　さらに、今回の解析で見つかった20の遺伝子型のうち14もの遺伝子型が、一つの個体群でしか見つからないという、じつに希少なものであった。このような希

写真3　ため池のオニバス
花が自分の葉を突き破る。葉や茎には鋭いトゲがある
(撮影・今西亜友美、鹿児島県薩摩川内市小比良池、2009)

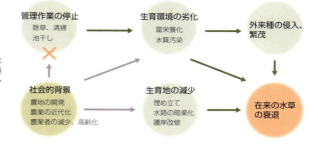

図4 水路やため池の水草の生育に影響を与えた要因
埋め立てや人為的管理の停止による水質汚濁、外来種の繁茂などの要因が重なり、水路やため池の在来の水草の多くが絶滅の危機に瀕している

少な遺伝子型を含む個体群は、優先的に保全されるべきであろう。オニバスも含め2倍体の生物は、各遺伝子座において父母それぞれに由来した二つの対立遺伝子をもつ。両親からおなじ種類の対立遺伝子を受け継ぎAA、aaのようにおなじ対立遺伝子からなる状態をホモ接合体といい、Aaのように異なる対立遺伝子を受け継いだ状態をヘテロ接合体という。オニバスでは、ほとんどの遺伝子型が、8遺伝子座すべてがホモ接合体であったが、8遺伝子座のうち一つ以上がヘテロ接合体である遺伝子型が七つ見つかった。ヘテロ接合体を含む遺伝子型が見つかったということは、他花受粉が行なわれている可能性を示している。

以上のように、オニバスの遺伝的多様性は、個体群内、個体群間ともに低く、たくさんの個体が生育していても一つの遺伝子型しか見つからない個体群が多かった。これは、自家受粉が卓越するという性質や、個体数の減少、絶滅・少数の埋土種子からの再生がくりかえされたことなどが要因として考えられる。また、東海地方に分布するL遺伝子型や、近畿・四国・中国地方に分布するM遺伝子型など、地理的に偏った分布をしている遺伝子型がいくつかあった。その地域の環境に適応した遺伝子を攪乱しないように、人為的に種子や個体を移動させることは、できるかぎり避けなくてはいけない。

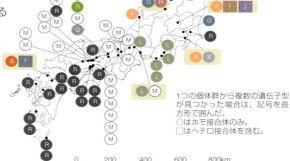

図5 日本のオニバスの遺伝子型(A〜T)の地理的分布
日本各地の58の個体群から20の遺伝子型が見つかった。そのうち、14の遺伝子型は一つの個体群でしか見つからなかった。おなじ個体群内で二つ以上の遺伝子型が見つかったのは、たった8個体群であった

1つの個体群から複数の遺伝子型が見つかった場合は、記号を長方形で囲んだ。
○はホモ接合体のみ。
□はヘテロ接合体を含む。

---

*2 DNAの塩基配列にはくり返しの配列が多数含まれている。そのような配列の中で1または数塩基の配列がくり返されている部分をマイクロサテライトとよぶ。マイクロサテライトのくり返し数は変異に富むため、詳細な個体識別などが可能であり、現在、もっともよく利用されている遺伝マーカーの一つである。

ラオスの農村で実感！
「魚が躍る田んぼ」に秘められた可能性

丸山 敦（龍谷大学理工学部環境ソリューション工学科 講師）
神松幸弘（京都大学生態学研究センター）
船津耕平（龍谷大学理工学部環境ソリューション工学科）

寄生虫の調査で訪れたラオスで筆者の心をつかんだのは、雨季と乾季とで激変する水位と、その変化を受け入れて柔軟に対応する農民のたくましさ、そして、そこに棲む魚たちの多様性。ラオスの自然環境との違いをさしひいても、日本の田んぼに魚の姿が少ないのはなぜか。そんな素朴な疑問に、未来を拓くヒントが隠れていそうだ

「田んぼは魚のゆりかご」というキャッチフレーズをよく耳にするようになった。田んぼを自然湿地に代わる土地として見なおし、魚の繁殖場所としての生態系機能を取りもどそうというアイデアである。しかし、除草や防虫のために散布された農薬が水生生物の生育を困難にし、コンクリートで護岸された水路が水生生物の侵入を拒む日本の田んぼを見て育った著者らにとって、「田んぼが魚を育てる」と言われても、どうもしっくりこなかった。「田んぼに付加価値をつけるためにちょっと無理して言っているのだろう」とか、「そういう珍しい事例も、探せばどこかにはあるだろう」というていどの認識でしかなかった。

そんな考えを変えるきっかけになったのは、魚類の寄生虫の研究のために東南アジアのラオスを訪れたときだった。川沿いにあるカダン村を訪ねたさいに、「この田んぼの魚の寄生率を調べたい」と訴えてみたら、田んぼの主人はあっさりと、畦をクワで切り開いてくれた。あわてて畦の切れ目に手網を当てていると、流れ出る濁水といっしょに、出てくる出てくる、たちまち調査用のトレイが魚で一杯になった（表1、写真1）。魚に生息場所を提供するという意味において、水田生態系にはとてつもない可能性があるかもしれない。田んぼを除外して、この地域の魚類の生態を語ることは許されないと思った。

ラオスでは、氾濫原をそのまま「田んぼ」として利用

ラオスはインドシナ半島の真ん中に位置する内陸国である。国土の大半は山岳に占められるが、タイとの国境にメコン河が流れており、その周辺には広大な沖積平野が拡がっている。平野を流れるメコン河は、河口から数百kmも上流にいるとは思えないほどゆったりと流れ、河川とは思えないほどに広い。メコン河に流れ込む数かずの支流もまた、川幅数十mを誇り、大きく蛇行をくり返して、下流の景観をつくりだしている。すなわち、U字型の蛇行の外側には自然堤防が形成され、その向こうには後背湿地とよばれる低湿地が拡がる。後背湿地は、粘土が堆積した水はけの悪い土地で、河跡湖も点在する。2010年から2013年にかけて著者らが滞在調査する機会を得たラハ

表1 カダン村で1枚の田んぼの畦を切って捕獲された魚のリスト

科名	種名	最小〜最大標準体長(mm)	捕獲個体数
キノボリウオ科	Anabas testudineus	69	1
タウナギ科	Monopterus albus	250〜310	2
コイ科	Esomus longimanus	15〜45	186
	Puntius aurotaeniatus	17〜35	27
	Puntius brevis	34〜63	4
	Rasbora rubrodorsalis	13〜47	77

写真1 ラオスの田んぼで獲れた魚たち
この地域の田んぼから、27種567個体が捕獲された
① ティラピア（Oreochromis niloticus）
② グラスフィッシュ（Parambassis siamensis）
③ コイ科4種（Esomus longimanus、Puntius brevis、Puntius aurotaeniatus、Rasbora rubrodorsalis）
④ コイ科1種（Rasbora dusonensis）
⑤ キノボリウオ（Anabas testudineus）
⑥ グラミー（Trichogaster trichopterus）
⑦ ヒレナマズ（Mystus atrifasciatus）
⑧ トゲウナギ（Macrognathus siamensis）
⑨ ライギョ（Channa striata）

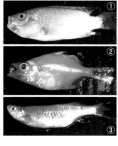

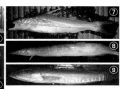

　ナム村は、メコン河に流れ込むバンヒャン川の自然堤防の上に家屋をもち、後背湿地で稲作を行なう農村だった。

　ラオスには明瞭な雨季があり、とくに7月から9月にはバケツをひっくり返したような雨が頻繁に降る。屋内でも会話が困難になるほどの圧倒的な雨がくり返されるうちに、谷底を流れていた、歩いて渡れるほどの小さな川が、谷を丸ごと埋める大河川となる。たとえばバンヒャン川における雨季と乾季の水位差は8mにもおよぶ（写真2）。陸地では、真っ平らな平野に降った雨は川に排出しきれなくなって、低地はすべて水浸しになる。こうして水に浸かる平野が、いわゆる「氾濫原」である。「氾濫」というと、日本に住むわれわれは、堤防が決壊して川から水が溢れ出るような印象をもってしまうが、大地が丸ごと水に浸かるような、村全体が川の中に沈むような、そんな描写がメコン河流域での真実にちかい（写真3）。じっさいに、この地域の氾濫は数日かけてゆっくりと起こり、建築物を流してしまうような水流もともなわない。「冠水」というほうが誤解が少ないかもしれない。

　自然堤防の上に並ぶラハナム村の家屋は、高床式の住居であるがゆえに、例年は辛うじて床上浸水を免れる。村の道路が水に沈んだくらいでは驚く村人は誰もいない。氾濫中はバイクや徒歩での移動が困難となるため、どの家の床下にもボートが用意されている。川から離れた村でも、排水能力を上回った雨水が水はけの悪い低地に溜まっていることがあり、陸上移動が困難になることは共通していた（写真4）。

　稲作は、自然堤防の背後に形成されている後背湿地や、そのさらに向こうにある緩やかな河岸段丘において営まれている。畦に囲まれた区画に雨水が溜まったころに、その年の稲作が始まる。ほぼすべての田んぼは雨水頼みだから、そのあとで雨が不足すればイネは枯れてしまうし、降りすぎれば畦も立木も沈水して湖のようになり、そ

写真2 ラハナム村から見下ろすバンヒャン川
乾季には水深数十センチだった小さな河川が(左)、雨季には水深8mの大河川に変貌する(右)

写真3 ラハナム村の水没した道路
けっして川や湖ではない

写真4 雨季の道路
ぬかるんだ道路をあきらめて、水路を颯爽と自転車で走る村人。ちなみに水路はあくまで乾季作に用いるもので、雨季は水を流す必要がない

れが数日つづけばイネは腐ってしまう。それでも村人は、いろいろな高さの土地に田んぼをもつことで、年ごとの雨量の変化に対応していると聞いた。より安定的な収穫をめざして、灌漑施設を用いた乾季作も一部に見られるが、いまのところ、川のそばにある村のごく一部の田んぼに限られている。

氾濫原に適応した魚は、田んぼと相性がいい

　冒頭でふれたとおり、ラオスの田んぼには魚がたくさん生息している。種類も豊富である。粘土をたっぷり含んだ茶色い水の中を手網でごそごそ探ると、キノボリウオやグラミー、ナギナタナマズやトゲウナギなど、熱帯魚ファンの人気者が次つぎと獲れる。すぐそばの水面近くでは、ヒゲの長いコイ科の小魚(パ・シウ)が群れているし、隣の田んぼでは数十cmのライギョ(パ・コウ)がバシッと暴れる。青く美しいベタの雄や、体が透きとおってみえるグラスフィッシュが姿を現すと、濁水に暮らす魚がなぜこんなに美しい必要があるのか不思議な気持ちになる。

　どうしてこれほど多くの種類の魚が田んぼの中に生息しているのだろうか。日本との大きな違いとして、もともと生息している魚の多様性の違いがまず挙げられる。メコン河流域にはアマゾン川に次いで多様な淡水魚が生息しており、魚の種数は1,500種を上回るとされる。こうしたメコン河につながっているラオスの田んぼに多様な魚が遡上してくるのは、あるていどの必然かもしれない。

　くわえて、ラオスの田んぼで捕獲される魚の多くは、干上がりやすい氾濫原に適応した性質をもつ。ドジョウの仲間が口から空気を吸い込んで腸管で呼吸するように、キノボリウオやライギョのなかまは鰓蓋内部の上鰓器官をつうじて、タウナギやトゲ

ウナギも鰓弓の粘膜をつうじて空気呼吸を行なう。さらに、これらの魚は鰓蓋を密閉することで鰓の中に水を蓄えることができるため、水から出ても鰓を乾燥による破損から守ることができる。じっさい、著者らが調査で魚を採集したときも、魚を殺さないように苦労することよりも、どうやって殺すかに苦心することの方が多かった。朝、水から上げた魚が昼になってもビチビチ跳ねているのだから。

このような干上がりに対する耐性が、つねに水があるわけではない田んぼや用水路での生存や繁殖をも可能にしているのである。いやむしろ、ラオスの田んぼが氾濫原をほぼありのままのかたちで利用していることを考えると、氾濫原に適応している魚が田んぼで上手に生きられることもまた、少なからず必然なのかもしれない。そう考えると、田んぼが「魚のゆりかご」なのではなく、もともと「魚のゆりかご」であった氾濫原を田んぼとして利用していると表現するほうがちかいように思う。

氾濫原が支える魚の生活サイクル

メコン河流域に魚が豊富なのは、広大な氾濫原があるからこそ、とも説明できよう。魚の生活を支える氾濫原がなければ、これほどたくさんの魚が暮らせるとは考えにくいからである。

乾季には陸域となり雨季には水域となる氾濫原は、水域と陸域との、いわゆる移行帯である。移行帯とは、二つの生物群集が接する部分をさす生態学の用語であり、一般に豊富な生物が生息していることが多い。温度や日照などの環境要素が場所によって少しずつ異なり、その違いが種ごとの適応を可能にして、多様な生物を育む下地となるからである。また、氾濫原に形成される水域は、空間的にも時間的にも断続的に存在する。途切れ途切れに点在する水域は、その空間的な複雑さによって種間の捕食被食関係や競争関係が緩和されて、やはり多様な生物の共存を促すことになる。時間的な断続も、大型の捕食者が生命を維持するうえで好ましいものではないため、被食者にとっての捕食リスクは軽減される。とりわけ、繁殖を行なう魚にとって無防備な仔稚魚を捕食されないことは重要であり、捕食リスクを下げるためならば長距離を遡上することも割に合う戦略となるのであろう。

じっさいに、雨季の大雨による氾濫のあと、田んぼやその周辺にどのくらい魚が上がってくるのか。2012年にチャンポン川（メコン河の支流バンヒャン川の支流）流域の7村で、投網や刺し網、手網を駆使して魚類組成の変化を調べてみたところ、川沿いの村では魚種数が2〜3倍にも増加していた（図1）。安全に子孫を残すために、じつに多くの魚が田んぼや池に遡上してくることがよくわかる。大きな川から離れると遡上してくる魚種は少なくなるが、それでも雨季に魚種が増える傾向は共通していた。

いっぽうで、水の少ない雨季直前にも、10種ほどの魚がどの村でも見られた。これらの魚は、大きな川にもどることなく、村の池沼や小川で乾季をやり過ごしていた。あるいは、このような魚が食用として養殖されている池もあった。田んぼ周辺で通年生息する魚種の割合はけっして小さくない。とくに大きな川から離れた村では、大部

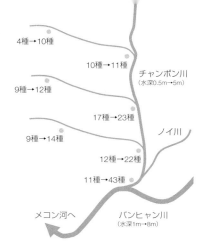

図1 チャンポン川流域の魚種数の変化
7村で見られた雨季直前（6月中旬）から雨季終盤（9月中旬）にかけて、いずれの河川でも魚種数は増加した

分の魚種が乾季にも田んぼ周辺にとどまる生活を送っていた。

ただし、田んぼは、濁水やイネのせいで魚を見つけるのはむずかしく、イネを倒さずに魚を獲ることも容易でない。魚を正確に数えたり捕まえたりすることがむずかしい田んぼでは、魚の個体数も種類数も過小評価されている恐れがある。そこで著者らは近年、環境DNA分析（134ページ）の応用を試みている。この分析技術が田んぼで使えるようになれば、その場所に何種類の魚がそれぞれどれくらい生息しているのかが、水をすくうだけでわかるようになると期待されている。魚を捕まえる必要がないから、田んぼを荒らしてイネを倒してしまう心配がないし、隠れている魚でも見逃す恐れがない。魚の種類を同定するための技術や知識も必要ないから、村人の手を借りていっせいに複数の場所で高精度の調査を行なうことができる。イネを倒さないから、おなじ場所で何度も調査をくり返すこともできる。これによって、ラオスの田んぼや氾濫原に生息する多様な魚の分布や移動の理解が、劇的に深まるかもしれない。これまで認識してきたよりもたくさんの魚が生息していることがわかるかもしれない。

今のところ、環境DNA分析を田んぼの魚に適用した先例はなく、神戸大学の源利文博士が中心になって行なったラオスでの予備調査が世界でもっとも早い研究事例だろう。田んぼによく出現する魚種のDNA情報を揃えたうえで、田んぼや池の水を分析したところ、環境DNAが検出された魚の種類数は、捕獲調査よりも多かった。この結果をもって、環境DNA分析の検出力が高いと考えてよいのか、環境DNA分析が間違えたと考えるべきなのか、科学的な結論を急ぐべきではないだろうが、田んぼや池で魚を捕獲することのむずかしさや不確かさを思い知った著者らは、環境DNA分析でしかわからないことがありそうだと強く感じている。

氾濫とつきあう「不便さ」に豊かさを見出す寛容さ

経済発展の立場からみると、氾濫原、とくに湿地は中途半端で利用しにくい場である。陸域としては、人間が居住するにも道を通すにもジメジメしすぎているし、水域として船を着けるには浅すぎて具合が悪い。しかも、その境界が季節とともに移動するものだからたちが悪い。また、長所であるはずの豊富な生きものの存在も、多様であるがゆえに、生物資源としては不揃いであり、大規模な流通にはのりにくい。

結果として、氾濫原を含む水域と陸域の移行帯は、埋め立てられて陸地となるか、掘り下げられて水域となるか、いずれかの開発を受けやすい。だからこそ、ありのまま

の氾濫原が田んぼとして活用されているラオスの田んぼは魅力的に見えた。

写真5 水没して収穫に至らなかった田んぼに刺し網を仕掛ける親子。奥では水牛が退屈そうにしている

なぜ、ラオスの田んぼは人の手で改変されていないのか。近年まで閉鎖的な経済活動を行なってきた共産主義国家のラオスでは、多くの産業において近代化の遅れが指摘されているが、ラハナム村で見た稲作農業についても、その傾向は顕著であった。まず、除草や害虫駆除のために農薬が用いられるところを見たことがない。肥料を用いることも稀だという。田んぼを掘り返すためにトラクターが使われるようになったのは、まだ一部の村でのことである。トラクターが導入された村では、仕事を奪われた水牛が退屈そうに田んぼや村をうろうろしていた。もちろん田植えの季節には、老若男女が総出で田んぼに浸かり、手作業で苗を植える作業がみられた。ラオスの稲作農業の多くは、豊富な雨量を頼みに、7～9月にかけての雨季のみに行なわれる。灌漑のためのポンプや水路が見られるのは、二期作ができるように整備された一部の村の一部の田んぼでしかない。ダムや堰など、水

写真6 小川では年配の女性が四つ手網を使って、日がな一日、漁をしている姿をよく見かける

域の連続性を損なう建造物もほとんどない。ここに挙げた、稲作農業の近代化のほとんどが、直接的・間接的に魚類の生息や繁殖を脅かすことは、すでに多くの文献において説明されてきた。

では、氾濫原をありのままのかたちで活用することで生じる「生活の不便」はどうなっているのか。2013年時点でのラハナム村民は、徐々に情報が入ってくるようになった先進国的な生活様式への憧れを抱きつつも、ジメジメした氾濫原の暮らしを楽しむだけの知恵と寛容さを併せもっていた。

たとえば2011年の8月、ラハナム村は数十年ぶりの大雨に見舞われ、低地にある田んぼのほとんどは水没して、収穫に至らなかった。直後に村を訪れると、イネが枯れてしまって池のようになった田んぼで、さっそく刺し網を仕掛けて魚を獲る親子の姿があった(写真5)。イネがダメなら魚を獲ればよい、それがこの村の人にとっての田んぼなのだろう。農業を行なう村人の多くはもともと漁業も兼業していて、ほとんどの男性は重たい投網をものともせずに投げるし、女性は四つ手網をじょうずに使いこなす(写真6)。投網を投げるために、田植えのさいには各区画のもっとも低い一角を空けておき、魚が欲しくなったら田んぼの水位を落として、その一角に水と魚を集められるように工夫している人もいた。水路には罠がしかけられていることも多い(写真7)。乾季には水位の下がった川で、雨季には稲作後の田んぼや池で、農業の合間に漁をすることは、村では当たり前の生活の一部であった。

氾濫原の中に点在する池や沼は、すべて魚が獲れる漁場である。獲れた魚は、よっ

ぽど大漁でないかぎり、家族や近所で消費する。調査の折、「私の池の水質を調べてくれないか」といくどか頼まれたが、その理由はその池の魚を自分や自分の家族が日常的に口にするものだからだという。生態系サービスを、経済活動を介さずにじかに利用しているからこそ、環境の質にも興味が注がれる好例だと思った。

そんな魚獲りが大好きな村人たちだから、著者らが魚を採集するときにはほぼ毎回、頼みもしないのに手伝ってくれる村人が現れた。それも、助言をくれるというようなレベルではなく、根掛かりした網を外すために、泥だらけの池の中にみずから平気で飛び込んでくれる。泥にまみれたり、びしょ濡れになることにたいして、われわれとはくらべものにならないほど潔いのだ。

氾濫原の水辺に育つ植物や、生息する生きものたちの生態やその季節変化に対する村人の知識や関心の高さも興味深い。著者らが調査地をその土地の利用形態によって分類しようとするさいに、現地の人たちから聞き取り調査をすると、「沢」に相当する用語が二つ三つ出てきた。「池」も複数の名前でよび分けているようだった。それらの水域は、季節によって川のようにも池のようにも変化する場所であり、季節変化の度合いを基準にしてよび分けているのだ。「川」だと教えてもらった土地で、数か月後にはイネが植え付けられていたことすらあった。現代の日本の景観概念では区切りのつけにくい氾濫原の曖昧な不均一性をあえて区別も改変もせずに活用しようというラオスの人たちの自然とのつきあい方を示す、印象的な光景だった。

日本の田んぼに魚類が少ないのはなぜだろう

日本の稲作文化にとって原風景のようであり、異次元の世界のようでもあるラオスの田んぼ。これとくらべて、日本の田んぼの現状はどうだろう。

残念ながら、現代の日本人が田んぼの生きものを想像するときに魚を挙げることは少ないだろう。冒頭に述べたように、著者らも日本の田んぼで魚に出合った経験は乏しい。田んぼのドジョウが栄養価の高い食物として珍重されていた時代があったことや、フナが田んぼで飼われて食用に売られていることは、見聞きして知っているていどで、実体験からはほどとおい。

では、農業の減農薬や減肥料がすすみ、水質が魚の生育にふさわしいはずの田んぼでも、いまだに魚がいないのはなぜだろうか。氾濫原の少ない現在の日本の国土において、貴重な代替湿地として魚に生息場所を提供できるはずの田んぼは、なぜ魚に活用されないのか。

多くの場合、トラクターを利用した労力のかからない農業を目指す過程で行なわれた圃場整備によって、川―水路―田んぼとつながるべき水域の連絡が悪くなったことが原因だと指摘されている。川

写真7 田んぼにしかけられた罠
田んぼや水路には小さな手づくり定置網を設置

や湖から産卵遡上してくるはずのフナやナマズは、川のところどころに設けられた堰や床止めの段差によって、移動を妨げられていることが多い。池や水路で冬を越していたメダカやドジョウもまた、田んぼからの排水を容易にするために設けられた田んぼと排水路の水位差によって侵入を妨げられてしまっている。

　魚たちは一時的水域である田んぼだけでは暮らせない。いっぽうで、氾濫原の低湿地、もしくはその代替場所がないと暮らせない種もいる。だからこそ、湖沼や川などの恒常的な水域と田んぼとがつながっていることは、魚にとって重要なことである。

　たとえば、著者らが2013年に操作実験をした福井県池田町の田んぼでは、農薬や肥料の使用量に厳しい認定制度を設けている。その結果、付近の水路から田んぼに移植したドジョウは、田植えから中干しまでの1か月にわたり生存することができた。それでも人間が移植しなければドジョウが田んぼにいないのは、水路と田んぼとのあいだの移動が魚にとってむずかしいからにちがいない。

　琵琶湖に面する滋賀県の田んぼでは、「魚のゆりかご水田プロジェクト」が展開されている。圃場整備によって遡上できなくなった排水路に小さな堰板を取り付けて「魚道」とし、琵琶湖や川と田んぼとの水のつながりをつなぎなおすことで、フナやコイ、ナマズなどが飛び跳ねる田んぼの光景を復活させようという運動である。また、岐阜県平野部の田んぼでも、水路にいる魚の分布状況を調べて、魚の移動を妨げている構造物を特定する研究や、水路から田んぼに魚が上がれるような小型魚道の開発が始められている。これらの活動や研究は、現在の田んぼが、魚にとって侵入しがたい場になっているからこそ、注目されるのである。

　皮肉なことに、日本の田んぼの現状はある意味で「魚のゆりかご」とよぶにふさわしいのかもしれない。田んぼに暮らす魚は、人が意識して世話をしてようやく育っている。多くの場合、そこに暮らす魚は、人為的に計画的に植えられた街路樹のように生きているにすぎない。頼まれずとも存在している自然林のように、「生態学的に生きている」状況からはほどとおい。

　いうまでもなく、魚が失われた田んぼを魚が育つ田んぼにもどそうとする上述の努力は、尊敬すべきものであり、有意義なものだと思う。このような取り組みのなかで生産された米が安心だと認識されなおすこと、田んぼで育った魚がおいしいと認識されなおすことは、水田生態系のサービスを実感することにほかならず、次の一歩につながるはずである。しかし、ラオスで見たように、本来はコストをかけなくても生態系サービスとして魚を提供してくれるのが氾濫原であり、それを模した田んぼであることを忘れたくない。自然にあまり手を加えない雑にも見える農地管理は、圃場整備とはまったく逆方向の管理でありながら労働力を軽減しているにもかかわらず、結果として魚と共生することに成功しており、魚の収穫で生活を保証する方向に作用している。高齢化がすすみ労働力が不足しがちな日本の農村においても、大胆な農地管理で手抜きすることを許容できれば、安心して食べられる米を生産しながら、おいしい魚が勝手に獲れる田んぼを取りもどせるのではないだろうか。

どろんこ探訪記!

田んぼの魚種と数量をカウントする新兵器の登場——環境DNA分析

丸山 敦（龍谷大学理工学部環境ソリューション工学科講師）

濁水やイネが邪魔で、目で見て確認することも、捕獲して同定することもむずかしい田んぼの魚。これをどのように数えたらよいのだろうか。イネの生育に悪影響を与えることなく調査する方法はないだろうか。そんな要求に応えるべく、新たな手法が開発されつつある。環境DNA分析である。

環境DNAとは、生物体を離れて環境中に存在するDNA断片のことである。魚などの水生脊椎動物は、糞や粘液に混じって水中に一定量のDNA断片を放出していることがわかっている。DNA断片には、放出した魚に特有の配列が刻まれていることから、水中に漂うDNA断片をうまく回収して解読すれば、その環境に生息する魚の種類や量を推定することができるかもしれない。これが環境DNA分析の考え方である。警察が、事件現場の遺留品からDNAを抽出・解読して犯人を特定するのとよく似ている。ただし、魚由来の環境DNAが分析されるようになったのは、つい最近、2010年以降の話である。

DNA分析に関する技術革新は目まぐるしく、数年後にどのような手法が主流となっているかを予測するのはむずかしい。それを承知で、魚を対象とする2014年現在の環境DNA分析に限定して紹介するならば、二つのアプローチに大別されるだろう（右図）。

一つは、狙った魚種のDNAだけを水中から拾い出す方法である。下準備として、狙った魚種のDNAに固有の塩基配列を2か所見つけて、それぞれの配列にぴったり符合する二つの「プライマー（核酸の断片）」の塩基配列を設計しておく必要がある。これをDNAと混ぜて、ポリメラーゼ連鎖反応（PCR）を起こさせると、二つのプライマーに挟まれた部分の塩基配列を増幅してくれるのである。したがって、サンプル水中に狙った魚種のDNAが存在していれば、PCRによってDNAはどんどん増えるし、サンプル水中に狙った魚のDNAがなければ、なにも起こらない。

肝心なことは、調査対象としていない生物のDNAを増やしてしまわないよう、プライマーを設計するさいに、ほかの生物のDNAにはない配列を選ぶことである。このことにさえ気をつけて水をすくってきてPCRの結果をみれば、その水域に狙った魚がいるかどうかはわかる。さらに、最近よく使われるようになったリアルタイムPCR（DNAの増幅をリアルタイムで計測できる手法）をつかえば、狙ったDNAのコピーが水中にいくつあったのかまで算出できる。DNA量と魚の密度は正相関するだろうから、魚そのものの現存量も推定できるようになるかもしれない。

もう一つは、「ユニバーサルプライマー」を使う方法である。これは複数の生物種由来のDNAを、みんなまとめてPCRで増幅するように設計される。一つめの方法とは逆に、多くの種で共通する塩基配列を2か所見つけて、それぞれにくっつくプライマーをつくる。たとえば、コイ科の魚のDNAに共通する配列にプライマーを設計してPCRを行なうと、コイ科に含まれるいろいろな種から放出されたDNAがごちゃまぜ状態で増幅される。この状態

のPCR産物の配列を解読すれば、コイ科のどの種がそこに生息しているかのリストをつくることができる。

この段階で重要なのは、PCRで増幅されるDNAの配列が、種によって異なることである。したがって、ユニバーサルプライマーは、直接くっつく部分のDNA配列は種間で共通するが、プライマーに挟まれて増幅される部分は種によって異なるように設計すると具合がよい。この方法では、水をすくってきてPCR産物の配列を解読できれば、その水域に生息する魚種を丸ごとリストアップできてしまうかもしれない。

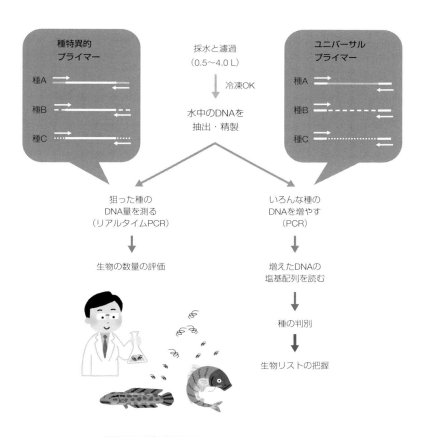

環境DNA分析の作業フロー
現場では水を汲んで保存するだけなので、田んぼでの活用も期待される。ある生物種に特化したプライマーを使えば狙った種の数量を知ることができ（左）、ユニバーサルプライマーを使えば種のリストをつくることができる（右）

3 オタマジャクシが田んぼの生態系を変える?

3-07

岩井紀子(東京農工大学大学院農学研究院 特任准教授)

「♪オタマジャクシはカエルの子」。あたりまえだが、その生態や影響力を、私たちはどれほど理解しているだろうか。「オタマジャクシの口をよく観察してほしい」という筆者は、「変態する」両生類が田んぼの生態系に与える影響の大きさに注目し、水中から陸上に移動するそのさまを「資源の大移動」と形容する。カエルを知ることからなにかが始まる予感がする

「田んぼの生きものを一つ挙げてください」と言ったら、なにを思いつくだろうか。この稿を書くにあたり、友人に頼んでアンケートをした。すると、思ったとおり、ダントツはカエルまたはオタマジャクシ(67人中26人)で、2位はアメンボ(8人)、3位はタガメ(7人)であった。ちなみに上位三つまでに拡げると、カエルまたはオタマジャクシを挙げた人は67人中44人であった。内心、カエルが1位でなかったらどう書き出そうかとヒヤヒヤしていた。つまり、私はカエルをあつかう研究者である。この稿では、田んぼでだれもが思い浮かべる生きもの、カエルに焦点をあて、その現状や役割をご紹介したい。

田んぼを産卵場所に利用するカエル

日本には全部で44種のカエルがいる。川や池、庭に置かれたバケツにいたるまで、じつにさまざまな水場で産卵している。一部のカエルはほんとうに節操がなく、水があればどこにでも産卵する。道端にできた水たまりがオタマジャクシで埋め尽くされているのを見た記憶もある。そんな産卵に利用される水場のなかでも田んぼは、もっとも身近な例といえるだろう。田んぼを産卵場所として利用するカエルは、本州ではだいたい13種類で、見た目や生態で大きく分けると、以下の6グループだ。括弧内には本州で見られるカエルの種名を示した(写真1)。

①ヒキガエル(アズマヒキガエル、ニホンヒキガエル)
②アマガエル(ニホンアマガエル)
③アカガエル(ニホンアカガエル、ヤマアカガエル)
④トノサマガエル(トノサマガエル、トウキョウダルマガエル、ダルマガエル、ナゴヤダルマガエル)
⑤ツチ・ヌマガエル(ツチガエル、ヌマガエル)
⑥アオガエル(モリアオガエル、シュレーゲルアオガエル)

この6グループは、少しずつちがう田んぼの使い方をしている。最初に産卵するのは、ゼリー状の塊の卵を産むアカガエル、それから少し遅れて、紐状の卵のヒキガエルである。これらの種は田植えまえに繁殖し、田んぼといっても、水が入るまえの、水たまりになっているような場所に卵を産むことが多い。田んぼに水が入り田植えがはじま

写真1 田んぼを利用するカエルたち
a）アズマヒキガエル（撮影・岩井紀子、愛知県瀬戸市、2013）
b）ニホンアマガエル（撮影・松島野枝、福島県田村市、2014）
c）ヤマアカガエル（撮影・岩井紀子、東京都羽村市、2004）
d）トウキョウダルマガエル（撮影・松島野枝、宮城県塩竈市、2007）
e）ツチガエル（撮影・岩井紀子、愛知県瀬戸市、2013）
f）シュレーゲルアオガエル（撮影・松島野枝、宮城県大和町、2007）

ると、アオガエルは泡状の卵を畦に産みつけ、アマガエルは、植えられたばかりのイネのあいだを縫って、少しずつ卵を産みつけていく。最後にトノサマガエルの仲間やツチガエルが産卵に加わる。このころには、最初に産卵したカエルの卵が孵化し、無数のオタマジャクシが田んぼを泳ぎまわっている。

　田植えあとは、もっとも多くの種類が田んぼに集まる時期で、多様なカエルが鳴き交わす。カエルの鳴き声は雄が雌を呼ぶ声、ラブコールだ。カエルの鳴き声は種によっ

てまったく異なるため、夜の田んぼに立って耳を澄ませれば、その田んぼにどのカエルが繁殖しているのか、一耳瞭然である。カエルの鳴き声については図鑑も出版されているし、インターネット上で検索することもできるので、ぜひ「ききガエル」を試していただきたい。しかし、そんな多様な鳴き声が徐々に減り、最近ではほぼアマガエル1種類になってしまった場所も多い。

「カエルの受難」は、収量アップと作業効率重視の圃場整備からはじまった

　田んぼのカエルの多様性が失われてしまった理由は、圃場整備や機械化といわれている。より効率的に多くの収量を得られるよう稲作技術は進化し、それとともに、カエルにとっての田んぼも変化した。田んぼの変化や生きものへの影響は、ほかの稿でも取り上げられているのでここでは詳しくは述べないが、たとえば、三面張りの水路に落ちたカエルは、垂直な壁を上ることができず、そのまま流れ去るしかない。アマガエルは指先に吸盤があるので水路に落ちても壁を上って出ることができ、それがアマガエルが残っている理由の一つと考えられている。ほかにも、農薬でオタマジャクシの死亡率が上がった例もある。

　乾田化で早春の水場がなくなると、アカガエルたちの産卵場所が減ってしまったり、田植えを待ってから産卵しないといけなくなったりする。これまでカエルの産卵時期は種類ごとに少しずつずれていたが、これがいっせいに産卵することになると、オタマジャクシどうしの競争や捕食の関係が変化する可能性も指摘されている。さらに、産む時期が遅いカエルは、変態が間に合わず干上がる危険性も高い。「中干し」で田んぼから水が抜かれるからだ。導水から中干しまで2か月ほどのあいだに、卵から変態まで終わらせるというのは、なかなかハードなスケジュールである。もっとも、田んぼによって水はけはさまざまで、中干しで完全に水がなくならない場合も多く、オタマジャクシは田んぼの中でも残された水の部分に集まって難を逃れることもあるようだ。そんなカエルたちの受難を受けて、最近は水路にカエル用のスロープを設置する、中干しの遅延、魚毒性の低い農薬の使用、などいくつか工夫もされるようになっているが、これについても、ほかの稿に譲ることとしたい。

よく食べて、よく排泄する──元気なカエルがいることは元気な田んぼの証

　カエルの棲みづらい田んぼになってしまったら、だれが困るのだろうか。「カエルがいなくなったところで、たいして問題ではなかろう」というのが一般的な考えなのかもしれない。筆者としては、「それでは、田んぼがさびしいではないか」というだけで充分なのだが、そんな理由では、多くの人は納得しない。カエルがなにの役にたっているのか、じっくり考えてみたい。

　まず一つには、カエルは環境指標生物である。環境指標生物とは、生息している環境の状態をよく反映する生物で、たとえば川の汚れに敏感な水生昆虫が水質の指標に使われていたりする。敏感な皮膚をもつカエルは、農薬や水質の悪化によって影響を

受けやすい、「弱い生きもの」である。空も飛べず、遠くまで歩き回れないため、環境が悪化しても逃げ出せない。カエルが田んぼからいなくなるということは、まだその影響が表われていない多くの生きものにとっても、環境が悪化していることを示すのだ。

　さらに、カエルは「食べる・食べられる」の関係を多くもつ生きものでもある。食べる・食べられるの関係が豊富だということは、カエルが元気であれば、カエルが餌としている小さな生きものたちも元気だということであり、ひいては、カエルを食べる哺乳類や鳥類などの生きものも元気であることを示す。

　極めつけは、カエルが両生類であるということだ。両生類は、陸も水もないと生きられない生きものなので、上述のような条件が陸にも水にもあてはまり、両方の健全性を示すことになる。このように、カエルは、炭鉱のカナリアならぬ、「生態系のカナリア」といえる存在なのである。炭鉱では、連れて入ったカナリアのさえずりが止まったり、具合が悪くなったりすると、人間の身にも危険がおよぶ、として危険察知、有毒ガス早期発見のためにカナリアを用いていた。生態系におけるカエルも、鳴き声が消えたり、うまく生きていけなくなれば、多くの生きものにとっても環境がよくないことを示す。逆にいえば、たくさんのカエルが元気に鳴く田んぼは、その環境、ひいてはそこからつくられる食物が、人間を含む多くの生きものにとっても適したもの、体によいものであることを示しているといえる。

　「食べる・食べられる」の関係といえば、カエルは田んぼでは、イネにとっての害虫を捕食する生きものとして知られている。たとえば、田んぼでもっともよく見かけるアマガエルは、イネミズゾウムシ、イネツトムシ、ツマグロヨコバイなどの害虫を食べている。カエルの胃内容から見つかった虫たちの、個体数で6割以上が害虫だったという。しかし、どうじに、カエルは害虫を食べる益虫（クモなど）をも食べるので、じっさいはもっと複雑そうだ。この関係をあきらかにするには、田んぼからカエルをすべて除去したり、添加してくらべてみたりという実験が必要だが、じっさいの田んぼで、統計に耐えうるかたちで実験した例はなく、ほんとうのところはあきらかではない。だが、カエルが生きられないほどの強度をもった農薬をつかうと、カエルによる害虫捕食機能がなくなり、害虫駆除のための農薬がさらに必要になる、という悪循環に陥る可能性は高い。カエルの害虫捕食機能をうまく引き出し、農薬の一部を肩代わりしてもらうかたちで共存できたら理想だろう。

「オタマジャクシはカエルの子」という実態に秘められた役割

　ここまでは、「カエル」の話をしてきたが、多くの読者は、ぴょんぴょん跳ねる親のカエルを想像していたと思う。もちろん、著者もそれを狙って「カエル」と書いてきた。しかし、「カエル」は本来、オタマジャクシの段階も含めてカエルのはずである。

　とはいえ、カエルといわれてオタマジャクシを想像する人はあまりいない。それどころか、冒頭の田んぼの生きものアンケートでは、カエルとオタマジャクシの両方を挙げてくださったカエル党の方も複数いた。オタマジャクシはカエルではなく、別格

写真2 田んぼに出現したオタマの学校
田んぼの一角に集合していたヤマアカガエルのオタマたち。きっとたくさん糞をしている（撮影・岩井紀子、福井県池田町、2012）

の生きものなのだ。それもそのはず、オタマジャクシは親カエルと似ても似つかぬ体型をし、暮らしている環境も異なれば、食べるものもちがう。それだけにその果たす役割も、大きく異なってくる。

　オタマ（以後オタマジャクシは「オタマ」と省略）は、じつは結構だいじな生きものである。なにしろ大量にいる。たとえばニホンアマガエルは1匹が500個前後の卵を産むとされるが、田んぼのアマガエルは1m四方に数匹ほどいるとされる。ということは、雄と雌がおなじ数だけいるとして、たとえ親が2匹でも単純に計算して500匹のオタマ、4匹いれば1,000匹のオタマが1平方mあたりに泳いでいることになる。田んぼ1枚10a（1,000m²）として、少なく見積もっても親が2,000匹、オタマは50万匹だ。密度の高いところはオタマで水の色がちがってみえる（写真2）。メダカの学校ならぬ、オタマの学校状態である。これだけの数の生きものが、いっせいに泳ぎ、いっせいに食べ、いっせいに糞をする。するとなにが起こるのだろうか。

　オタマが食べ、糞をすることの影響については、著者が研究人生の最初にあつかった研究テーマである。生態学では、資源を食べる生きものは「消費者」とよばれ、文字どおり資源を消し、費やす生きものとして扱われてきた。あれだけの高密度でオタマがいれば、毎日の消費量だけでも相当なものだ。

　オタマは、藻類を主食とする種

写真3 デトリタスを食べるオタマジャクシ
微生物によってやわらかくなった落ち葉を、微生物もろとも食べる（撮影・岩井紀子、福井県池田町、2012）

類が多いが、基本的には雑食性で、植物、動物、デトリタス(生物遺体。落ち葉や枝が水に落ちて腐ったもの、動物の死骸、排泄物)などなんでも食べる(写真3)。ということは、オタマが学校をつくっている水場では、これらの食物が毎日姿を消していくことになり、あっという間になくなってしまうとかんがえるのが一般的だろう。ところが、けっして食物を減らすばかりではない、ということがわかった例をご紹介しよう。

写真4 オタマジャクシの口
口の上側に二列、下側に三列の歯列が見える。このひだひだが藻類などを削り取る。(撮影・岩井紀子、オーストラリアタウンズビル、2008)

　ところで、オタマの口はなかなかおもしろい形をしている。一見の価値ありだ。オタマを見つけたらぜひ、透明な容器に入れ、口を観察してみてほしい。オタマの口は、真ん中にくちばしのような構造があり、その周りには歯列とよばれる角質化した構造が数列並んでいる(写真4)。歯列が何列あるのか、途中で切れているかどうか、といったことが種によって決まっていて、オタマの種判定の基準の一つにもなっている。水中の石などに口をつけてもぐもぐと動かすと、ひだひだの歯列がそこに生える藻類を削りとる。大きい藻類はくちばし部分で細かく砕くというしくみだ。底に溜まった砂や泥なども、まるで掃除機のように吸い込んでしまう。フィルター・フィーダー(濾過摂食者)とよばれるほど、つねになにかしらを口に入れ、濾しとっている生きものだ。採ってきたオタマを家の水槽に入れて眺めていると、数時間のうちにやせ細って、げっそり逆三角になってしまった、という経験をお持ちの方もいるのではないだろうか。口に入れるものがなくなると、腸が空っぽになってしまうからだ。逆三角オタマをつくらないためには、採取してきた水場の底にたまっている泥なども一緒に入れてやるとよい。泥についている微生物も重要な餌だ。

　話を元にもどすと、つまりオタマは四六時中、なにかを食べ、糞として排出している。さてここで、水槽かバケツに水を汲み、道端で拾った犬か猫の糞でも入れて外に放置した状況を想像してほしい。たちまち(といっても何日かかかるが)水は濁り、藻類が生え、なにやら小さな生きものたちがわさわさとうごめきだすにちがいない。もちろん、糞を入れなくても、気長に待てばゆっくりと藻類は生え出すだろうが、その「にぎわい度」は決定的にちがう。糞を入れたバケツには、水中に溶けだした「栄養塩」があるからだ。

　藻類などの植物は、成長するのに光と栄養が必要である。水中に糞が入ることで、窒素やリンなどの植物の成長に重要な栄養素が溶けだし、「にぎわい」が生み出されるのだ。オタマについても同様である。オタマは四六時中糞をしている。糞からはじわじわと栄養塩が溶けだし、水中の窒素やリンの含有率が高くなる。これを藻類が取り込んで増えていくのだ。すなわち、オタマが糞をすることで、水の中ににぎわいが生まれる、といえる。

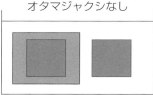

図1 実験を行なったタンクと概略図
オタマありとなしのタンクをつくり、そこにタイルを入れて生えた藻類量を比較した。
片方のタイルは網でカバーをかけ、オタマが近づけないようにした
（撮影・岩井紀子、オーストラリアタウンズビル、2008）

自分が食べるぶんは自分で補う──その律儀さが田んぼの「にぎわい」を生む

　水中の栄養塩を利用しているのは藻類だけではない。菌類などの微生物も栄養塩を必要としている。落ち葉が池に落ちると、徐々に分解され、やわらかく粉々になっていくが、このプロセスを大きく動かしているのが微生物だ。微生物は、落ち葉などの有機物を分解しつつ、水中の栄養素も取り込んでいく。分解され、栄養素を取り込んだ微生物が張り付いた、ヌルヌルへろへろの落ち葉は、オタマにとっても、ほかのデトリタス食者にとっても、おいしい食べものになる。

　となると、オタマが食べ、糞をすると、栄養塩を放出させ、藻類を増やし、落ち葉をやわらかく栄養豊富にし、それがまたオタマやほかの生きものによい効果をもたらすのではないだろうか。こんな「風が吹けば桶屋が儲かる」というような話が果たしてほんとうなのかどうか、たしかめる実験をした[*1]。

　まずは「落ち葉をやわらかく栄養豊富に」する効果の検証実験をした。オタマを飼育し、飼育した水に落ち葉を浸し、それをデトリタス食のミズムシに与える、というものだ。断っておくが、ミズムシというのはあの足につくほうではなくて、水中で落ち葉をモリモリ食べている、ワラジムシのなかまの水生昆虫である。その結果、オタマがいると飼育水に栄養塩が増え、落ち葉の栄養分が増え、ミズムシの成長速度が上がることが

---

*1　Iwai and Kagaya 2007. Oecologi

確かめられた。こういうと、とてもかんたんに結果がわかったように聞こえ、失敗を重ね、苦労して結果を出した本人としてはとても不本意なのだが、世の中の研究成果というのはそういうものである。さらに、これは実験室の飼育環境での実験で、いわば「やらせ」的に試した結果であるから、「まぁそうなるよね」といったところである。

しかも、ずいぶん前にお気づきの方も多いかと思うが、オタマが糞をし、栄養塩を増やすには、まず食べないといけない。食べるということは、食べられたものは減ってしまう、ということである。風が吹いた時点で、桶屋の桶が飛ばされて被害が出るのである。落ち葉は、そもそも食べられてこそ意味のある資源である。いっぽう、藻類は一次生産を行なうため、食べられてしまえば水中の生態系にとっては損失だ。藻類にとっては、食べられて減る量と、栄養塩のおかげで増える量とのバランスで結局のところオタマがいることで増えるのか減るのかが決まる。じっさいはどうなのだろうか。

写真5 タイルに生えた藻類
左側がカバーをかけたタイル。オタマがいたタンク(上)では左側があきらかに濃いが、いなかったタンク(下)では、左右ともにうっすらと生えるにとどまった(撮影・岩井紀子、オーストラリアタウンズビル、2008)

そこで、もうすこし自然環境にちかい実験環境をととのえ、オタマがいると藻類は増えるのか減るのか、実験することにした。水は通すがオタマは通さない網でカバーしたタイルと、カバーしないタイルとを用意し、このセットを、オタマがいるタンクといないタンクとにそれぞれ入れて、タイル上に生える藻類の量を比較してみたのだ(図1)。その結果、オタマがいるタンクに入れたタイルのうち、網でカバーしたタイルには、みごとに藻類が青々と生えたが、カバーしなかったタイルではうっすらと生えるにとどまってしまった(写真5)。

これは、オタマが糞をして栄養塩を増やしたことで藻類がたくさん生えるようにはなったのだが、生えた端からオタマが食べてしまったことを示している。しかし、ここで単純に「オタマは藻類を減らしている」とはならなかった。というのも、オタマがいないタンクに入れたタイルに生えた藻類量は、オタマがいるタンクで食べられて減ったあとにうっすら残った量とほぼおなじだったのである。オタマがいないタンクで生える藻類と、オタマがいるタンクでオタマに食べられたあとの藻類の量とがおな

じというのはどういうことか。つまり、オタマは「自分で食べるぶんは自分で増やしていた」ということになる。オタマは消費者として資源を減らすばかりでなく、増やすこともでき、自分が減らすぶんくらいは補えるのだ。

　この実験は、比較的単純な生態系を模したタンクで行なったが、じっさいはもっと複雑で、「オタマばかりが得をする」というかたちではなく、いろんな生きものににぎわいが波及する可能性もある。これは人間の社会経済と似ている。金は天下のまわりもの。みなが貯金してしまえば停滞するが、使ってまわせば多くの人を潤すのだ。オタマが食べ、糞をすることは、そんな役割をもっていたのである(図2)。

　オタマが引き起こす環境への影響例はほかにもある。たとえば、砂や泥を動かすことだ。先に述べたように、オタマはフィルター・フィーダーであるから、池や川の底、石や植物の葉などに積もった砂や泥をつねにつつき、動かすことになる。積もった砂や泥がなくなると藻類が生えやすい環境になることは知られているので、そんな物理的改変で藻類増に貢献しているかもしれない。

　そしてもちろん、オタマはいろんな生きものの餌になっている。冒頭のアンケートで登場した、タガメ、ゲンゴロウ、ヤゴ、ザリガニなどは、オタマを重要な餌としている生きものばかりだ。オタマがいないとたちまち餌に困ってしまう。そして、水場で役割を終えたオタマたちは、やがて変態する。オタマの変態については本が一冊書けるほど情報は盛りだくさんのテーマだが、すくなくとも、万単位の数の子ガエルが陸に上がるということは、水から陸への「資源の大移動」である。たくさん食べ、たくさん糞をして成長し、最後は陸へ移動していく、そんな生きもののオタマは、まだまだ秘めたる役割をもっているにちがいない。

図2 オタマジャクシが引き起こす「にぎわい」の概念図
a) 藻類や落ち葉を分解する微生物は、水中の栄養塩を必要としている
b) オタマがいると、糞から栄養塩が溶けだす
c) オタマによって増えた栄養塩は藻類を増やし、落ち葉をやわらかく、栄養価の高いものにするため、藻類や落ち葉を食べるほかの生きものもオタマ自身も元気になる

オタマは栄養塩の循環を促進することで「にぎわい」を生み出している

田んぼという現場で活躍するオタマジャクシに注目したい

　ところで、以上のオタマの話は一般論で、どちらかというと池や川の話だった。じっさいの田んぼでオタマは活躍しているのだろうか。もちろん、指標種としての役割は変わらないので、オタマが元気であることはイネの安全性を示す一つの指標となるだろう。たくさん食べ、たくさん糞をしていることも変わらないが、その効果はどうだろうか。泥を動かすことはむしろ、巻き上げることで光を遮蔽し、雑草の発生を抑制する効果の方が期待できるかもしれない。

　昨年、学生たちの研究の一環として田んぼに囲いをつくり、オタマの有無で比較する実験*2をしてみた。結果はまだ発表準備中だが、濁りは増えたものの、残念ながら雑草は減らなかった。また、栄養塩のあきらかな増加は見られず、イネの成長に影響はなかった。田んぼは肥料が投入されるため、とても富栄養である。水中の栄養塩濃度がそもそも高いので、オタマが糞をしてもその有難みは少なかったのかもしれない。オタマを含め田んぼの生きものたちが栄養塩循環を促進する「生きもの肥料」はどれくらい見込めるのか、肥料の一部を減らして田んぼのにぎわいで補えるのかどうか、これからの研究課題といえそうだ。

＊

　田んぼにカエル（オタマ含む）がいることは、ひとことでいえば、田んぼに「にぎわいをもたらす」のだと思う。カエルが元気なら、田んぼをとりまく環境はいきいきと多くの生物に恵まれる。そして、そのにぎわいが農薬や肥料の役割を担う可能性がある。

　かといって、生きものばかりを優先し、収量を無視して農薬を使わず、機械も使わないのは非現実的だ。生きものがいることで農薬や化学肥料を少しでも減らせるのであれば、それはまた、さまざまな生きものにフィードバックされ、よい循環も生まれるだろう。生きものの能力をいかに引き出し、活用するかを考える人間の知恵が、田んぼと生きものの未来に求められているのではないだろうか。

＊2　この実験は、学生の小山奈々さん、丸山敦さんと学生の辻咲恵さん、財団法人福井県池田町農業公社、株式会社ネイチャースケープと共同で行なった。

本文の内容についての引用文献、参考文献

3-01

Nishimura, Y., Ohtsuka, T., Yoshiyama, K., Nakai, D., Shibahara, F., Maehata, M. 2011. Cascading effects of larval crucian carp introduction on phytoplankton and microbial communities in a paddy field: top-down and bottom-up controls. *Ecological Research* 26: 615-626

Suzuki, T. G., Maeda, M., Furuya, F. 2013. Two new Japanese species of gastrotricha (Chaetonotida, Chaetonotidae, Lepidodermella and Dichaeturidae, Dichaetura), with comments on the diversity of gastrotrichs in rice paddies. *Zootaxa* 3691: 229-239

Yamazaki, M., Ohtsuka, T., Kusuoka, Y., Maehata, M., Obayashi, H., Imai, K., Shibahara, F., Kimura, M. 2010. The impact of nigorobuna (crucian carp) larvae/fry stocking and rice-straw application on the community structure of aquatic organisms in Japanese rice fields. *Fisheries Sciences* 76: 207-217

『改訂版 田んぼの生きもの全種リスト』桐谷圭司(編)、農と自然の研究所・生物多様性農業支援センター、2010

『ニゴローの大冒険――フナから見た田んぼの生き物のにぎわい』大塚泰介(編著)、滋賀県立琵琶湖博物館、2012

3-02

伊藤春男・五十嵐良造 1954「宮城県地方における苗代のイトミミズ類のすみわけ」『日本生態学会誌』4：126-128

菊地永祐 2007「土と基礎の生態学 5.水域における堆積物中の物質循環と底生動物」『土と基礎』地盤工学会 55：34-40

栗原康 1983「イトミミズと雑草 1. 水田生態系解析への試み」『化学と生物』21：243-249

栗原康・菊地永祐 1983「イトミミズと雑草 2. イトミミズの波及効果」『化学と生物』21：324-327

栗原康・菊地永祐 1983「イトミミズと雑草 3. 水田生態系制御への試み」『化学と生物』21：398-404

櫻田史彦 2014「有機栽培体系における水稲の生育・収量と雑草発生に対する機械除草と土壌生物(イトミミズ類)の効果」東北大学修士論文

『水田のはたらき』関矢信一郎、家の光協会、1992

松本政美・山本護太郎 1966「棲貧毛類 *Tubifex hattai* の産卵数の季節的変動について」『日本生態学会誌』16：134-139

3-03

中西康介・田和康太・蒲原漠・野間直彦・沢田裕一 2009「栽培管理方法の異なる水田間における大型水生動物群集の比較」『環動昆』20(3)：103-114

田和康太・中西康介・村上大介・西田隆義・沢田裕一 2013「中山間部の湿田とその側溝における大型水生動物の生息状況」『保全生態学研究』18(1)：77-89

田和康太・中西康介・村上大介・沢田裕一 2014「中干しを実施しない水田でみられた大型水生動物群集の水田利用状況」『環動昆』25(1)：11-21

3-04

成末雅恵・内田博 1993「土地改良とサギ類の退行」『Strix』12：121-130

宇留間悠香・小林頼太・西嶋翔太・宮下直 2012「空間構造を考慮した環境保全型農業の影響評価：佐渡島における両生類の事例」『保全生態学研究』17：155-164

Katayama, N., Baba, Y. G., Kusumoto, Y., Tanaka, K. 2015. A review of post-war changes in rice farming and biodiversity in Japan. *Agricultural Systems*（オープンアクセスのため無償入手可）

3-05

今西亜友美・今西純一・河瀬直幹・夏原由博 2012「滋賀県南東部の水田地帯におけるハルリンドウ生育地の環境条件」『ランドスケープ研究』75（5）：419-422

Imanishi, A., Kaneko, S., Isagi, Y., Imanishi, J., Natuhara, Y., Morimoto, Y. (in press) Genetic diversity and structure of *Euryale ferox* Salisb. (Nymphaeaceae) in Japan. *Acta Phytotaxonomica et Geobotanica*

3-07

Iwai, N., Kagaya, T. 2007. Positive indirect effect of tadpoles on a detritivore through nutrient regeneration. *Oecologia* 152: 685-694

Iwai, N., Kagaya, T., Alford, R. A. 2012. Feeding by omnivores increases food available to consumers. *Oikos* 121: 313-320

小山淳・小野亨・城所隆・熊谷千冬 2001「ニホンアマガエルによる水稲害虫の捕食」『東北農業研究』54：69-70

『カエルのきもち』千葉県立中央博物館、晶文社出版、1999

『田んぼの生きものたち　カエル』福山欣司、農山漁村文化協会、2011

『日本カエル図鑑』前田憲男、文一総合出版、1989

 筆者おすすめの基礎的な文献……もっとくわしく知りたい方に

『水辺環境の保全——生物群集の視点から』江崎保男・田中哲夫、朝倉書店、1998

『水田生態工学入門——農村の生きものを大切にする』水谷正一、農文協、2007

『地域と環境が蘇る水田再生』鷲谷いずみ、家の光協会、2006

『雑草生態学』根本正之・村岡裕由・冨永達・高柳繁・森田弘彦、朝倉書店、2006

『草地と日本人——日本列島草原1万年の旅』須賀丈・丑丸敦史・岡本透、築地書館、2012

『異端の植物「水草」を科学する——水草はなぜ水中を生きるのか？』田中法生、ベレ出版、2012

第4章
人がかかわってこそ、田んぼは守られる

『成形図説』巻之五-十四（国立国会図書館ウェブサイト）

私たちは、どのように田んぼを守ればよいのだろうか

牧野厚史（熊本大学文学部総合人間学科 教授）

　本章の冒頭の「**4-01 ランドスケープを読み解く**」（夏原由博）は、生きものの視点から、カエル、フナ、ゲンゴロウなどの生きものがなぜ田んぼに多いのかを説明している。じつは、農村の人たちにとっても、田んぼの生きものとの関係は重要だった。魚捕りやカモなどの鳥の猟は伝統的な楽しみでもあったし、食料調達の方法でもあった。また、虫送りのように「害虫」を祀り捨てることも必要だった。だが、絶滅危惧種の増加にみられるように、田んぼでかつてみられた生きものの種類や数は、半世紀ほどで著しく減った。生きものへの人の関心の低下と、生きものの減少はどちらが先に起こったかという問いに答えることはむずかしい。ただ、明白なのは、田んぼや水路などで生きものと関わることのメリットを、私たちはいったん捨て去ることを選択したという事実である。

　では、人は生きものとの関係を断ち切ったままなのか。そうではない。いまの日本の農村では、田んぼの生きものを取りもどす活動が盛んである。この章では、田んぼと深く関わる農家の活動に焦点をあてて、生きものを守る方法について考えている。

＊

　これにつづく二つの論文は、ともに経済人としての農家が取り組みやすい生きもの復活の方法を考察している。経済人＝農家にとって、生きものが生息できる環境の保全はお金にはならない。にもかかわらず、農家が環境保全を経済に取り込む理由の一つは、その活動を知らせることで市場における消費者との関係を変えることにある。

　「**4-02 得体のしれない生態系。保全効果の不確実性にどこまで迫れるか**」（山根史博）は、環境保全に取り組む農家の高い米を買う消費者の協力と、それを可能にしている情報について検討している。そのポイントが農家の取り組みと、そのむずかしさへの消費者の共感に置かれていることは興味深い。

　他方、「**4-03 田んぼで生きものを保全する**」（藤栄剛）も、生きものの復活は農家にとってコストをともなう活動であることを指摘する。そこで、米のブランド化による価格プレミアム、行政の補助金や流通支援によって、金にならない環境を農家経済に組み込む方策を検討する。こちらも最終的に注目するのは、利害関係とはやや別個のソーシャル・キャピタルという

農家どうしの関係である。これらの論考は、お金に換算することは重要であるが、利害的動機からの行動のみでは、田んぼの生きもの復活の活動は進まないことを示唆している。

＊

　これにたいして、次の二つの論文は、生活者としての農家が取り組む理由について考えている。「**4-04『品種の多様性』に注目し、気候変動の脅威から日本の農業を守る**」（松下京平）は、米の多品種栽培という生物多様性を高めることが、農家にとっても気候変動のリスクから農業を守るメリットがあることを論じた論文である。かつての田んぼでは、現代の稲作のようにコシヒカリだけといった単一種の稲の栽培は行なわれていなかった。機械化が進んでいなかった当時は、晩稲種と中稲種、早稲種を適宜組みあわせることで農作業を組み立てようとしたからである。この方法は、松下論文が指摘するように、生産性向上とは矛盾するために農業近代化の過程で捨て去られたが、温暖化などの気候変動のリスクを避けるうえでも参考になるというのが本論文の指摘である。

　「**4-05『環境アイコン』をシンボルに田んぼの生きものと農村を元気づけよう**」（牧野厚史）は、生活者としての農家がつくる集落の役割に注目する。農家は、経済人であると同時に家族をつくって生活しており、さらにその家族は集落という小コミュニティのメンバーでもある。集落というコミュニティは、川掃除などの無償の環境保全の活動を行なっており、生きもの復活の活動でも頼りにされている。生きもの復活の活動が農家にもたらす経済的なメリットは人によって大小がある。にもかかわらず、集落の住民みんなで活動することが多いのは、生きものの復活が集落住民の生活環境向上のための投資とみなされるようになってきたからである。

＊

　最後の論文、「**4-06〈あるがまま〉の自然と〈使いながらまもる〉自然**」（丸山康司）は、以上の4本の論文が取りあげてきた生きもの復活のメリット──①情報共有による消費者の購買行動の変化、②価格プレミアムや行政の補助金による経済的メリット、③気候変動リスク回避、④集落住民の生活環境向上を総論的にまとめる位置にあり、生態系サービスという抽象度の高い表現でメリットを総括している。この論文は、田んぼのような「使いながらまもる自然」からサービスを得るには、これに関わる人たちがサービスに対応したしくみをそなえる必要があると指摘する。

　このしくみは社会組織と言いかえてもよい。つまり、サービスの内容を決めるのは、自然ではなく自然に働きかける社会の組織なのである。したがって、この種の自然を守るには、人の側が自然と関わりながらそのサービスを不断に発見し、社会組織を再編しつづけることが重要なのである。

4-01 ランドスケープを読み解く

夏原由博（名古屋大学大学院 環境学研究科 教授）

ランドスケープは日本語では景観だが、学術用語として使われるときは、目に見える景色とは異なる意味が与えられてきた。景観生態学は、ランドスケープのパターン（配置）とそこで生じるプロセス（できごと）との関係に注目する研究領域である

　田んぼの風景は、日本国内でもところにより異なっている。その風景のちがいは、生きものにとっても重要だ。田んぼで餌を探すことでは共通する鳥類も、サギ類（110ページ、3-04）は広びろとした平地の田んぼで、サシバは山地や丘陵地の田んぼで見ることができる（図1）。サギ類は平地の人里近くの鎮守の森などに集団営巣し、田んぼのドジョウやカエル、オタマジャクシを捕食する。サシバは森林に営巣し、田んぼを見下ろせる樹上でカエルを待ち伏せて捕食する。よく見ると、サギ類が餌場にする田んぼのカエルはトノサマガエルやダルマガエル類で、サシバがくる田んぼはアカガエル類だったりする。

　風景は、地域性とも言い換えることができる。つまりは、生物多様性を守るには、種数の多い場所を選んで守るよりも、地域性を守ることが重要なのだ。

ランドスケープを変えれば生態系も変化する

　ランドスケープのパターンとは、森林とか草地がどのていどあって、どのように分布しているかである。森や田んぼなどの生態系はそれぞれ相互に影響しあっていて、切り離すことはできない。ランドスケープのパターンは、プロセスというできごとに影響する。プロセスとは、水流による侵食、生きものの営みや移動といったものである。

図1　ランドスケープが決める田んぼの生態系
おなじ田んぼでも、川の後背湿地にあって水路と田んぼの落差が小さいところでは田んぼに魚が遡上して、それをサギが食べている。それにたいして、山間地の谷津田では、木の上に営巣したサシバが、田んぼのアカガエルを捕らえて食べている

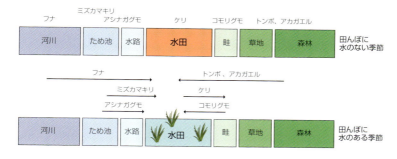

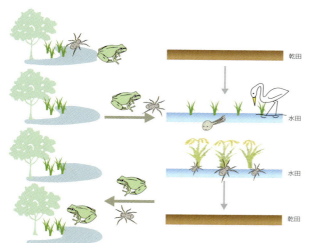

図2 田んぼの変化と
生きものの行き来

田んぼは田植えから稲刈りまでは
イネが生えた湿地だが、それ以外
の時期は水がなく、草も少ない。
生きものは、田植えとともに周辺
から集まって来て田んぼで繁殖す
る。そして夏から秋にかけて、元
の生息場所にもどる

 すると、田んぼの生きものは田んぼ内の環境にだけでなく、ランドスケープ全体の影響を受けることになる。別項(18ページ、1-02)に書いたように、田んぼが森林に囲まれている場合と田んぼだけが拡がっている場合とでは、カエルや鳥の種類も、そのつながりもちがっている。つまりは、ランドスケープを人間が変えることで、生態系は大きく変化するのである。

田んぼの生きものにとってのランドスケープ

 農業にとってもランドスケープは重要だ。害虫の発生状況や作物の受粉率にしても、周囲の環境によって異なることなどがわかってきた。春には土しかなかった田んぼが突然水に浸かって、イネが育つ。田んぼの生きものの多くは、田が水に浸かるまではどこか別の場所で暮らしていたものだ(図2)。カエル、フナ、ゲンゴロウなどは、水が入った田んぼに移動して産卵する。幼生や稚魚はそこで発生する豊富な餌を食べて大急ぎで育ち、田の水が枯れる夏には田んぼを離れる。イネそのものを食べてすばやく増殖する生きものがいると、それは害虫になる。

害虫とその天敵とは、移動能力や増殖能力が異なることもある。ウンカやカメムシのような害虫が遠くから飛んでくるのにたいして、その天敵であるクモは遠くからやってくることはできない。海外では、農地の近くにクモが1年をとおして生息できる草地や樹林があると、農地の害虫が増えにくいことが知られている。

生きものがくりひろげる命のダイナミズム

　クモには、二つのタイプがある。網を張るクモと、網を張らないで地表や水面を歩き回って餌を捕らえるクモである。田んぼで見かける前者の代表はアシナガグモ類で、後者の代表はコモリグモ類である。アシナガグモはイネのあいだに網を張って、ユスリカやヨコバイなどを捕らえる。コモリグモは地上でウンカやヨコバイ類を捕らえる。

　田んぼにイネが植えられていない季節には、アシナガグモは水路に網を張り、コモリグモは畦や草地で餌を探す。田んぼの周囲に森林があるとアシナガグモの個体数が多く、コモリグモは畦の面積が広いほど多い。水生昆虫の棲めない水路や除草剤の撒かれた畦では、これらのクモは減少する。

　このアシナガグモとコモリグモとのおもしろい関係が知られている。アシナガグモはユスリカをよく捕らえるため、ユスリカの多い「ふゆみず田んぼ」や無農薬の田んぼに多い。しかし、アシナガグモの網は弱くて、カメムシのような大きな昆虫を捕らえることはできないのだ。それでも、網にかかったカメムシは地上に落ちてしまう。そうして落ちてきたカメムシを捕らえて食べるのがコモリグモなのだ。したがって、アシナガグモの多い田んぼでは、カメムシが少ない傾向がある。害虫でも益虫でもないユスリカが多い田んぼは、カメムシによる被害を軽減してくれているのかもしれない。

　なお、ふゆみず田んぼというのは、刈り取りを終えた田んぼに春まで水を張る耕作法だ。稲の切り株やワラなどが水中で分解させて微生物などを増やし、さらにそれを餌とする生きものが集まってくる効果を狙った自然農法の一つである。

ランドスケープから生きものの分布を読む

　田んぼの生態系で大切な役割を担っている両生類(136ページ、3-07)は、ランドスケープの影響に敏感である。なかでも本州に生息する両生類の多くは、田んぼや里山との関わりが深い。愛知県から広島県にかけて、田んぼには2種の絶滅危惧種が生息している。カスミサンショウウオとナゴヤダルマガエルである。どこにでもいるわけではなく、分布は限られている。絶滅のおそれがあることには理由があるはずで、この保護には分布を調べて、その生息場所の特徴を見極める必要がある。

　生きものの置かれている現状を知るために、環境省は自然環境保全基礎調査を実施している。両生類も調査されているが、広い範囲すべてを調べることはむずかしい。とくに目につきにくい生きものの分布情報は、不充分である可能性が高い。

　生きものの好む場所を調べるには、種分布モデルという方法を使う。ホッキョクグマが北極圏に生息するように、生きものは種ごとに好む気候条件や地形、植生などの環境

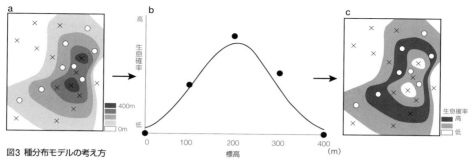

図3 種分布モデルの考え方
a: 気温の等温線と生きものの分布、○は在、×は不在
b: aをもとに描いた気温と生息確率の関係
c: bの関係から描いた生息確率地図

が異なっている。その生きものが生息する場所の環境条件と、生息していない場所の環境条件とを比較すれば、生きものの好みを知ることができる。

かりに、ある生きものが「いるか、いないか」を多数の地点で調べたデータがあるとしよう(図3)。それを生息地の標高のデータと重ねあわせれば、標高ごとにその生きものがいた割合(生息率)をグラフにできる。そのグラフから標高100mあたりで生息率が高いことがわかったとすると、標高ごとの生息率を地図に落とせばこの生きものが生

図4 カスミサンショウウオ

息していそうなところが見えてくる。じっさいには、等高線で分けるのでなく、分布調査場所のピンポイントの標高値と「いる、いない」の関係を数式(一般化線型モデル)によって解析する。分布に影響を与えていそうな要因がいくつもあるような場合には、それらの要因を組みあわせたモデルをつくって生息確率を推定する。

最近では、さまざまな環境条件が地図に表現できる地理情報化が進んでいる。たとえば、気象や土地利用、標高、植生などの情報が政府機関のウェブサイトで無料公開されている。そうした情報をもとに、生きものが好む場所の地図をつくることができる。

種分布モデルをつくることによって、①生きものの分布に影響する要因を整理すること、②発見しにくい生きものについて、調査すべき場所の目安をつけること、③保護区や開発適地の目星をつけること、④生息場所が分断された場所を発見し、ネットワークを再生する計画に役だてること、などが可能である。したがってこのモデルは、とくに広い範囲で生息場所の現状を評価する健康診断のような段階で使われる。

カスミサンショウウオの地図をつくる

カスミサンショウウオ(図4)は絶滅危惧種で、田んぼ周辺を生息場所としている。この保護には生息環境を知り、分布を推定することが重要である。サンショウウオとい

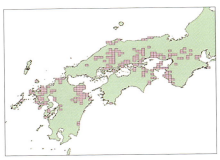
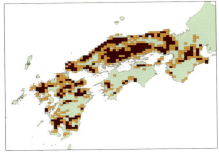

図5 カスミサンショウウオの生息適地図
左：自然環境保全基礎調査の分布図、右：生息適地、濃いほど生息可能性が高い

うとオオサンショウウオを思い浮かべる人が多い。しかし、カスミサンショウウオは体長10cmほどで、小さくて目だたない。ふだんは森の中で暮らし、産卵のときだけ水辺に集まる。ゆるやかな流れを好み、田んぼの水路でも卵が見つかる。近畿地方では2月から3月にかけて産卵する。田んぼの作業がはじまるまえで、カエルのように鳴かないので、農家の人も気づかないことが多い。暑さが苦手で、強い日差しで水温の上がる田んぼでは育たない。孵化した幼生は、水中で小動物を食べて育ち、8月ころに上陸する。上陸した個体は林の中ですごす。

分布に影響しそうな要因としては、①傾斜がゆるやかなこと。急傾斜だと流速が早くて流されてしまうし、傾斜がまったくないと水はよどんで水温が上がり、溶存酸素も少なくなるからだ。②田んぼや湿地（産卵場所）が森林（成体の生息場所）と接していること。③都市化せずに自然が残っていること。ただし、個体数が少ないと絶滅しやすい。④近くに生息可能な場所がたくさんあること。この理由は③とおなじである。以上がおもな要因である。

自然環境保全基礎調査や地方自治体の調査データを集めてきて、3次メッシュ（約1km四方）単位でカスミサンショウウオの記録がある場所と、ほかの両生類の記録はあるがカスミサンショウウオの記録はない場所を「いる・いないデータ」とした。また、国土交通省が公開している標高傾斜データと環境省の5万分の1の植生図をもとに、「いる・いない」を説明する要因の候補を選んだ。そのうえで、前述の一般化線型モデルによって、「いる・いない」をもっともよく説明できるモデルを作成して地図化した（図5）。

図は、保護のために2次メッシュ（約10km四方）で示した＊。モデルによる推定の精度は76%と高くないが、自然環境保全基礎調査で公開されているカスミサンショウウオの分布と比較すると、いくつか特徴があきらかである。たとえば、中国地方には本種の生息に適した場所が拡がっていて、山口県、鹿児島県などでじっさいに生息が確認されている。しかし、自然環境保全基礎調査では把握できなかった。遺伝的多型の地理情報をさらに加えることで、保護計画の内容を高めることができるはずである（3-05参照）。

カスミサンショウウオの生息場所は、道路や宅地によって分断され、孤立しつつある現状にある。しかも、生きものは孤立した狭い生息場所で個体数が減少すると、絶

＊三重県以西のカスミサンショウウオの分布域にかぎって示してあるが、よく似たオオイタサンショウウオの分布域も含まれている。愛知県は、自然環境保全基礎調査を実施したときに本種の分布域に含まれていなかったので、図から除いた。

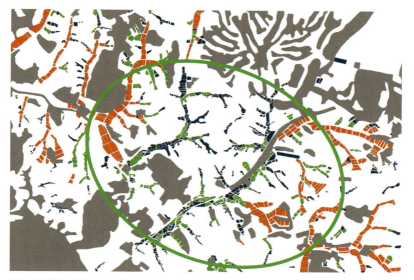

図6 ある地域におけるカスミサンショウウオが生息可能な田んぼの分布
■ 生息可能な田んぼ　■ 生息できない田んぼ　■ 放棄水田　■ 宅地・工場ほか

滅しやすくなる。したがって、保護のための次のステップは、生息場所の孤立を防ぐための分析をする「エコロジカルネットワークの計画」であるといえる。

　ある地域で、カスミサンショウウオにとっての棲みやすさを田んぼ単位で区別して、地図を作成した(図6)。ここでは、道路や宅地によって生息可能な場所が細分されている。宅地のある場所も、かつてはカスミサンショウウオが生息していたかもしれない。生息場所が直接破壊されなくても、舗装道路ができたり、家が建ったりすると生きものは移動しにくくなる。しかも、生きものは個体数が少ないほど絶滅するリスクが高い。小さな集団が絶滅しても、自然が広く残っていると、ほかから再移住して集団は回復する。しかし、生息場所が孤立すると再移住を望めなくなり、小集団は順次絶滅して、最終的にはその生きものは地域全体で絶滅する。生息適地ができるだけ広い範囲で残されている場所(楕円の範囲)を優先的に守ることが望ましい。

おわりに

　田んぼの生きものや農業そのものの未来にとって、ランドスケープを考えることは重要であると書いてきた。この考えは研究者のあいだではかなり広まっている。しかし、現実の社会や政策には充分に反映されていない。イギリスのように、環境支払いの条件に農地のランドスケープを組み入れることも、その解決策の一つである(100ページ、コラム)。さらに大きく考えると、宮城県でカキを養殖する漁師さんの「森は海の恋人」という名言にもつながる。森は田んぼの恋人でもある。かつての日本人の暮らしは、この言葉そのものであった。科学技術の発達が、逆に真理を見失う結果となってはならない。

どろんこ探訪記

アキアカネはなぜ減りつづけているか

上田哲行（石川県立大学 教授）

　水が張られて鏡になった田んぼに早苗が整然と並ぶ姿はうつくしい。しかし、そののどかな風景のもと、人知れずおびただしい数の虫の命が消えていっている。

　アキアカネは、日本の各地で普通にみられるトンボであり、「赤とんぼ」の代表種である。秋に多く見かけるが、じっさいには梅雨のころに田んぼから羽化してくる。羽化後は1,000m級の高山に移動して夏を過ごす。山にいるあいだはさかんに摂食活動を行ない、体重も2倍から3倍ていどに増加し、体の色もしだいに赤くなるが、卵巣の発育は秋になるまで抑制されている（生殖休眠）。そして、北陸地方では毎年きまって9月半ばころから平地にもどり始め、産卵活動を行なう。寒い地方ではそれより早く、暖かい地方ではそれより遅くなる。北海道では高山への移動は不明瞭であり、産卵行動も7月半ばころから始まる。

　アキアカネは小さな卵を多く産むいわゆる「小卵多産」の種であり、多いときはいちどに1,000個ほど産む。小卵多産は、生まれてもほとんどが親になる前に死んでしまうような不安定な環境に適応した性質であり、アキアカネの場合は、もともとは河川の氾濫原などにできる一時的な浅い水たまりを利用していたと想像される。やがて人間がそこに田んぼをつくりはじめ、アキアカネも田んぼを利用するようになったのであろう。

　人間が水管理をする田んぼは氾濫原の水たまりにくらべて安定しており、本来は死ぬはずであった多くの個体が生き残るようになり、毎年大発生をくりかえすことになったと思われる。こうして数を増やしたアキアカネは、秋になると毎年決まった時期におびただしい数で人里に現れ、人家の庭先などいたるところで姿が見られるようになり、人びとから親しく「赤とんぼ」とよばれる虫となったのである。そういう意味で、「赤とんぼ」は日本人がつくったと私は考えている。

＊

　ところが、その赤とんぼが2000年前後から、日本の各地で誰の目にもあきらかなほど著しく数を減らし、テレビや新聞でも取り上げられる社会問題となっている。田んぼの圃場整備による乾田化、中干し、耕作方法の変化など、いろいろな原因が指摘されているが、今回のような急激で著しい減少を説明できるものではない。唯一説明できるのは、1990年代後半から急速に普及した育苗箱施用殺虫剤であるアドマイヤー（イミダクロプリド）とプリンス（成分名フィプロニル）の影響である。

　宮城大学の神宮字寛は、ライシメーターというミニ水田で実験を行ない、プリンスはアキアカネ幼虫を壊滅させること、アドマイヤーは未使用の場合の3割以下の羽化率に低下させることをあきらかにしている。神宮字の実験結果とこれらの殺虫剤の流通量から求めた都道府県別のアキアカネ個体数の減少予測計算の結果は、石川県では、白山山系で観察された個体

数変化とかなりよく一致し、継続的な採集記録から推測された富山県での減少時期ともきわめてよく一致した。さらに、2010年時点での新潟県を含む北陸4県での秋の成虫個体数の地域差もかなりのていどに説明するものであった。これらのことから、2000年前後のアキアカネの急激な減少は、これらの殺虫剤によって引き起こされたと結論できると私は考えている。

*

育苗箱に使用される殺虫剤のすべてがアキアカネに影響をおよぼすわけではなく、パダン（カルタップ）のようにほとんど影響を与えない殺虫剤もある。殺虫剤は害虫の抵抗性の発達により効かなくなるという問題もあり、次つぎと新しい種類が開発されるが、最近の殺虫剤のアキアカネへの影響はほとんどわかっていない。

殺虫剤の生態系への影響評価が実施されていないわけではないが、それは主に実験室で行なわれている。しかし、プリンスについての私の研究室での実験からあきらかになったことは、田んぼで検出される殺虫剤の濃度が低下したとしても、それはそのまま毒性の低下ではなく、土中の微生物や日光によって、より毒性の強い別の物質に変化する場合があり、実験室での単純化された毒性試験の結果と田んぼでの結果はかならずしも一致しない場合があるということである。

もちろん現在でも、圃場での薬剤の試験は行なわれているが、それはおもに害虫に対する殺虫剤としての効果を検証することが目的である。今後は、赤とんぼ類の幼虫など、害虫ではない虫を含む水田生物群集への影響評価も圃場実験として実施する必要があることを、今回の赤とんぼ問題は示しているように思われる。

*

田んぼで赤とんぼを育てているわけではないから、そんなめんどうなことはやっておれないという意見が聞こえてきそうである。しかし、最近、いくつかの地域で調査をしたところ、人びとの原風景のなかに登場する動物でいちばん多いのは赤とんぼであった。

これは一例であるが、彼らが私たちの生活に潤いをもたらしてきたことは事実であろう。さらにいえば、田んぼの圃場整備には多額の税金も使われており、その根拠として、生物多様性も含む田んぼの多面的機能が喧伝されている。米をつくる場としてだけ田んぼがあるという論理は通用しないだろう。なによりも農業者もまた、できれば赤とんぼが発生する田んぼでの米づくりを望んでいるように思われる。不足しているのは、彼らに適切な情報を伝えるしくみであろう。

羽化したばかりのアキアカネ

4-02 得体のしれない生態系。保全効果の不確実性にどこまで迫れるか

山根史博（広島市立大学国際学部 准教授）

生態系サービスの重要性が認識されるようになり、生態系の保全を望む機運は年々高まっている。有機農法や減農薬・無農薬農法が注目されるのは、まさにその証だ。しかし、それで話がすむなら、とっくに世の中は変わっているはず。その対価を負担する農家のインセンティブを支えるしくみはなりたつのだろうか

　生態系保全という言葉をよく耳にする。しかし、農家にとって「生態系保全に取り組む」ことはけして容易なことではない。まず、コストがかかる。たとえば、減農薬や無農薬に取り組むことで、農家はどのようなコストを負担しなければならないだろうか。雑草や害虫が増えれば作物の収量が減り、収量が安定しなくなる。こうしたコストを避けようと思えば、農家は頻繁に雑草・害虫を探し、駆除してまわらなければならない。

　人手をかける代わりに、アイガモを放し飼いにして雑草・害虫を駆除させるという方法（いわゆるアイガモ農法）がある。それにしたって、アイガモの雛を育て、躾けなければならないし、アイガモが農地から逃げないよう、カラスなどに襲われないよう柵を設置しなければならない。これらも農家が負担するコストだ。

　これらにくらべれば、農薬を使用したほうがずっと安上がりだ。しかも、減農薬や無農薬が生態系保全にどのていど効果的かがよくわからない。生態系とは、そんなに単純なものではないからだ。自然界にはじつに多くの種類・個体数の生きものが生息している。わずか1m²の田んぼのなかでさえそうだ。そこに生息する生きものどうしの関係はどれだけ複雑なのか、想像もできない。生態系とはたいていそういうもので、完全には知りつくせないほど複雑なネットワークなのだ。

　そういう得体のしれないものにたいして、私たちが外から関与したときに、どういう結果が生じるかを正確に予想することはできない。農薬を使用したことで意図せず生態系のバランスが崩れるのは、まさにそのためである。駆除した雑草や害虫のどれかが、じつはその農地の生態系を維持するうえで重要なパーツを担っていることを見落としていたからにほかならない（図1）。同様に、減農薬や無農薬といった関与が生態系をどのように変化させるかを正確に予想することはできない。

　もちろん、農家は、これまで生きものと関わってきた経験から、自分たちの取り組みの効果についてあるていど予想することはできる。どうじに、その経験の豊富さゆえ、生態系にたいする自分たちの無知もよく自覚している。農家にとって、生態系保全は失敗しうるもので、さらにいえば、失敗する確率さえもはっきりわからないほど複雑でやっかいな代物なのだ。アメリカの経済学者Frank Knight (1885-1972) は、このような確率さえわからない状況を「不確実性 (uncertainty)」と名付けている。

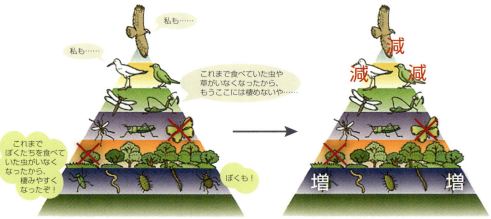

図1 生態系のコントロールはむずかしい!
〈国土交通省九州地方整備局・大隅河川国道事務所のホームページ(http://www.qsr.mlit.go.jp/osumi/river/ikimono/)にある生態系ピラミッドの図をもとに、筆者作成〉

生態系保全型農業を普及・持続させるインセンティブってなんだろう

　農家は、成功するかどうかわからない取り組みにコストを払いつづけるだろうか。しかも、生態系サービスは公共財なのだから、成功したときの利益を自分たちで独占できるわけではない。もちろん、自分たちの利益のためではなく、生態系サービスの改善を通して社会全体の利益につなげたいという気持ちや、あるいは単純に自然を慈しむ気持ちから、無償で生態系保全に取り組んでもよいという農家はいるだろう。しかし、専業でも兼業でも、農業で生計を立てている以上、コストを上回る金銭的な報酬を望む農家が多いのではないだろうか。生態系保全に取り組む農家がさらに増え、永く持続されるには、その取り組みによって農家の生計が楽になるしくみが必要だ。

　その一つのしくみとして、生態系サービスの維持・向上に取り組んだことへの対価として、政府や自治体が農家に補助金や交付金を支払うという方法がある。このしくみはすでに導入されており、たとえば、2000年度から導入された中山間地域等直接支払制度には、農村集落が交付金を受けるための条件の選択肢の一つとして、「自然生態系の保全に資する取り組み」が盛り込まれている[*1]。

　べつのしくみとして、生態系保全型農法で育てられた農産物とそうでない農産物とを差別できるかたちで店頭に並べ、どちらを買うかは消費者の判断にまかせる方法もある。製品差別化(product differentiation)とよばれるマーケティング戦略だ。小売店やスー

[*1] 中山間地域における農業のイメージとして、たとえば山や丘にあるだんだん畑を想像するとよいだろう。中山間地域は日本の国土面積の73%を占めるため、わが国の農業にとって重要な地域になっている。たとえば、日本の全耕地面積の40%がこの中山間地域にあり、44%の農家がこの地域で農業を営んでいる。また、川の上流に位置するこの地域で農業を営み、農村を維持することは、川の流量の安定、地下水の涵養、洪水の防止、土壌の浸食や崩壊の防止、景観や生態系サービスの維持などに役だち、下流域の住民の暮らしも支えている。しかし、傾斜の大きい中山間地域は農業を営むには不利なため、農家の高齢化も相まって、年々、耕作放棄地は増加し、農業・農村を維持することがむずかしくなっている。中山間地域等直接支払制度とは、政府が耕作条件の不利をおぎなう交付金を農家に支払うことで、この地域での耕作放棄の防止をはかったものである。

図2 生態系保全による農産物のブランド化
左・「滋賀のおいしいコレクション」に掲載された図を転載（http://shigaquo.jp/environment/）
右・豊岡市役所発行の冊子に掲載された図を転載（http://www.city.toyooka.lg.jp/hp/genre/agriculture/farming/images/rice.pdf）

パー、直売所などで、「有機」、「減農薬」、「無農薬」と銘打たれた農産物を見たことはないだろうか。滋賀県の「環境こだわり農産物」や、本稿の後半で紹介する豊岡市の「コウノトリ育むお米」のように、特定のブランド名で売り出されている場合もある（図2）。もしも、多くの消費者がこれらの農産物を優先的に購入するなら、その農家の売上は改善されるだろう。

　こうしたしくみにおいて重要なのは、生態系保全の取り組みにたいする消費者の評価だ。二つめのしくみで、農家が充分な報酬を得るには、その取り組みが消費者から高く評価され、ほかの農産物よりも優先して購入されなければならない。一つめのしくみにしても、消費者の多くは納税者なのだから、やはり生態系保全の取り組みにたいする消費者の評価は重要だ。

評価はするけど、かならず買うとは限らない ── 消費者の曖昧な評価傾向を分析するには？

　消費者は生態系保全の取り組みにたいして、一定の評価をしているようだ。このことは、数多くのアンケート調査で確認されている。ためしに、インターネットで「農業／生態系保全／コンジョイント分析／仮想評価法」などのキーワードを検索してみてほしい。英語で検索してもよい。可能なら、研究者向けの検索ツール（Google ScholarやWeb of Science）も使ってみよう。じつに多くの調査事例が見つかるはずだ。

　これらの調査では、生態系保全型農法でつくられた農産物とそうでない農産物のどちらを買いたいか、あるいはそうした農法への補助金や交付金として税金や寄付金をいくら支払ってもよいかをたずね、そのデータを統計学的に解析することで、生態系保全の取り組みにたいする消費者の評価額を試算している。

　農家にとっての最大の関心は、消費者の評価がどのていど高いのかだろう。ただし、さきほどのアンケート調査で推定される評価額は、真の評価額、つまり消費者がほんとうに支払ってもよいと考える金額よりも高くなる傾向があることが知られている。

　たとえば、Li and Mattsson（1995）やLoomis and Ekstrand（1998）などの調査では、あるていどの金額を支払ってもよいと回答した消費者に「じっさいにその値段で販売されたら、あなたはそれを買いますか？」と質問すると、彼らの多くは、「かならず買う」とは回答していない。生態系保全にたいする消費者の真の評価額を知りたければ、じっさいにその農法で育てられた作物を販売し、その売れ行きを分析したほうがいい。

それでも、アンケート調査を行なうことには意味がある。生態系保全にたいする認識や性別、年齢、所得などを併せて質問することで、どういう消費者が生態系保全を高く評価する傾向にあるかを分析できるからだ。この分析は、生態系保全の取り組みにたいする消費者からの後押しを得るうえで重要な情報を提供してくれる。たとえば、農地の生態系を保全することで、自分たちや社会、将来世代にどのようなメリットがあるかを知らない消費者は、農家の取り組みをあまり評価しないだろう。しかし、生態系サービスにたいする認識が高まれば、その評価は変わるはずだ。
　生態系サービスへの認識とはべつに、現在、筆者が関心を寄せているのは、生態系保全の不確実性にたいする認識だ。この不確実性とは、生態系保全にたいする農家の取り組みが失敗する恐れがあって、しかもその確率すらよくわからない状況のことである。生態系保全の重要性は理解していても、どんな取り組みを、どのていどすれば生態系がどれだけ保全できるのかがわからなければ、どのていどの費用をかければよいのかも判断しようがない。保全に取り組んだからといって、自分たちのつくった米が高く評価されるという保証もない。ここに農家の人たちの抱える悩みが潜んでいるように思える。
　生態系保全のむずかしさを、消費者がどう認識しているかで、生態系保全の取り組みにたいする評価が変わる可能性がある。たとえば、生態系保全のむずかしさを知らない、あるいはそんなにむずかしくないだろうと考える消費者は、交付金や補助金を農家に支給する、あるいは自分たちが生態系保全型農法で育てられた農作物を優先的に買うことで農家の売上に貢献するといった後押しは必要ない、あるいは少なくてよいと考えるかもしれない。しかし、それは逆に、消費者がそのむずかしさにたいする認識を深めたときには、農家を力強く後押ししたいと考える可能性も含んでいる。
　このことを調べるために筆者は、豊岡市の「コウノトリ育むお米（以下、コウノトリ米に省略）」に関するアンケート調査を実施した。以下にその結果を紹介しよう。本書は一般向けのものなので、ここではごくかんたんな紹介にとどめるが、くわしい調査内容や分析方法、結果に興味がある読者は、ぜひ、筆者の論文を参照してほしい。

農業の経験、生態系保全についての情報量は、認識や評価にどう影響するのか

　「生き物と農業に関する意識調査」と題し、2013年7月18日に、筆者が担当する京都大学の講義「経済学ⅢA」の受講生を対象にアンケート調査をした。調査に協力してもらった学生（以下、被験者とよぶ）は166名、うち女性は35名だった。
　まず、この調査が、生態系保全の不確実性にたいする被験者の認識や、生態系の保全にたいする評価を把握するためのものであることを説明し、質問票を配った。また、被験者には、筆者が1問ずつ、筆者が質問文を読み上げてから回答するようお願いした。
　質問票はおおよそ4部構成になっている。第1部では、これまでの生きものや農

図3 コウノトリ米の紹介

業との関わりなどをたずねた。生きものとの関わりについては、ペットを飼った経験、植物を育てた経験、小・中・高等学校での飼育係の経験、自然豊かな場所(農村や山間部)で暮らした経験を問うた。農業との関わりについては、実家が農業を営んでいる(いた)かどうか、親せきや近隣住民の農作業を手伝った経験、市民農園の経験、家庭菜園の経験、小・中・高等学校での農業体験をたずねた。

第2部では、コウノトリ米を事例に、生態系保全の不確実性にたいする認識を問うた。質問にさきだち、プロジェクターを使って、本稿の冒頭で述べたような生態系保全のむずかしさを解説し、さらに、生態系保全型農法の具体例として、豊岡市が2003年から普及に力を入れている「コウノトリ育む農法」と、その農法で生産されたコウノトリ米を紹介した。

このとき、被験者には、コウノトリを「田んぼに生息する生きものの多様さを示す象徴的存在」と考えながら以降の質問に答えてもらうようお願いした(仮定I)。もちろん、じっさいはコウノトリがいるかいないかだけで生きものの多様さを判断できるほど、物事は単純ではない。このことも伝えたうえで、とりあえずこの調査に限っては、そのように単純に考えてもらうようお願いした。なにをもって生態系保全の成功とするかを明確にしておかなければ、生態系保全の失敗確率にたいする認識を答えてもらえなくなるからだ。

さらに、次の三つの仮定を追加した(仮定II)。農薬の使用量のちがいによって、生態系保全の不確実性がどう変わるかに焦点を絞って考えてもらうためのものだ。

- このまま4分の3以上の減農薬をつづければ、**野生コウノトリが再び絶滅することは絶対にない**とする。つまり、生態系保全が失敗する確率はゼロとする。
- しかし、「コウノトリ育む農法」は農家にとって、とても時間と労力がかかるため、減農薬の基準を緩めることが検討されているとする。**新しい減農薬の基準**は①4分の2減、②4分の1減、③減農薬せず、の3とおり。

● **減農薬以外の農法**(図3の右上図を参照)**はこれからも継続していくこととする。**

※ゴシック体はとくに強調した箇所

農薬の利用量が増えるほど、コウノトリの「絶滅確率は高まる」と予想

　以上の仮定を念頭に、「コウノトリ育む農法」の減農薬基準を緩めた場合、「今後10年間の野生コウノトリの絶滅確率がどうなるか」を予想してもらうことにした。ただし、専門的知識もなく、かつ生態系保全に関わった経験の少ない人にとって、絶滅確率を一つの値で明確に予想することはむずかしいだろう。そこで、この調査では、一つの値ではなく、被験者があり得ると思う絶滅確率の低めの値と高めの値を予想してもらうことで、被験者に自身の予想の曖昧さを表してもらうことにした。また、それらの確率の具体的数値を答えるのではなく、確率をいくつかに区切ったものさしを示し、それぞれがどの区間に含まれると思うかを選んでもらうことにした。

　被験者には、図4を示し、質問への回答方法を説明した。図4では、農薬の削減量を「4分の2にした場合」の質問のみを示しているが、「4分の1にした場合」、「削減しなかった場合」についても予想してもらった。3とおりの農薬の削減量ごとに、コウノトリの絶滅確率の予想についてまとめたグラフを図5a、図5bに示す。農薬の削減量が減るほど（つまり、農薬の利用量が増えるほど）、低めの予想において、高い絶滅確率が選ばれやすくなったことがわかる。

　第3部では、大学の食堂でライスを注文するときに、図6に示す4種類のうちのどれを注文したいのか選んでもらった。銘柄、減農薬、価格の組合せを変えて、同様の質問をさらに3回、計4回行なった。このような質問で得られたデータか

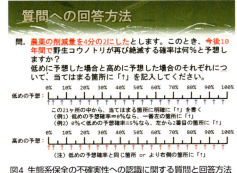

図4 生態系保全の不確実性への認識に関する質問と回答方法

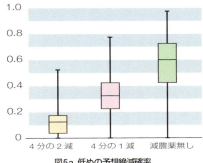

図5a 低めの予想絶滅確率

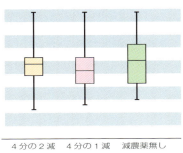

図5b 高めの予想絶滅確率

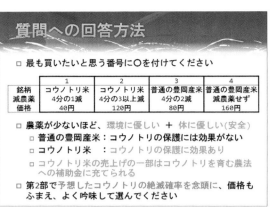

図6 生態系保全への評価に関する質問と注意事項

ら、被験者が商品のどの特徴（ここでは銘柄、減農薬、価格）を高く評価しているのかを分析することができる。これを「選択実験型コンジョイント分析」という。

　この調査における筆者の最大の関心は、生態系保全型農法にたいする評価、とくに減農薬にたいする評価だ。しかも、たんに減農薬にたいする評価を知りたいわけではない。減農薬は、「環境にやさしい」、「体にやさしい」など複数の理由でポジティブに評価されるが、この調査であきらかにしたいのは、それらの理由すべてを含めた減農薬への総合評価ではなく、減農薬生態系保全の成功を後押しすることへの部分的な評価だ。

　この評価を、ほかの評価とはべつに考えてもらうため、図6に示すように、被験者には、「ほかのコウノトリを育む農法も行なわれている場合にのみ、減農薬がコウノトリの保護に効果がある」と考えてライスを選ぶようお願いした(仮定Ⅲ)。さらに、そのときには、第2部で予想してもらったコウノトリの絶滅確率を念頭に入れることをお願いした。

　最後の第4部では、次の四つについてたずねた。①性別、コウノトリ米のことを以前から知っていたか、②お米を食べる頻度、③1日あたりの平均的な食費、④普段の生活において食事面で心がけていること・環境に気をつかっていること。

認識の「悲観さ」と「曖昧さ」は、絶滅確率の予想にどう影響するのか

　以上の調査で得られたデータから、次の2点を分析した。一つは、減農薬の基準を緩めることによって高まるコウノトリの絶滅確率、すなわち生態系保全の失敗確率にたいする認識がどのような要因に左右されるかについて。もう一つは、そうした認識がコウノトリ育む農法への評価にどのような影響を与えるかについてだ。

　分析にあたり、コウノトリの絶滅確率にたいする被験者の認識をどう解釈するかについて、あらかじめ決めておく必要がある。今回の調査では、絶滅確率の低めと高めの値を予想をしてもらうことで、被験者が「絶滅確率の具体的な値はわからないけど、この範囲には含まれそうだ」と思う区間を答えてもらっている。この区間から被験者の絶滅確率にたいする認識の特徴を解釈する手がかりとして、「区間の中央値」と「区間の幅」の二つがあげられる。「区間の中央値」とはすなわち、低めの予想絶滅確率と高めの

確率との真ん中の値だ。「区間の幅」はすなわち、低めと高めの予想絶滅確率の差だ。もしも区間の幅がおなじなら、中央値の大きい被験者は、中央値の小さい被験者にくらべて絶滅確率は高いと「悲観的な予想」をしている可能性が高い。いっぽう、もしも中央値がおなじなら、区間の幅が大きい被験者は幅の小さい被験者にくらべて、絶滅確率について「曖昧な予想」しかできていない可能性が高い[*2]。そのため、ここでは予想絶滅確率の中央値を「認識の悲観さ（絶滅の予想確率が高く、悲観的に認識しているという解釈）」、幅を「認識の曖昧さ」と解釈することにする。

　結果をまとめるにあたって注意しておきたいことがある。それは、今回の調査は大学生を対象としているため、生態系保全にたいする一般的な消費者の認識や評価を把握したとはいいきれないということだ。消費者一般の認識や評価を知るには、たとえば、無作為に選んだ主婦を対象に同様の調査をする必要があるが、これは今後の課題としたい。

◆ コウノトリの絶滅確率にたいする認識

　減農薬の基準が緩められるほど、すなわち、農薬の使用量が増えるほど、絶滅確率は高く予想される（中央値が大きくなる）傾向が示された。いっぽう、予想の曖昧さ（幅）については、減農薬の基準を「4分の1にした場合」にもっとも大きくなる傾向が示された。つまり、曖昧さは、減農薬の基準を「4分の2にした場合」よりも「4分の1にした場合」のほうが大きくなり、反対に、「4分の1にした場合」よりも「（農薬を）削減しなかった場合」のほうが小さくなった。農薬の使用量が増えるほど、曖昧な予想しかできなくなっていくものの、まったく減農薬をしない場合は、あるていどの確信をもって、「絶滅確率は高い」と予想されたことが考えられる。

　そのほか、女性は男性にくらべて絶滅確率の予想が曖昧であり、生きものとの関わりの深い被験者ほど、絶滅確率の予想が曖昧である傾向が示された。反対に、農業との関わりの深い被験者ほど、絶滅確率の予想が曖昧でない傾向が示された。

◆ 「コウノトリ育む農法」にたいする評価

　減農薬基準を緩めることで「コウノトリの絶滅確率がどのていど高まるか」を高く予想する被験者ほど、「コウノトリ育む農法」を高く評価する傾向が確認されなかった反面、予想が曖昧な被験者ほど、この農法を高く評価する傾向が示された。つまり、生態系保全の失敗確率にたいする認識の「悲観さ」ではなく「曖昧さ」が、より手厚い保全活動（減農薬基準の厳格化）を求める要因になっていることが示された。そのほか、女性は男性にくらべて、「コウノトリ育む農法」を高く評価する傾向が示された。

農家の感じる「むずかしさ」を、消費者が等身大で感じるしくみを

　今回の調査で確認されたもっとも重要な結果は、被験者は生態系保全の失敗確率がよくわからない曖昧な状況を嫌う傾向があり、その曖昧さを取り除くような手厚い保

[*2] 「可能性が高い」という表現を使わざるを得ないのは、予想確率の区間の下限と上限に関する情報だけでは、被験者の予想の悲観さや曖昧さを充分に把握できないからだ。これらについて充分に把握しようと思えば、予想絶滅確率についてもっと詳しい情報を得なければならないが、これは被験者にもっとたくさんの質問をしなければならなくなり、ノイズの大きいデータしか得られなくなる恐れがある。

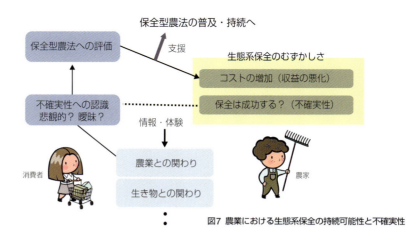

図7 農業における生態系保全の持続可能性と不確実性

全活動を高く評価するということだ。つまり、「失敗確率がよくわからない」という意味での生態系保全のむずかしさを消費者がどう認識しているかで、保全に取り組む農家にどのていどの後押しが必要だと考えるか、その評価が変わる可能性が示された。

ただし、そのむずかしさを消費者がどのていど認識すべきかは、とても微妙な問題だ。なんらかの情報発信によって、「失敗確率は不明確である」ことを認識してもらえば、保全に取り組む農家への後押しは強化されるだろう。しかし、これはいっぽうで、危険な行為でもある。消費者がその不明確さを過大に考えるようになんらかの情報操作をすれば、農家への後押しを強化できてしまうからだ。

世の中には、生態系保全以外にも解決すべき社会問題がたくさんある。情報操作によって、生態系保全に巨額の資金が投じられれば、そのぶん、ほかの社会問題に投じる資金が不足する。そうなると、仮に生態系サービスが改善しても、それを上回る社会的損失が生じるかもしれないのだ。消費者の財布の中身や政府が行使できる公的資金に限りがある以上、このようなトレードオフ、すなわち、あることにお金を使うなら、ほかのことに使うことをあきらめなければならないという現実を無視した資金配分の偏重は避けるべきだ。

では、消費者は生態系保全のむずかしさをどのていど認識すべきなのだろうか。これは筆者の私見だが、農家が感じているむずかしさを消費者にも等身大で感じてもらうのが、「適切な後押し」を生み出すことにつながるのではないかと思う。その意味で、農業の実体験は消費者にとって重要な情報収集の手段といえるかもしれない。

大学生を対象とした今回の調査では、農業との関わりが深い被験者ほど、生態系保全の失敗確率の予想が曖昧ではなく、ゆえに、生態系保全型農法への評価が低いという結果が得られた。しかし、調査で質問した「農業との関わり」はやや表層的なものだ。一般の消費者は、市民農園や家庭菜園、田植えや稲刈りのみの手伝いなどでしか農業と関わった経験がない。たとえば、小学校のカリキュラムとして、年間をとおして農作業に取り組むなど、より深い農業経験を得る機会があれば、生態系保全のむずかしさにたいする認識は変わるかもしれない。

渡り鳥がだいじか、人がだいじか
ラムサール条約湿地「蕪栗沼・周辺水田」のある宮城県大崎市

髙橋直樹（宮城県大崎市産業経済部 産業政策課）

多くの渡り鳥が飛来する現在の蕪栗沼

いまでこそ、渡り鳥と農業者との共生が育むお米、「ふゆみずたんぼ米」の産地として知られ、2005年にラムサール条約湿地にも登録された「蕪栗沼・周辺水田」ですが、1990年代には、「渡り鳥がだいじか、人がだいじか」という論争に揺れていました。

宮城県大崎市の北東に位置する蕪栗沼は、毎年冬になると7万羽ものマガンが飛来する国内有数の越冬地です。このマガンの主食は米などの穀類であることから、沼周辺の田んぼでは食害がたびたび発生していました。農業者にとって渡り鳥は害をもたらす「害鳥」であり、その保護に多くの農業者は難色を示していました。他方、稲作を主要産業とするこの地域では、米価の低迷などによる将来への不安を抱えており、新たな特徴ある米づくりを模索していました。

このような地域の課題を解決しようと、当時の田尻町ではまず1999年に、マガンによる食害というマイナス要因の解消策として、補償条例を制定しました。そして、2003年の冬には、マイナスをプラスに転じる取り組みとして、農業と渡り鳥との共生をめざす「渡り鳥も棲めて、人も幸せになれる」取り組み、「ふゆみずたんぼ（水田冬期湛水）」をスタートさせました。農業者が冬のあいだも田んぼに水を湛え、マガンが水を飲んだり休んだりする環境を積極的に提供しようというものです。どうじに、春から秋にかけては農薬や化学肥料を使用せず、イトミミズやカエル、クモなどの田んぼの生きものたちのいのちの循環を手助けすることで、雑草や害虫被害を抑制する取り組みです。

このふゆみずたんぼの取り組みは、田んぼに依存する渡り鳥と、田んぼから暮らしの糧を得ている農業者とを結びつけ、こだわりの米づくりの導入（付加価値の創出）につながりました。ともに田んぼの恵みをわかちあう生きものの共生の姿は、持続可能な田んぼの活用の取り組みとして、この地域に定着しています。

4-03 田んぼで生きものを保全する

藤栄 剛（明治大学農学部食料環境政策学科 准教授）

稲作の効率化は、機械化によって、あるいは化学肥料や農薬の大量投与によって実現した。しかし、気がつくと田んぼからは多くの生きものたちが消えていた。コウノトリが優雅に舞う光景を復元するには、あるいは琵琶湖のニゴロブナなどの固有種を保全するには農法を変えるべきだと取り組む人たちが現れた。人の安全にも関わるからだ。しかし、それには労力がかかる。そのコストをだれが、どう負担するのか。社会の理解を得るにはどうすべきだろうか

　ふだん、読者のみなさんが目にする田んぼは、田植え・稲刈の時期を除けば、閑散としていることが多いのではないだろうか。見渡すかぎり、田んぼにはだれも見当たらず、農作業をしている人を目にすることのほうがめずらしいぐらいである。この背景には、田んぼ10aあたりにかける労働時間が過去50年間に約7分の1に減少し、稲作生産の効率性が上昇したことがあげられる[*1]。

　そうであったとしても、もちろん、田んぼはだれかに耕され、管理されて、田んぼとしてのかたちが保たれている。人間との関わりなしに、田んぼが維持・保全されることはない。田んぼを利用するのは、直接的には米を生産する農家であるが、農家が生産した米を購入し、食べるのは消費者である。農家は、消費者から支払われる米の収入をもとに、米づくりをつづけることができるのである。つまり、農家だけでなく、消費者が存在することで、はじめて米づくりは成りたち、田んぼが維持・保全される。

　いっぽう、人が田んぼを利用することによって、田んぼの様相は大きく変化し、近代農法の導入、農薬や化学肥料の多投によって、田んぼで生活していた多様な生きものたちは、姿を消すことになった。このことにともなって、生態系サービスなど、田んぼがこれまで生み出してきた価値も失われつつある。

　これにたいする反省として、田んぼの多様な生きものを保全することで、田んぼがもたらす生態系サービスの回復をはかろうとする取り組みが各地で行なわれている。

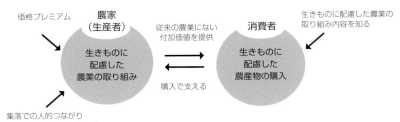

図1　生きものに配慮した農業をめぐる生産者と消費者の関係

たとえば、兵庫県豊岡市におけるコウノトリの野生復帰に向けた農業の取り組みや、ニゴロブナなどの固有種保全をめざす琵琶湖湖畔農村での取り組みなどである*1。

そこで本稿では、兵庫県豊岡市における「コウノトリ育む農法」や滋賀県における「魚のゆりかご水田」の取り組みを事例としつつ*2、田んぼの生きものを保全する取り組みを成立させ、継続させるためになにが必要とされるかを考えてみたい。

田んぼの生きものの保全には、お金や時間がかかる

生きものを保全する農業の取り組みは、一般的な農業とどのような違いがあるのだろうか。たとえば、コウノトリが田んぼを利用して生活するには、コウノトリの餌となる昆虫やミミズなどが田んぼに多数生息していることが必要とされる。餌がなければ、コウノトリは田んぼで生活することがむずかしくなる。つまり、コウノトリが生活するには、昆虫やミミズといった餌がたくさんいる田んぼが必要であり、それには、昆虫やミミズを殺してしまう農薬の散布量を減らしたり、散布を取りやめる必要がある。

ところが、農薬を減らすことでイネの病気や害虫が増えたり、除草剤などを利用しないことで、イネの生育を阻害する雑草が田んぼに繁茂してしまう。このため、コウノトリやニゴロブナといった生きものが田んぼで生活できるように農薬を減らすと、たとえば、雑草を取り除く手間暇、つまり労働作業の増加を招くことになる*3。

それでは、生きものを保全する農業には、どのていどの労力や費用が余分に必要とされるのだろうか。「コウノトリ育む農法」を導入した場合の作業量の変化に関する調査結果を図1に示す。約3分の1の農家は、「コウノトリ育む農法」に取り組むことで、作業量が増加したことが図からわかる。

滋賀県による調査では、「魚のゆりかご水田」に取り組むことによる作業の増加時間は、126.4分/10aであると試算されている。このように、生きものを保全するための農業を行なうには、一般的な農業よりも多くの労力を必要とすることが多い。

コウノトリやニゴロブナなどの代表的な生きものの保全をおもな目的としない場合でも、おなじことがあてはまる。

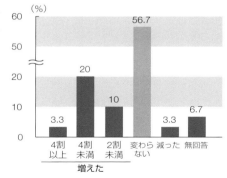

図1 コウノトリ育む農法による農作業量の変化
約3分の1の農家は、「コウノトリ育む農法」に取り組むことで農作業が増えたと回答した。取り組みによる作業量の増加は、農家が生きものに配慮した取り組みを行なう上での制約の一つになっている
〈資料：菊池(2012)〉

---

*1　農林水産省『農業経営統計調査』によれば、水稲の労働時間は1960年の194.8時間/10aから2010年の26.4時間/10aに減少した。
*2　「魚のゆりかご水田」の詳細な内容については、109ページを参照のこと。
*3　たとえば、農林水産省『食料・農業・農村及び水産資源の持続的利用に関する意識・意向調査』(2011年5月)によれば、環境保全型農業に取り組む場合の支障として、環境保全型農業に取り組むまたは取り組みを希望する農家の51.5%が「慣行栽培とくらべて、経費がかかる割には販売単価が評価されないこと」を、38.6%が「慣行栽培にくらべて労力がかかること」をあげている。

表1 環境保全型稲作の経営費（2003年、府県）　（単位：円/10a）

		環境保全型栽培(A)	慣行栽培(B)	対比(A/B)	
有機栽培	A	129,129	103,497	125	←A:経営費
	B	17,719	—	—	←B:農薬の節減に伴い増加した費用
無農薬・無化学肥料栽培	A	117,894	97,534	121	
	B	13,964	—	—	
無農薬栽培	A	100,159	93,673	107	
	B	7,559	—	—	
無化学肥料栽培	A	105,204	104,801	100	
	B	1,699	—	—	

この数値には、自己労働を評価するための自己労賃が経営費に算入されていない点に注意を要する。有機稲作は慣行稲作の経営費を約25％上回っている。こうした追加的な費用の大きさは、有機栽培、無農薬・無化学肥料栽培、無農薬栽培、無化学肥料栽培の順になっている
〈資料：農林水産省『環境保全型農業推進農家（稲作）の経営分析調査』にもとづき、筆者作成〉

　たとえば、やや古いデータであるが、無農薬栽培などで稲作を行なった場合と一般的な慣行栽培で育てた場合とで、稲作の費用を比較した結果を表1に示す。無農薬・無化学肥料栽培や無農薬栽培は、一般的な栽培方法よりも約10～20％ほど多くの費用を要することが、表からわかる。生きものを保全したり、環境負荷の小さな農業をするには、従来の農業よりも多くの費用が必要とされる。こうした追加的な費用は、だれが負担するべきであろうか。もしも農家が費用を負担するのであれば、費用を負担する余裕のない農家にとって、生きものの保全や農薬・化学肥料を減らした農業に取り組んだり、そうした農業をつづけることはむずかしい。費用の負担を農家や生産者にだけ押しつけてしまえば、生きものを保全するための農業の取り組みの拡がりを期待することはむずかしいかもしれない。

　それでは、だれが費用を負担すればよいのだろうか。次節では、この点について考えてみたい。

生きものを保全するための農業を〈だれが・いかに〉支えるのか

　読者のみなさんは、スーパーマーケットや百貨店、直売所で写真1のような米が販売されているのを目にしたことはあるだろうか。こうした農産物は、食の安心・安全につながるという意味で、一般的な農産物にはない付加価値を有しているとされる。そして、近年、生きものを保全したり、農薬や化学肥料を使わずに生産された米は、食

写真1　生きものの保全に配慮して生産された米

左から順に、兵庫県豊岡市の「コウノトリ育むお米」、滋賀県の「魚のゆりかご水田米」、新潟県佐渡市の「朱鷺と暮らす郷」米である。このほかにも、近年、各地でさまざまなパッケージによって、生きものの保全に配慮して生産された農産物の販売がすすめられている

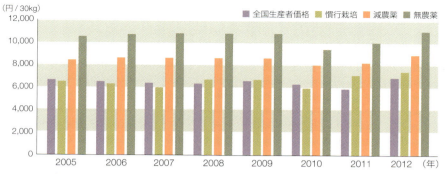

図2 「コウノトリ育むお米」と慣行栽培米の買取価格
「コウノトリ育むお米」の買取価格は、無農薬栽培、減農薬栽培ともに慣行栽培の買取価格や全国生産者価格を一貫して上回っている。とくに、無農薬栽培での買取価格の高さに注目してもらいたい
〈資料：豊岡市〉

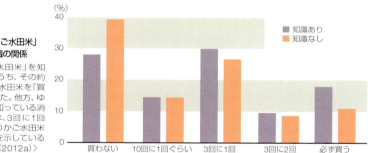

図3 「魚のゆりかご水田米」の購買意向と知識の関係
「魚のゆりかご水田米」を知らない消費者のうち、その約40％はゆりかご水田米を「買わない」と回答した。他方、ゆりかご水田米を知っている消費者の約60％は、3回に1回以上の頻度でゆりかご水田米を購入する意向を示している
〈資料：西村ほか（2012a）〉

の安心・安全につながると評価され、多くの消費者が購入するようになりつつある。

それでは、そのように生産された農産物は、どのていどの値段で販売されているのだろうか。たとえば、豊岡市で生産されている「コウノトリ育むお米」（育む米）と慣行栽培で生産された米（慣行米）の買取価格を図2に示す＊4。

2012年における農家からの買取価格は、無農薬栽培の育む米が約11,000円/30kgであるのにたいして、慣行米は約7,500円/30kgである。育む米の買取価格は慣行米の買取価格よりも約45％高く、約3,500円/30kgの価格プレミアムを有していることが、図からわかる。このように、生きものを保全する栽培方法によって生産された農産物に消費者が付加価値を見いだし、一定の価格プレミアムを支払うことができるのであれば、前節で述べた、生きものを保全するために必要とされる追加的費用を補償することができ、多くの農家が生きものを保全する栽培方法や無農薬栽培などに取り組むことができる可能性がある。ただし、現状では、育む米のように高水準の価格プレミアムを有する農産物は少数にかぎられている＊5。

それでは、こうした価格プレミアムをもち、生きものを保全する栽培方法によって

＊4 ここで示されているのは、農家からの買取価格であり、店頭での販売価格ではない点にご注意いただきたい。
＊5 たとえば、2010年の筆者らの滋賀県内の直売所での調査では、「魚のゆりかご水田米」の価格プレミアムは約6％であった。

生産された農産物を、どのような人が購入しようとするのだろうか。滋賀県の「魚のゆりかご水田」で生産された米（魚のゆりかご水田米）について、「魚のゆりかご水田の取り組みを知っていたかどうか」と「魚のゆりかご水田米の購買意向」との関係を図3に示す。「魚のゆりかご水田」の取り組みを知っていた人のほうが、高い購買頻度にやや多く分布していることが、図からわかる。このことから、生きものを保全する農業の取り組みを知っていることが、こうした農産物の購買意欲の向上やじっさいの購入行動に結びつくことを示しているといえそうである。同様の関係は、新潟県佐渡市の「朱鷺と暮らす郷」米など、ほかの農産物にもあてはまることが指摘されている。

生きものを保全するための農業の取り組みを消費者にいかに伝えてゆくかが、生産された農産物のニーズを高め、ひいてはそのような農業に取り組む農家を支え、その取り組みを拡げる一つの鍵となりそうである。

生きものの保全に配慮した農業の取り組みは、どうすれば拡がる？

生きものを保全するための農業の取り組みや、無農薬栽培をはじめとする環境保全型農業は、どのていど拡がっているのだろうか。

「2010年 世界農林業センサス」によれば、農薬や化学肥料の使用を慣行的な方法よりも減らす栽培方法を採用している農家の割合は、30〜40％に達しており、過去20年間で大きく拡がっていることが指摘されている[*6]。いっぽうで、取り組みがむずかしいとされる無農薬栽培や有機農業を行なう農家の割合は低い。たとえば、各国の有機農業の面積割合を比較すると、わが国で有機農業が実施されている面積の割合は、全農地面積の1％未満であり、他国とくらべて、有機農業の取り組みが進んでいないことがわかる（図4）。有機農業や無農薬栽培など、技術的に高度で取り組みがむずかしい栽培方法は、普及が進んでいるとはいえない状況にある。

他方、生きものに配慮した農業については、どうであろうか。豊岡市の「コウノトリ育むお米」作付面積の推移をみると、

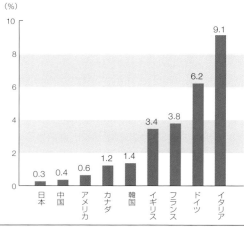

図4 各国の有機農業の面積割合（2012年）
ヨーロッパ諸国で有機農業の導入がすすむいっぽうで、わが国での有機農業の導入は低調であることがわかる。こうした違いが生じる背景をより深く検討することが必要とされている
〈資料：IFOAM. The World of Organic Agriculture, 2014.〉

*6 農林水産省「2010年 世界農林業センサス」によれば、2010年に農薬や化学肥料の低減に取り組んでいる販売農家の割合はそれぞれ40.0％、34.8％である。また、環境保全型農業に取り組む農家数は2000年の約50万戸から2010年の約83万戸に増加しており、増加傾向にある。ただし、2000年と2010年とでは環境保全型農業に関する定義が異なることから、厳密な比較ではない点にご注意いただきたい。

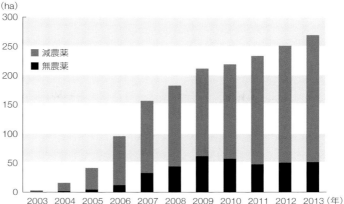

図5 「コウノトリ育むお米」の作付面積の推移

「コウノトリ育むお米」の作付面積は一貫して増加している。ただし、図1でみたように、取り組みにより多くの労力を要する無農薬栽培の作付面積は停滞傾向にある
〈資料：豊岡市〉

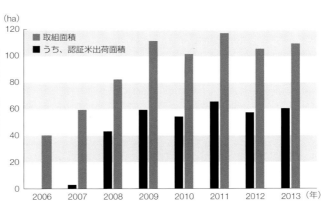

図6 「魚のゆりかご水田」の取り組み面積の推移

「魚のゆりかご水田」の取り組み面積は近年、停滞傾向にある。また、認証米としての出荷も進んでいない。小地域での取り組みによる、認証米の出荷は少量となることが多く、採算性の問題から取り組みの継続が困難となることがある
〈資料：滋賀県〉

作付面積は増加傾向にあることがわかる（図5）。このように、近年の生きものに配慮した農業は、特定の地域で拡がりつつある。ただし、その取り組みの拡がりは、おもに減農薬栽培面積の増加によって支えられていることがわかる。

次に、滋賀県の「魚のゆりかご水田」の取り組み面積の推移を示した図6をみると、2011年以後、その面積は停滞している。このように、生きものを保全するための取り組みのすべてが順調に拡がっているわけではなく、むしろ、順調に拡がっている取り組みは少数といえるだろう。それでは、どのような条件のもとで、生きものに配慮した農業は拡がるのであろうか。

取り組みの拡がりに影響をおよぼす要因は多数あげられる。たとえば、高水準の価格プレミアムが確保されていれば、取り組みに要する追加的費用を補うことができるため、農家は取り組みやすいかもしれない。また、コウノトリ育む農法では、通常の栽培方法と異なり、冬期に田んぼに水を貯める（冬期湛水）ため、周辺の農家の理解や協力が必要とされる。周辺の農家の理解や協力を得るには、日ごろのつきあいや人間関係を良好に保つことがもとめられる。取り組みをすすめるうえで、こうした農家どうし

の関係性も重要かもしれない。

　このほかにも、年齢や労働力など、農家個人の状況や田んぼの状態も影響をおよぼすだろう。ここではとくに、価格プレミアムや農家どうしの関係性に着目して、これまでの研究結果の一部を紹介したい。

　まず、価格のプレミアムが取り組みの拡がりに果たす役割について、筆者らが調査した「魚のゆりかご水田」の取り組み集落では、かりに約28％の価格プレミアムが実現されれば、取り組み農家の割合が現状の56.7％から80.0％に高まることが示された[*7]。このように、価格プレミアムの確保は生きものを保全する取り組みにともなう追加的費用を補い、農家が安心して取り組める一つの力になるといえそうである。この意味で、高水準の価格プレミアムを確保している「コウノトリ育むお米」が順調に作付面積を拡げたことは、価格プレミアムが取り組み拡大に果たす役割の大きさを裏づけているといえそうである。

　次に、農家どうしの関係性が取り組みの拡がりに果たす役割についてである。生きものに配慮した農業に農家どうしの関係性が果たす役割について検討した研究では、寄り合い回数の多い集落ほど、「魚のゆりかご水田」の取り組み面積の割合が高いことなどが示されている。このことは、集落内での話し合いをつうじた意思疎通や円滑な調整、さらに寄り合いをつうじた集落内でのつながりが、生きものに配慮した農業への新たな取り組みを容易にする可能性を示したものといえる。こうした集落内での人的つながりは、ソーシャル・キャピタル（社会関係資本）とよばれることがあり、近年その役割に注目が集まっている。人と人とのつながりが、生きものの保全に影響を与えているとは、なんとも不思議ではないだろうか。

＊

　本稿では、兵庫県豊岡市におけるコウノトリ育む農法や滋賀県の「魚のゆりかご水田」を事例として、田んぼの生きものに配慮した農業の取り組みを紹介し、取り組みを成立させ、継続させるための条件について考えてみた。そして、田んぼの生きものを

4-03

　保全するための農業は、一般的な農業とくらべてお金や時間がかかることを述べた。こうした手間暇がかかる農業をだれが、どのように支えればよいのであろうか。

　ここでは、生きものを保全するための農業の取り組みは、農家だけでなく消費者によって支えられることを指摘し、こうした取り組みによって生産される農産物に付加価値を認めることで、取り組みに必要とされる追加的な費用を補償可能な価格のプレミアムが実現されている事例を紹介した。また、生きものに配慮した農業の取り組み内容を知っていることが、そうした農産物の購入に結びつきやすいことも述べた。取り組みを支え、農産物のニーズを高めるには、消費者に取り組みの内容を広く知ってもらうことが鍵となる。

　さらに、生きものに配慮した農業を拡げるには、人と人とのつながりが原動力となりうることも述べた。人と人とのつながりは、ソーシャル・キャピタル（社会関係資本）とよばれることもあり、この稿で取りあつかった内容だけでなく、多くの環境・社会問題にも重要な役割を果たすものとして注目されている。

　田んぼで生きものを保全するための取り組み・しくみは、本稿で紹介したもの以外にも多数ある。たとえば、政府や地方自治体は、取り組みによる追加的な負担を補償することで、生きものを保全するための取り組みを拡げることを目的とした「直接支払制度」を実施している*8。また、生きものを保全する農業への取り組みを消費者に正確に理解してもらうための「農産物認証制度」などのしくみも導入されつつある。こうしたさまざまなしくみを社会に埋め込むことで、田んぼの生きものを保全する取り組みがすすめられている。これを機に、生きものの保全と社会のあり方との密接な関わりに目を向けてみてはいかがであろうか。

*7　この試算は、水路など農地の条件が同一であることを仮定した場合の数値であることにご注意いただきたい。詳細は西村ほか（2012b）を参照のこと。
*8　こうした直接支払制度については、たとえば荘林ほか（2012）が参考になる。また、本稿で紹介した「コウノトリ育む農法」やコウノトリの野生復帰の展開については、コウノトリ野生復帰検証委員会（2014）が参考になる。202ページ参照。

「品種の多様性」に注目し、気候変動の脅威から日本の農業を守る

松下京平（滋賀大学経済学部 准教授）

「日照りのときは涙を流し、寒さの夏はオロオロ歩き」。そうして米づくりの知恵を蓄えてきた日本人は、高品質の栽培品種を数多く生み出してきた。しかし、いまだに日本の農業は、暑さ・寒さ、雨量に翻弄され、近年は気候変動の脅威にもさらされている。そんななか、栽培品種の多様性とレジリエンスとの関係に注目する筆者は、あらたな視座を与えてくれる

　世界が直面するさまざまなリスクのなかで、もっとも発生する可能性が高く、かつその影響がもっとも大きいものの一つに「気候変動」がある（表1）。気候変動は気温上昇や降水パターンの変化をもたらし、異常気象のひん発などともあいまって、われわれの社会生活や経済活動に大きな影響をおよぼす。なかでも、気温、降水、日照などの天候を重要な生産要素とする農業においてその影響はとりわけ深刻である。じっさい、わが国の農業にも気候変動の影響はではじめている。

　気象庁によると、日本の平均気温は過去100年で約1℃上昇し、2100年までにさらに3℃上昇することが予想されている。気温上昇が農業にもたらすへい害については、農林水産省も注視している。温暖化の影響が懸念されるなかでも、寒冷地域の北日本では、引き続き冷害対策が重要課題であることには変わりない。しかし、西日本の一部では、熱ストレスの増大によって農産物の収穫量がすでに減少しはじめていることから、迅速に対策を講じる必要があると指摘している。

　いっぽう、降水量については一貫した増加・減少傾向は見受けられないものの、その変動幅は拡大傾向にあり、渇水や豪雨など、極端な事象が生じることが懸念されている（図1下）。じっさいに、取水制限を迫られるほどに水不足が問題になる年もあれば、局所的な集中豪雨によって農産物に大きな被害が出る年もあり、不安定な降水パターンがもたらすへい害はけっして小さいものではない。

　では、農業活動における気候変動対策に向けて、いったいどのような対策を講じることが効果的なのだろうか。

　じつは、この問いに答えることはかんたんではない。気候変動がかかえる本質的な問題は、「不確実性」にあるからだ。不確実性とは、どのような事態がどのような確率で起こりえるかを、だれも正確には予測しえない状態を意味する*1。

表1　もっとも注目されるリスク

順位	もっとも発生する可能性が高いグローバル・リスク	順位	もっとも影響が大きいと思われるグローバル・リスク
1	所得格差	1	財政危機
2	異常気象	2	気候変動
3	失業・不完全雇用	3	水危機
4	気候変動	4	失業・不完全雇用
5	サイバー攻撃	5	重要情報インフラの故障

出典：Global Risks 2014 report

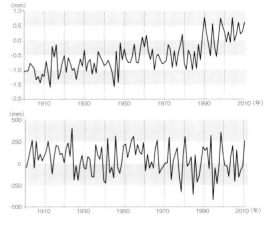

図1 年平均気温偏差（上）と年平均降水量偏差（下）
短期的には気温・降水量ともに毎年変動をくりかえしておりその予測がむずかしいが、長期的には気温は上昇する傾向にあり、いっぽうで降水量はその変動幅が拡大する傾向にあることがわかる
〈気象庁ホームページ「地球環境・気候」〉

　因果関係やその発生確率が不確実ななかで、いくら策を講じても、その効果を正当に評価することができないとすれば、まるで真っ暗闇をやみくもにすすむようなものだ。どんな力をもっているのかわからない「不確実な」相手にたいして、たくさんの技をむやみにくり出すのは得策ではない。相手がどこからかかってきても、それをやんわりと「いなし」て、ダメージを最小限に抑える「受け身」を身につける方が得策なのかもしれない。

　農業の生産性や作物の品質を高めようと思えば、品種改良や農地整備、施肥の改善、灌漑施設の維持管理、生産活動にたずさわる労働力の確保および育成など、さまざまな課題を克服しなければならない。しかし、それらの課題に個別に取り組んでも、気候変動という不測の事態に対処することはむずかしい。予測できない事象（これを外的撹乱という）が仮に生じた場合には、個別の対応ではなく、むしろ、農業生態系を包括的に捉えて、外的撹乱の影響を効果的に緩和・吸収できるような「柔軟性のある農業システム」を構築することが求められるのではないだろうか。まさに、「受け身」の境地である。

　以上の問題意識をふまえたうえで、本稿では次の二つのテーマに迫りたい。一つは、農業生態系を構成する要素の一つである「多様性」を導きの糸として、予測できない外的撹乱にたいして柔軟に対応できる農業生態系の構造を解明することの重要性を示すこと。もう一つは、気候変動下においても安定的で生産性の高い農業を確立できるように、われわれは具体的にどんなことに取り組めるのかを議論することである。

農業生態系を構成する「要素の多様性」に注目してみると……

　農業生態系とは、一般的に、人間による農業活動およびそれに関連する自然からなる「生態的かつ社会経済的システム」と定義される。そのため、農業活動に関わるすべてのもの、たとえば農地、水路、家畜、農家などを、農業生態系の構成要素とみなすことができる。ここでは、その構成要素の一つである「多様性」に着目し、それが気候変動下における農業生産システムにどのような影響をおよぼしうるかを検討する。

　まず手始めに、農業生態系が外的撹乱にたいして「柔軟である」とはいったいどのような状態をさすのか、ということから議論を始めよう。システムの柔軟性は、しばし

＊1　サイコロを転がすときのように、どのような事象がどのていどの確率で生じるか明確に判明しているという意味でリスクという概念があるが、不確実性はそれとは根本的に性質が異なる。

図2 農業生態系の安定性とレジリエンス
ボールは農業生態系そのものであり、土台のどこにボールがあるかで農業生態系が置かれている状態が表されている。外的撹乱によって土台が揺さぶられるとボールもそれに応じて動くところをイメージしてほしい

ば安定性(stability)およびレジリエンス(resilience)の二つの概念を用いて説明される[*2]。これらは、1970年代に生態学者のホリングによって提唱された概念である。安定性は「システムが一定の撹乱を受けたあとで、もとの安定的な定常状態にもどる能力」として、レジリエンスは「システムがある定常状態を維持するうえで許容することのできる撹乱のていど」として定義される。図2を見ながら、安定性とレジリエンスの概念を直感的に捉えることにしよう。

　図中のボールが農業生態系である。外的撹乱とはボールを支えている土台を揺り動かす力であり、その力の大きさに応じてボールもさまざまな方向へとユサユサと動く。最初の段階では、ボールは土台の凹部分の底にボールがある。この状態を「農業生態系が定常状態にある」と表現する。次に、外的撹乱によって土台が揺さぶられ、それに応じてボールも動く。外的撹乱の大きさが一定範囲内であればまた元の場所にボールはもどってくることができる。このときのボールが元の場所にもどってくる「速さ」を表す概念が安定性である。しかし、外的撹乱があまりに大きい場合にはボールはもはや元の場所(図中Aの領域)にもどってくることはできず、異なる凹部分(図中Bの領域)へと向かうことになるかもしれない。このときの元の場所にボールがもどってくることができる領域の「広さ」を表す概念がレジリエンスである。

　これら二つの概念を農業にあてはめて考えると次のようにイメージすることができるだろう。天候不順などの不測の外的撹乱を受けて農業生産に被害が生じるさい、農業生態系が「安定的」であるとは、被害が最小限で留められると同時に、より迅速にもとの農業生産性を取りもどせる状態であることを意味する。いっぽう、農業生態系が「レジリエント」であるとは、気候変動にともなう気温上昇、降水パターンの変化、台風などの異常気象の頻発といった中・長期にわたる気象変化に直面しても、システムとしてのバランスを容易には喪わず、従来の農業生態系の構造・機能を維持しつづけることが可能である状態を意味する[*3]。

　このように、安定性およびレジリエンスの概念は、気候変動にともない不確実性が増していくことが予想される昨今において、きわめて重要な分析視点を与えてくれる。こういったなか、生態学者のティルマンや経済学者のヒールたちは、栽培品種の多様性と農産物の生産性の関係に注目し、重要な指摘をしている。彼らによると、補完的なニッチをもつ作物は、おなじ農地で栽培されながらも根の張り方のような生態の違いに

---

*2 レジリエント(resilient)は、レジリエンス(resilience)の形容詞形である。
*3 生態学者のマーテンは安定性とレジリエンスはトレードオフの関係にあると述べている。安定性をもたらすのは現代技術を用いた集約的農業による最適化である。しかし、それによって予期せぬ外的撹乱に対するレジリエンスを喪う、というのだ。彼は、安定性とレジリエンスの双方ともに重要であるため、どちらか一方が他方のために犠牲にされるべきではなく、両者の適切なバランスを見つけ出す必要があるとも述べている。

図3 米の生産性と気温
(1975-2005年)
※稲作がほとんど行なわれていない沖縄県は除く

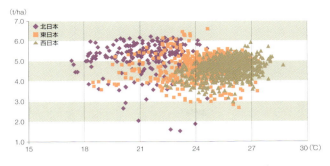

よって、単独で育てるよりも多くの資源を利用できるため、生産性が向上する。さらに、栽培品種が多様であればあるほど、気温、降水、日照などのさまざまな外的撹乱を効果的に緩和・吸収し、もとの生産性をすみやかに取りもどすことに役だつというのである。

また、国連がよびかけて地球上の生態系と人間の福利について評価した、ミレニアム生態系評価においても、「品種の多様性は増加してゆく不確実性に直面した場合におけるリスク回避行動策として農村地域で用いられている（2005, p.30）」と指摘されている。品種多様性は、農業生産システムの生産性や安定性に役だつものとの見解が徐々に拡がりつつあるようだ。現代農業においては、生産効率を向上させるために、その土地に適した品種に特化した栽培が行なわれがちである。しかし、もしかすると、品種多様性が農業において発揮する機能について、いまいちど慎重に検討する必要があるのかもしれない。

以上の問題背景にもとづき、近年では、農業生産における品種多様性の役割を検証すべく、さまざまな実証研究がなされるようになってきた。このとき興味深いことは、これまでの先行研究が示す知見は、かならずしもおなじではないということである。

品種多様性が豊かであるほど、さまざまな生産環境下においては、栽培品種の一部が適応する可能性が高まるため、農業生産システム全体としては、天候不順などの気候リスクを効果的に緩和・吸収できる。この点については、おおむね合意が得られているが、品種多様性が農業生産性におよぼす影響については、見解が大きく分かれている。すなわち、前述のように、多様な品種を栽培することで「生態学的ニッチが有効活用される」から農業生産性が向上すると述べる研究があるいっぽう、その土地の生産環境にもっとも適した品種を「集中的に栽培すること」で農業生産性はむしろ向上すると述べる研究もあるのである。

このように、農業生態系における品種多様性の役割を実証的に検証する研究は、いままさに始まったばかりであり、農業生態系において多様性が発揮する機能については、未知の部分が依然多く残されている。このさき、気候変動は時々刻々と進行することが予想される。さまざまな国・地域でさまざまな農産物を対象とした分析を通じて研究成果を蓄積することが、今後ますます重要となるだろう。

日本の平均気温が3℃上昇したら、日本の食料事情はどうなるのか

本小節では、日本を代表する農産物の一つである米に着目し、米生産に気候が与え

る影響を紹介する。図3は、1975年から2005年にわたる生産性(t/ha)と、米のおもな栽培期間にあたる7月から9月の平均気温(℃)の関係を示している。図中の点は、各都道府県一つひとつの情報を表している。参考のため、気候区分に従って、都道府県を北日本、東日本、西日本の三つの地域に分類して色付けしている。データの分布はおおむねその気候区分を反映して、図中の左方向に北日本が、右方向に西日本が偏っていることが見て取れる。

◆ 気候に左右される稲作

　生産性に注目してみると、北海道や東北などの寒冷地域や米の産地を多く抱える北日本の生産性は、平均して5～6t/haであるいっぽう、比較的温暖な東日本や西日本の生産性は4～5t/haに留まっていることがわかる。経営耕地面積の規模、土壌の性質、栽培品種、機械化のていど、代替作物の有無など、さまざまな要因が考えられるものの、これまで冷害に苦しめられてきた北日本では米の生産性が高く、逆に西日本のような温暖な地域では生産性が低いのは興味深い。

　冷害リスクは依然として大きいものの、農林水産省が懸念するように、気候変動にともなって日本の平均気温は徐々にではあるが上昇傾向にある(図1上)。仮に、気象庁が予想するように、21世紀中に日本の平均気温が3℃上昇するならば、その時点での北日本の平均気温は、現時点の東日本や西日本とほぼ等しくなる。そうなったときの米の生産性の増減の行方は、米を基幹農産物とする日本では、食料安全保障の観点からも無視できない問題といえる。

◆ 気候変動対策としての品種多様性

　世界にくらべて、農家1人あたりの農地面積が小さい日本では、生産効率の向上はまさに死活問題である。そのため日本では、灌漑施設の適切な維持管理、効果的な農薬・化学肥料の使用や機械化による労力削減など、最小限の投資で最大限の成果をあげるよう努められてきた。そういった努力の一つに品種改良がある。

　品種改良とは、特定の特徴をもつ品種同士を交配させて、ある目的にそった特徴をもつ品種を意図的につくりだすことである。日本の稲作における品種改良の歴史を詳細に調べた植物学者の菅洋によると、日本では明治初期ころより、イネの品種改良は本格化し、以来、耐冷性、耐暑性、倒伏性、食味などさまざまな特徴をもつ品種が数多く開発されてきた。その結果、現在では、じっさいに作付けされる品種の数は約300種にものぼる。

　このときに留意すべき点は、品種の数よりも面的な拡がりの違いである。300種のなかには、コシヒカリやひとめぼれなどのように、広範囲で作付けされている名の知られた品種もあれば、知名度が低く、栽培面積もきわめて限られている品種もたくさんある。そういった面的な拡がりの違いも考慮しつつ、国内で栽培されている品種の多様性を客観的な指標を用いて示すことは重要である。

　そこで本稿では、多様性を表す指標の一つである「シャノンの多様性指標(Shannon Index; SI)」を用いて、都道府県別の栽培品種の多様性を把握する。このとき、シャノン

$$SI = -\sum_{i=1}^{N} p_i \cdot \ln p_i$$

の多様性指標は、栽培品種の数とそれらの空間的分布情報（栽培面積）をもとに以下のように定義される。

ただし、$i=1,2,\ldots,N$は栽培品種数を表し、p_iは栽培品種全体に占める品種iの栽培面積割合lnp_iはp_iの対数を表す。品種数が多いほど、また、品種ごとの栽培面積が均等であるほどSIの値は大きくなる。

栽培品種の多様性が低いほど、生産性は高くなる

図4は、上の定義式によって求められた品種多様性を地域別に示したものである。全国的に品種多様性は減少傾向にあることがわかる。品種改良技術の発展によって、食味を保ちつつも耐冷性、耐暑性または倒伏性のある品種や多収性の品種が生み出され、その結果、当該土地により適した品種が選択的に栽培されるようになってきたことがその要因と考えられる。地域別の品種多様性を見た場合、東日本・西日本にくらべて、北日本では品種多様性が小さいことがわかる。イネの生育にとって寒さは大敵であり、とりわけ北日本では耐冷性のある品種に特化した栽培が行なわれていることが一因であろう。

それでは、栽培品種の多様性が減少傾向にあるという状況は、日本の稲作にいったいどのような影響をもたらすのであろうか。多くの先行研究が示唆するように、品種多様性が失われることで米の生産性は低下し、気候リスク等の外的撹乱にたいして脆弱な農業生産となってしまうのだろうか。それとも、対象とする地域や農産物の違いを反映して、品種多様性の役割は、先行研究とは異なるものとなるのであろうか。以下、

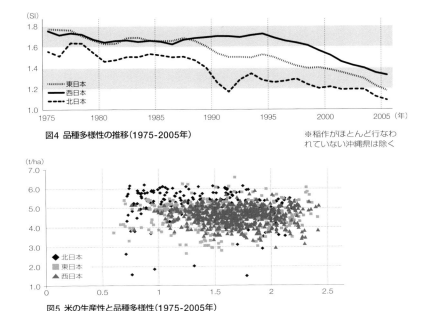

図4 品種多様性の推移（1975-2005年）

※稲作がほとんど行なわれていない沖縄県は除く

図5 米の生産性と品種多様性（1975-2005年）

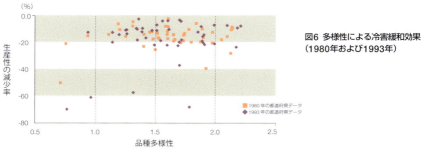

図6 多様性による冷害緩和効果
（1980年および1993年）

かんたんにではあるが、統計データを用いてこの問題について考究する。

図5は、都道府県別の米の生産性と品種多様性の関係を表したものである。一見すると、両者のあいだには明確な関係性を見つけることはむずかしいが、統計的処理の一つである相関分析を実施したところ、両者は負の関係にあることがわかった[*4]。すなわち、栽培品種が特化されており、品種多様性が小さいほど米の生産性は高く、逆に品種多様性が大きいほど米の生産性は低いことを示唆する結果である。

途上国の農業生産を対象とした多くの先行研究では、品種多様性が農産物の生産性を向上させることが指摘されているが、日本ではそのような知見は当てはまらないのかもしれない。その一因は、日本の品種改良の歴史と関係している。その土地に適した品種がいまだあきらかにされていない途上国にたいして、これまでに品種改良の研究蓄積が充分にある日本では、その土地にもっとも適した品種がすでに解明されているうえに、それら品種が選択的に栽培されているという可能性が考えられる。

たとえば、寒冷地域の代表格である東北地域では耐冷性の高い「ひとめぼれ」が、米の一大産地である新潟県ではその土地にもっとも適した「コシヒカリ」が集中的に栽培されていることを、その根拠の一例として挙げることができるだろう。詳細な検証は今後の課題ではあるものの、多様性が農業生産性におよぼす影響を検証するさいには、地域性（たとえば先進国と途上国とでは事情が異なること）などについて、より慎重に検討する必要があるだろう。

栽培品種の多様性が高いほど、冷害のリスクを緩和できる

次に、気候リスク等の外的撹乱に直面しても、安定的な農業生産を実現するうえで品種多様性はどのように貢献しうるのかどうかを議論してみよう。

近年の稲作においてもっとも深刻な被害をもたらした気候リスクとして1980年および1993年の大冷害[*5]が挙げられる。これに着目し、品種多様性は、大冷害による米の生産性低下をどのていど緩和できるのかを、データを提示しつつ検証する。図6は、1980年および1993年の多様性による冷害緩和効果を表したもので、図中の点はそれ

[*4] 相関係数は日本全体では−0.171で1％水準で統計的に有意である。相関係数を地域別に見た場合では、北日本で−0.136、東日本で−0.124、西日本で−0.087となり、それぞれ5％水準で統計的に有意である。ほかの地域にくらべると、北日本では生産性と品種多様性のあいだに強い負の関係がある。

[*5] 1980年および1993年では、米の主要産地である東北地域で作況指数はそれぞれ78、56というきわめて低い値をそれぞれ記録した。とりわけ1993年では深刻な米騒動にまで事態は発展し、これまで原則的に制限していた米の輸入を解禁し、緊急輸入措置を講じた年であった。

ぞれ1980年および1993年の各都道府県のデータを表している。

縦軸は1975-2005年の平均生産性を基準にした当該年度の生産減少率、横軸は品種多様性をそれぞれ表している。冷害による損失は両年ともに甚大で、平均して10～20％ほど生産性は減少し、もっとも損失の大きいケースでは、70％ちかくもの減少を経験する地域も存在している。

冷害による生産性減少率と品種多様性の関係を確かめるべく、相関分析を実施したところ、両者は正の関係にあることがわかった[*6]。多様な品種が栽培されている場合には、深刻な冷害に直面したとしても、栽培している品種のうちのどれかが寒冷な気候にもあるていど柔軟に適応し生育する可能性が高いことが示唆される結果といえる。

＊

最後に、得られた知見を整理するとともに、多様性で気候変動から農業を守るために今後取り組むべき課題について述べることで、本稿の結びとする。まず、稲作を主軸とする日本の農業生産システムにおいて、多様性が発揮する機能について、本稿で得られた知見は以下の二点である。
①その土地に適した品種の栽培に特化することで、農業生産性の向上がはかられる。
②多様な品種を栽培することで、冷害リスクは緩和することができる。

後者が示唆するところは重要である。地球規模で進行する気候変動には、気温上昇、降水パターンの変化、異常気象の頻発などさまざまな事象がともなう。そして、そのどれもが農業生産を不安定にし、かつその生産性を低下させる要因として危惧される。本稿ではそれらのなかでもとりわけ冷害に着目したが、そのほかの気候リスクにたいしても、多様性はその機能を同様に発揮する可能性を秘めている。それゆえ、本稿で示唆される知見がさまざまな気候リスクにたいしても同様に敷衍することができるかどうかはじつに興味深く、今後さらに検証していくことが必要であろう。

また、気候変動にともない生産環境が変化していくことが予想されるなか、日本全体で品種の多様性を維持することで、そのときどきの生産環境に適した品種を幅広い選択肢のなかから提供することが可能となる。すなわち、これは、生産環境に適した品種を適切に選び、その栽培に特化することで農業生産性を維持もしくは向上をはかることが可能となることを意味する。このように農業が気候変動に順応していくうえで、品種の多様性は重要な役割を担うと予想されるのである。そういった意味においても、品種の多様性を維持することは今後ますます重要になるであろう。

拙稿では、分析データおよびアプローチの双方ともに不足しており、詳細な議論にまでは踏みこめなかったが、気候変動のように農業生態系に抜本的変化をもたらしうる場合には、多様性と農業生産システムのレジリエンスの関係についても、今後より深く考究していく必要があるだろう。

[*6] 冷害時の生産性の減少率と品種多様性を地域別に見た場合、北日本と東日本では正の相関関係（10％水準で統計的に有意）にあるが、西日本では負の相関関係（統計的には有意ではない）にある。北日本や寒冷な地域を一部抱える東日本では冷害が深刻ないっぽう、比較的温暖な西日本では冷害の影響は小さい。冷害のていどに応じて多様性の必要が変わってくるのかもしれない。この点については今後詳細な分析が必要である。

水鏡翡水
びっくりドンキーの「生きもの豊かな田んぼ」の取り組み

橋部佳紀（株式会社アレフ）

　株式会社アレフはハンバーグレストラン「びっくりドンキー」などレストランを全国に約300店舗展開しています。素性のわかる安全で健康に育った食材をお客様に提供したいと考え、使用禁止農薬基準や栽培基準を定め、産地との契約栽培を拡大してきました。お米は1996年から取り組みを始め、2006年には農薬の使用は栽培期間中の除草剤1回のみを認める「省農薬米」をびっくりドンキー全店で提供できるようになりました。

　この間、2004年に宮城県の「ふゆみずたんぼ」を知って感銘を受け、北海道での実証と普及を目的に、「ふゆみずたんぼプロジェクト」を2005年に立ち上げました。北海道恵庭市の自社敷地内に1,000㎡の実証田をつくり、従業員みずから米づくりを行なうとともに、一般の方も農作業や生きもの調査を体験できる場として公開しています。また、興味をもたれた生産者と一緒に、北海道でのふゆみず田んぼの実証を行なってきました。

　これらを発展させ、2009年からは、「生きもの豊かな田んぼ」の取り組みをはじめました。田んぼの生物多様性を、本業を通じて、生産者とお客様とともに守ることが目的です。「生きもの豊かな田んぼ」の栽培基準は、農薬や化学肥料を使用しない栽培、生産者による田んぼの生きもの調査、ビオトープ、魚道、ふゆみず田んぼなど、生物多様性の向上に資する取り組みを行なうことです。2011年には作付面積は100haを超えました。これは、調達量全体の約10%にあたります。2012、2013年度には、びっくりドンキー22店舗で年間に延べ400万食を提供しました。生産者の田んぼには生きものがたくさんみられ、夏に行なう「田んぼの生きもの調査」はお客様にも人気のイベントです。

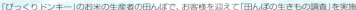

「びっくりドンキー」のお米の生産者の田んぼで、お客様を迎えて「田んぼの生きもの調査」を実施

「環境アイコン」をシンボルに
田んぼの生きものと農村を元気づけよう

牧野厚史（熊本大学文学部総合人間学科　教授）

田んぼの恵みはイネだけではない。琵琶湖周辺では、増水時に田んぼや水路に遡上するニゴロブナやナマズは食用として珍重され、「魚捕り」の楽しみも与えてくれた。圃場整備で用排水路が分離されて以降、田んぼを利用する魚類と農家の人たちとの関係はさまがわりしたが、いまふたたび「環境アイコン」の力をかりて、その関係が再構築されようとしている。それは環境アイコン生物の形成が生活環境への人の投資をよびこむ力となりはじめたからである

　田んぼはなにをするところだろうか。現在の田んぼは稲作という農業生産の場所となっている。だが、田んぼは、本来は生きものが豊かな場所でもある。しかも、農村に生きる人びとにとって、田んぼや水路の生きものは「ただそこにいる」存在ではない。写真1は、ラオスという国の農村での「魚捕り」のようすである。魚を捕るのは、むろん食べるためである。

写真1　ラオスの水田漁撈
ラオスの田んぼ、水路での魚捕り。首都ビエンチャン近郊の農村の田んぼで、同行の三須田善暢さんが撮影（2014年9月4日）。外面的な観察にすぎないが、網は日本でいう四つ手網とおなじタイプで、網を沈めておいて魚がたまったところで引き上げるという方法である。ただし、ラオスの農村をとりあげた研究では、この漁法はおもに女性たちが行なう漁として紹介されている

田んぼや水路での魚捕りは、高度経済成長期ごろまでの日本の農村でもさかんに行なわれた営みである。だが、そのころとくらべてみると、田んぼや水路の生きものは著しく減ってしまった。

　農水省と環境省がまとめた「田んぼの生きもの調査」をみてみよう。2009年の全国調査では、魚に絞ってみても、在来の魚類75種類の魚のうち19種の魚類はレッドリストで絶滅が心配される種となっている。たとえば、メダカのようによく知られている魚がそうだし、ギンブナやタナゴなど、農村の人びとが捕ってよく食べていた魚も入っている。また、この調査には出てこないが、琵琶湖と淀川水系にしかいないニゴロブナも研究者から絶滅が心配されている魚である。

　厳密にいうと、生きものが減った原因にはさまざまな答え方があるだろう。だが、田んぼや水路の生きものと関わることを人びとがやめたことが減少の主な理由の一つであるということは間違いなさそうである。では、農村の人びとの暮らしと生きものとの関係は、断ち切られたままなのだろうか。

農家の経験と知識をいかして、田んぼでの魚の産卵を応援する

　日本最大の湖、滋賀県琵琶湖。湖の周りは農村地帯で、農地のほとんどは田んぼだといってもよい。田植えがはじまるのは概ね5月ころである。兼業が多いこの地域では、連休中に田植えをすます農家も多い。ただ、田植えの準備はもっと早くからはじまる。なかでも重要な作業は水路の手入れだ。最近の10年のあいだに、湖の周りのいくつかの集落では水路の手入れに新しい活動が加わった。魚道を設けて人の手で田んぼでの魚の産卵を応援しようという活動である。図1がその魚道である。

　活動をよびかけたのは滋賀県である。県ではこの活動を「魚のゆりかご水田プロジェクト」と名づけている。この政策の出発点は、琵琶湖の環境に生じた異変にある。異変とは、湖に生息する在来魚の著しい減少である。大きな湖である琵琶湖では古くから漁業がさかんである。在来の魚類の個体数減少が田んぼの生態系という環境の問題として気づかれるようになったのも漁獲量の減少によってである。減少の要因はじっさいには複雑だが、研究のなかで浮上した要因の一つが、湖の周りに拡がる魚類と田んぼの関係の変化だったのである。

　琵琶湖には、さまざまな魚類が生息している。川と湖を行き来するアユやビワマスのような魚類がいるいっぽうで、湖岸で産卵する魚類の種類も多い。フナ、コイやナマズの仲間がそうである。なかには水路を遡上して田んぼにまで産卵にやってくる魚類もいる。たとえばマナマズやニゴロブナなどである。また、湖岸の田んぼが水に浸かったさいには、コイも入ってきたという話もよく聞く。

　ただ、この50年間に進んだ乾田化事業などで、多くの集落では田んぼと水路の高低差が大きくなり、魚が入れない田んぼが増えた。産卵の場所が確保できなければ、魚は子孫を残せない。ひどい場合には、その種は個体数を減らし、ひいては絶滅に向かうことになりかねない。この問題の解決には、魚の通路としての田んぼと湖とのつな

がりを回復する必要がある。生態学の研究者からのアドバイスをうけて魚道設置を県がよびかけたのは、琵琶湖の魚類を中心とする生態系の変容を環境問題として見過ごせなくなったという事情がある。

いっぽう、参加する農家の立場にたってこの政策を眺めると、新たな行動をおこすうえで〈有利な点〉と〈不利な点〉とがあることに気づく。有利な点とは、田んぼと湖は現在も農業で使う水路でつながっているために、自分たちの経験と知識を生きものの復活に活かすことができる点である。あとで詳しく説明するが、湖の周りの集落の人びとは、比較的最近まで、湖から遡上する魚をとって食べる水田漁撈をさかんに行なっていた。つまり、いつどのように田んぼや水路に魚が遡上するのかを、田植えや中干しなどの農業の周期と関わらせながら熟知している人たちが集落にいるのである。

これにたいして不利な点とは、湖の魚と普段の生活との関係がたいへん希薄になったことである。田んぼや水路での魚捕りは、現在ではほぼ消滅状態にちかいからだ。ことにむずかしい点は、自分の田んぼだけではなく水路についても、その役割を変えなければならないことである。琵琶湖のまわりの集落では、暗渠・パイプラインによる田んぼごとの給水方式が普及している。けれども、水を落とす排水路は農家が共同で利用しているところが多い。この排水路を通って魚類は田んぼに入ることになる。そこで、田んぼに入る魚の産卵を応援するには、意図的に水路の水位を上げておくこ

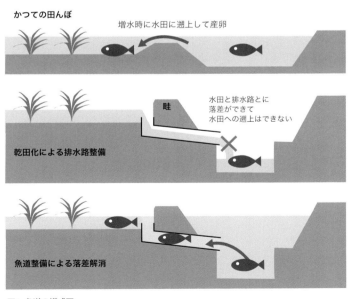

図1 魚道の模式図
上から順に、水路の変貌を示している。いちばん下の図は「魚のゆりかご水田プロジェクト」のなかではじまった魚道の図である。雨が降って琵琶湖から魚が遡上するときには水路から水があふれ、魚が田んぼに入れるようになる

とになる。そのためには魚への配慮だけではなくて、隣の田んぼを耕作する人との話し合いや、水路を管理している集落の合意までが必要になってくるのである。

このように、生きものの復活に乗りだす農家には、有利な点と不利な点がある。もちろん、活動に乗りだす農家の考え方は多様である。集落には、魚が好きな農家もいれば、魚よりも琵琶湖の環境保全に関心のある人もいる。さらに、農業規模の大小による考え方の違いもある。農業の規模が大きく専業性の高い農家は、当然ではあるが生きものの復活がもたらす経済的な側面にも関心が大きい。いっぽう、おなじ集落の住民のなかには、「田んぼはもっているが、農業はしない」という人も増えている。このような条件のもとで、農家としては、魚との関係がひとたび途絶したことによる不利な点をカバーしながら、有利な点を活動に活かす工夫が必要になってくるのである。では、その工夫はどのようなものなのだろうか。

水田漁撈の体験と記憶

集落ぐるみで魚道づくりに取り組んでいる集落をまわって、多数の農家から話をうかがったさいに、不思議に思ったことが2点ある。第一に、多くの集落では、やや過去のことに属する田んぼや水路での魚捕りの体験と記憶を農家がとても大切にしていたことである。第二に、活動の成果として、湖からのニゴロブナの遡上に農家がとても大きな関心を向けていたことである。

県の政策は、湖周辺の集落における田んぼの生きものの復活を、生態系の再生として位置づけている。そのため、食べるための魚捕りや、ニゴロブナなどの特定種への関心の偏りは、政策として実現すべき主要な目標から外れることになる。にもかかわらず、この2点を農家が重視しているのは、生きもの復活の活動にとっての必要性を実感しているからであろう。そこで、少しばかり過去にさかのぼって、田んぼでの魚捕りをみておこう。

琵琶湖の周辺に限られたことではないが、田んぼや水路での魚捕りが日本でもよく行なわれていたことは知られている。魚は自家で食用や鶏の餌にしたり、売ってちょっとした現金に化けたりすることもあった。もっとも、魚捕りそのものも農家にとって楽しみとなっていた点が重要である。このような農家の魚捕りは、おもな生業である稲作にたいして副次的な生業とよばれている。

生業とは、収入をもたらすかどうかはべつとして、生活の必要を満たす仕事のことだと考えておこう。民俗学研究者の安室知は、農家の副次的生業である田んぼや水路での魚捕りについて水田漁撈という概念を提唱した[*1]。あわせて、農村の魚捕りは、稲作と結びついた生活技術の一つだったこと、さらに食用、現金収入、娯楽（楽しみ）、水利社会の共同性を高めるなどの機能があったことを指摘している。

ただし、琵琶湖のような大きな湖の周りでは、農家の魚捕りは水田用水系よりも広

---

*1 水田漁撈とは「水田用水系（水田・溜池・用水路など稲作のための人工水系）」で、ドジョウ、フナ、コイなどを対象に「主としてウケや魚伏籠などの小型で単純な漁具を用いて行なう」ものである。その特徴は、「稲作作業によって引き起こされる水流、水量、水温といった水環境の変化を巧みに利用」する点にあるという（安室、2005：50）。

い内容をもっていた。湖岸域という場所も集落の一部として農家は利用していたからだ。農家と魚家の生業が明確にわかれるようになったのは、戦後の漁業制度の改革以降である。そのような湖岸との関わり方のなかでも、経済的に価値が大きかったのはエリとよばれる大型の定置網を用いた漁撈である。

このエリを用いた漁撈は、かつてはニゴロブナとたいへん関係の深い生業だった。エリで捕獲したニゴロブナは高値で販売できたからである。たとえば、滋賀県の郷土料理として知られるフナズシには、子持ちの（抱卵した）ニゴロブナを用いるのがよいとされている。そのような魚を得るには、産卵までに間のある沖合にいるフナを捕る必要がある。現在の漁業ではフナ漁の方法は変わったが、沖合で捕獲されるニゴロブナが高価な魚である点は変わらない。

では、途絶してしまった田んぼや水路での農家の魚捕りは、どのようなものだったのだろう。魚捕りがさかんだったのは、集落や人にもよるだろうが、おおまかにいえば、日本が高度経済成長のただなかにあった1960年代までである。魚捕りの形態はさまざまだが、お年寄りが楽しい体験として記憶しているのは、おとなと一緒に、あるいは子どもだけで行なった魚捕りである。「魚のゆりかご水田プロジェクト」の一環で魚道の設置をはじめた集落に住む農家の聞き取り調査から、例を挙げよう。

◆ **琵琶湖の北部のM集落の農家Kさん**（1934年生まれ）

子どものころよく魚を捕りに田んぼに行った。魚は、田植え前の田起こしのときにも捕れたし、タニシもよく拾った。とくによく覚えているのは、5月から6月にかけて、ガスランプとタモを持って魚を捕りに夜の田んぼに行ったことである。出かけるのは、晩ご飯をたべたあと、9時ごろからだ。好きな人であれば、おとなも子どもも魚捕りをした。

魚のいるところならどこでも捕ったが、畦を踏んで「くちゃくちゃ」にしてしまって、叱られることもあったという。捕ってうれしいのはニゴロブナだったが、ナマズもよく捕った。フナはおいしいので、おとなたちも狙っていたという。「ちょうど子持ちでな。いまじぶん（6月ごろ）はボテェッとした子持ちで、子がおいしかった」のを覚えている。魚が捕れなくなったのは、50年ほど前である。そのころに田んぼが改良され、用排水が分離されて、魚は捕れなくなったとKさんはいう。

◆ **琵琶湖の北西部のH集落の農家Tさん**（1921年生まれ）

Tさんの魚捕りの体験も、これとよく似ている。Tさんは漁撈もかなり熱心だったので、その暮らしぶりは半農半漁といったほうがよいかもしれない。ここでは、戦後まもない時代、洪水（ミズゴミ）のさいの魚捕りを紹介しよう。

> 当時の田んぼは、雨で湖が増水するとすぐに冠水した。そのようなときにも魚捕りは行なわれた。ミズゴミが起こると「琵琶湖から直接、コイやらフナやらがみな田んぼへ入る。ガバガバ入りよるさけ、船で行ってヤスを持っていって突」いた。けれども、舟が田んぼの中を通るとイネを傷めることがあって、田んぼを耕作している人が怒りにくることもあった。

Tさんはいろんな漁具を使ってたくさんの種類の魚を捕った。ただし、田んぼの魚捕りでは、ニゴロブナを手づかみにしたという話がよくでる。ミズゴミになると、Tさんの村の田んぼでは「ニゴロの子持ち（抱卵したニゴロブナ）がいくらでもブンブンつかめ」たという。琵琶湖のまわりの集落では、このような魚捕りの記憶をもつ人びとが稲作農業を行なっているのである。

「生きもののいる田んぼは、集落みんなのもの」という意識

このような農家が語る水田漁撈からは、田んぼでの生態系の再生にもあてはまる条件を引きだすことができる。つまり、目的はちがっても、田んぼや水路という場所で魚という生きものと人びとが関わろうとするときに必要となる条件である。

その条件とは、第一に田んぼや水路で湖の魚と関わるためには、関わる人の側が農業の周期と魚の行動との関連性について充分に知識をもっている必要があるという点である。その意義はすでに指摘した。第二に、かつての水田漁撈が人びとに楽しみをもたらしたように、田んぼや水路で人びとが生きものと関わるためには、関わる理由が人びとの側に必要だという点である。第三に、関わる理由が集落の人びとに了解されている場合には普段の田んぼや水路の使い方を変えることができる、という点である。この3点めの条件は、常識に照らしてわかりにくいと思うので、農村社会学の研究史を参照しながらやや詳しく説明しておこう。

水田漁撈のさいの田んぼや水路の利用のきわだった特徴の一つは、魚が田んぼに入ってきて魚捕りがはじまると、自分の田んぼが荒らされることを個々の農家は迷惑に感じることはあっても、魚捕りを承認していた点である。田んぼはときに、集落住民だれもが利用できる生活環境にもなったといってよい。

このように、ふだんの稲作の場合と魚捕りの場合とでは、田んぼの利用者にズレが生じている。このズレは魚捕り以外にもさまざまな場面でみられる。そのため、田んぼには「土地所有の二重性がみられる」という指摘がある。二重性とはこういうことだ。通常、田んぼは特定の農家が継続的に稲作などに利用している。べつの表現でいうと、自分の家屋とおなじように、田んぼは私有性の高い場所だということになる。ところがその基底には、田んぼは潜在的に「集落に住む自分たちみんなのもの」というコモンズに似た考え方があるというのである。この考え方を「集落の土地総所有制（総有）」とよぶ人もいる。

この考え方を示したものが図2である。さらに、ここには次の節で紹介する環境アイコン生物も比較のために掲載している。その内容に入るまえに魚捕りと総有という考え方との関係をまとめておこう。

総有という発想が強まると、集落に住むみんなの承認によって田んぼの使い方を決めることになる。さまざまな研究をひもとくと、私有性を超える「総有」という考え方が運動や紛争というかたちで強くでてくるのは、集落生活が危機に直面した非常時だという指摘が多い。ただ、水田漁撈の場合は、田んぼに魚が入ってきておなじ集落に

図2 集落の土地所有の二重性
土地所有の二重性についての概念図である。環境アイコン生物の定義およびその説明は次節を参照
※鳥越皓之『家と村の社会学』世界思想社 p.99の図をもとに田んぼの魚捕りにあわせて牧野が加筆修正。

住む人びとが魚を捕りはじめることがきっかけとなっている。すなわち生活の充実のための田んぼの利用が田んぼの「総有」という発想を強めることになっている点が重要である。それらの点をふまえて、もういちど「ゆりかご水田プロジェクト」という取り組みをみてみよう。

環境アイコン生物がよびこむ生活環境への投資

　まず、消滅したものについて述べよう。魚の産卵を応援する活動は、水田漁撈とは大きくちがう側面をもっている。もっとも大きな違いは、捕って食べるという参加者に共通した営みがないことである。そのため、活動がはじまった直後は、少し困った問題が起こることがあった。以下は、先ほどの水田漁撈の経験談でとりあげた、湖北のM集落で起こったことである。

> 　M集落の田んぼでは、県によって試行的な試みが行なわれたことがある。農家に協力してもらい、抱卵したニゴロブナを田んぼに放ち、フナが産卵して仔稚魚が育つかどうかを実験したのである。実験は成功したが、実験を見ていた集落の人びとからは、「なにをしているのかわからない」という声がでた。協力した高齢の農家の方は、「実験の意図が伝わらず、とても悔しく思った」という。さらに、「集落で話しあって、なにをしているのかがみんなにわかるようにすることが重要だ」と考えたともいう。この集落では、魚道設置にあたって話し合いの機会をもち、自治会も参加して集落ぐるみの取り組みが始まった。そのこともあって問題はすでに解消している。

　このように、生きものの復活の必要性への社会的な認知があり、その活動をはじめるのに充分な経験的知識と技術があるにもかかわらず、なお人びとがその実現に向けた行動に向かうことがむずかしい場合、その渦中にある農家としては、日本各地の事例をみるととるべき共通の方法があるように思われる。それは、環境アイコンとして

の生きものの価値への自覚である。

　環境アイコンとは、生態学研究者の佐藤哲によれば、「特定の自然環境を象徴する野生生物や生態系で、その保全ないし再生にステークホルダーが強い関心を示し、環境アイコンを中心として自然環境に関する多様な活動が起こる可能性があるもの」である。佐藤は、兵庫県豊岡市のコウノトリや沖縄県石垣市白保のサンゴ礁、長野県佐久市の佐久鯉などを例示している。ステークホルダーという言葉はむずかしいが、ここでは関係ある人びとや組織と考えておこう。すなわち、農家だけではなくて、おなじ集落の住民たちや行政組織などである*2。

　環境アイコンという概念に注目するのは、アイコン生物の形成によって人びとが自分たちの生活環境に投資をはじめる可能性があるという点である。現在のニゴロブナも「環境アイコン」にちかい生物となっているといえる。ただし、全国的にはニゴロブナは圧倒的に地味でマイナーな存在だ。琵琶湖とその周辺水系にしかいないし、食用としての関心も、琵琶湖の周辺地域の人びとにかぎられる。だが、この地域密着性が、地域の住民や農家の人たちが「魚の回復をとおして生活環境に投資する」ことを可能にしている。

環境アイコン生物とは人にとってどのような存在なのか

　ニゴロブナは、さまざまな側面をもつ魚である。琵琶湖の固有種であるし、滋賀県の人びとにとっては食材としても関わりの深い魚である。そのこともあって、2007年に環境省のレッドリストで絶滅危惧IB類対象種（ちかい将来、野生絶滅の危険性が高い）に入ったことが、たいへん大きなショックを人びとに与えたことは、滋賀県ではよく知られている。

　環境アイコンとしての生きものの価値をやや一般化して考えるために、新聞記事を眺めてみよう。滋賀県立図書館が作成した「県内記事見出しデータベース（対象は1983年以降）をもとに、〈ニゴロブナ〉and〈水田〉、or〈田んぼ〉、or〈ゆりかご〉という検索語を見出しにもつ記事を抽出した。他方、比較のために琵琶湖から田んぼに遡上する代表的な魚、マナマズについても同様の抽出を行なった（図3）。

　その結果わかったことは、ニゴロブナという生きものが人びとを動かす力の大きさである。田んぼへのニゴロブナの稚魚放流に関する記事は、2001年に初めて登場する。ニゴロブナの稚魚を小学生たちが滋賀県農業試験場の田んぼに放流したという中日新聞の記事である。以降、田んぼ関連のニゴロブナ稚魚放流イベントや事業の記事は徐々に増え、2014年11月までに合計53本の記事が掲載されて

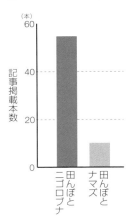

図3　田んぼとニゴロブナとナマズに関する記事の掲載量
滋賀県立図書館作成の滋賀県内新聞記事見出し検索を用いて作成。収録紙は、1983年4月1日〜2014年11月30日の、朝日、毎日、読売、産経、京都、中日の各紙

*2　佐藤哲、2008

写真2 琵琶湖周辺の集落総出の川掃除（高島市針江）
このような川掃除のようすは琵琶湖の周辺ではよくみられる

いる。いっぽう、おなじように田んぼに遡上する魚類でも、ナマズを取り上げた記事は少ない。

　このように、イベントや事業の記事の量というかぎられた事実からも、ニゴロブナの「環境アイコン」化はよくわかる。つまり、こういうことだ。現在の農村では田んぼに遡上するニゴロブナの「食用」という用途は消えた。いっぽう、琵琶湖の環境問題への関心の拡がりのなかで、ニゴロブナは「生態系保全」についての人の関心を強く引き、環境への投資に向けて人を動かす力をもつ生きものとなった。いいかえるなら、ニゴロブナは、固有種や絶滅危惧種の生きものとしての側面のみではなく、生きものを介して田んぼを含む生活環境に人びとの投資をよびこむ、社会的・文化的な意味を獲得するようになってきたのである。

　このことを具体的な集落の人びとの判断から確認しておこう。先にみたように、琵琶湖の周りの集落での魚道設置には、集落ぐるみで取り組んでいる地域がある。そして農家もまた、集落ぐるみの活動を望む場合があることを先に紹介した。ただし、農家に加えて、区（自治会）という集落住民を網羅した組織までが関与することには意外な感じをもつ人がいるかもしれない。活動の主体は農家だからだ[*3]。だが、先にあげたM集落では「水路は自治会のもの」という考え方があり、これには理由があると、農家も区長もいう。

*3　現在の集落では農村に昔から住んでいても農業をしていない人が多くなっている。滋賀県の約1,500の農業集落でも農家の割合が集落世帯の1割未満というところが増えている。M集落でも集落の世帯は62世帯だが、農家は12世帯ほどである。そのため、自治会とは別に農家のみの組織を設けている集落が多い。

その理由とは、次のようなことだ。琵琶湖の周りの農村は、家々の周りにも水路を巡らせている地域が多い。この集落でいうと、それらの水路の水は、かつては生活そのほかの用途に利用されていた水で農具などを洗う人びとの姿がみられる。また、水路の水源をたどっていくと、川からの水のほかに、住民の家の庭先にあるイケとよばれる自噴の井戸にたどりつく。そこには、売るための桃の花が活けてあったり、水温が一定しているので、暑い夏にはスイカや飲みものが冷やしてあったりする。

　生活用水は下流の田んぼの間の大きな水路に流れ込んでいる。そこで、田んぼからの排水と合流する。こうした水の使い方になっているので、7月1日の「びわ湖の日」にあわせて行なう集落水路の清掃には、農家・非農家を問わず、住民すべての参加を集落で取り決めている。そのさい、農家のみに関連する場所は農家が清掃するのだが、その分担は区長と農業組合の組合長が相談して決めるのだという（写真2）。

　琵琶湖から遡上してくる魚類の側からいえば、産卵場所の田んぼと水路とが通路としてつながる必要がある。この通路が遮断されてしまったために、魚道の設置が必要になってきたのである。ただし、水路は集落の人びとの生活用水ともつながっている。このように、自分たちの集落みんなの生活環境に関わるので、集落という場で魚の産卵を応援する活動の価値を認めることにしたのである。生活環境への投資をよびこむ活動として生きものの回復が認知されはじめたのである。もっとも、自治会長によると、「これは集落の役員の考え方であって、集落の人びとすべてが一致しているわけではない」とも説明されていた。

生きものを回復させる活動が、生活環境への投資をよびこむ

　まとめよう。農村に生きる人びとにとって、田んぼや水路の生きものの意味は大きく変わった。資源としての利用を失った、あるいは、その意義がとても小さくなったからである。おそらくこれは全国的にみてもあてはまる。

　けれども、現在も継承されているものもある。それは、「生活環境に関することはみんなで決める」という意思決定の場としての集落の役割である。田んぼに関連する生きものが回復することは、生活環境にとってよいことである」と集落の人たちが受け入れはじめたことが重要である。このことは、生きものたちの回復のための活動が、さまざまな規模の農家、さらには非農家の住民にも農業上の立場を超えて拡がる可能性があることを示している。

　さらに、集落の役割を背景に、生活環境への投資をよびこむ可能性をもつ自前の「環境アイコン」を農家が生みだした点である。このことが、活動に活力を与えている。もっとも「環境アイコン」としてのニゴロブナの位置には不安定さもある。このアイコン生物の力を支えているのは、いまのところ、高齢の農家の人たちの漁撈の経験だという点である。したがって、アイコン生物の存在意義については、集落ごとの模索が続くであろう。その模索が、「深いレベルでの生きものの復活をもたらすかもしれない」という指摘で、本稿を閉じたい。

〈あるがまま〉の自然と〈使いながらまもる〉自然
生態系サービスと地域づくり

丸山康司（名古屋大学大学院環境学研究科 准教授）

「なぜ自然をまもるのか」という問いに答えることは意外とむずかしい。大きく分けると、人間にとっての有用性を根拠とする考え方と、有用性がなくても自然の摂理には無闇に介入すべきではないという考え方とがある。国際社会では前者が有力で、生態系サービスも基本的にはこの考え方に則っている

　私たちの社会経済活動はさまざまな自然のめぐみに支えられており、自然の価値はかけがえのないものであることは確かだ。けれども災害のように、自然にはむしろ災いとなる面もある。生態系についてもおなじで、疫病や害虫のような存在もまた自然である。自然をまもるということは、私たちにとって望ましい自然の価値を維持すると同時に、望ましくない自然とどのように向きあうのかということも意味している。つまり、〈いいとこ取り〉はできないことを前提に、なんらかの折りあいをつける必要がある。

自然保護の難問

　自然の保護には「どのように自然をまもるのか」というもう一つの難問がある。石油や鉱物のような天然資源は、いったん使い切ってしまえば二度ともどらない。地球の歴史のなかで、生態系の営みの結果として存在する自然環境もおなじように考えられる。この種のことは単純であるが、利用したいという欲求を抑制できるのかという問題と向きあう必要がある。

　このように、〈あるがままの自然〉を維持しようとした場合には、むずかしい問題が発生する。そのいっぽうで、生態系の多くは再生可能であり、再生産力の範囲内で利用しているかぎり、将来にわたって使いつづけることができる。日本の田んぼには長い歴史のあるものも多いが、これは持続的な利用が実現してきた結果でもある。

　このような自然の利用には副産物もある。〈あるがままの自然〉とは異なり、田んぼのような環境に適応した生態系が形成され、多様な生態系が形成されることになるのである。複雑な地形であったり、水の出し入れが存在したりすることによって、〈あるがままの自然〉では生き残りにくいような生きものが優位になることもあるからである。田んぼそのものだけではなく、水路やため池にも独自の生態系が存在することもある。

使いながらまもるしくみ

　自然をまもるといっても、〈あるがままの自然〉の保護とは異なる方法がある。前述したように、自然の再生力の範囲内で利用をはかる方法を、〈使いながらまもる自然〉としよう。このような方法は「保全（Conservation）」といわれているが、〈あるがままの自

然〉の保護よりも実現しやすい。自然をあるていど飼い慣らすことによって、災いとしての自然を抑制しつつ、人間の要求を満たすことが可能になるからである。田んぼそのものや用水路が、じっさいには洪水防止の機能もそなえているという例がある。

もう一つの理由は、人間の側の改変ていどに応じて多様な生態系が形成され、その結果として多様な生態系サービスが存在する可能性も生まれるからである。洪水防止の機能もその一つとみなせるが、田んぼの畦の植物やため池に生息する魚類など、〈あるがままの自然〉よりも多様なサービスを得られる可能性もある。

くわえて、このような〈あるがままの自然〉の保護には、人びとの動機づけという利点もある。田んぼの生態系をまもるには維持や管理が必要であり、これがないと水路やため池は現状を維持できない。地形の変化に富み、気温も比較的温暖で雨量も多い日本の地理的条件は、生きものの活動を活性化させる条件を満たしている。また、河川の水量も多く、急峻な水流も多い。このため、放置しておくと〈あるがままの自然〉にもどろうとする。これを食い止めていたのが維持管理の作業である。水路に溜まった泥を取り除き、草を刈り、池の水を干すといった作業を継続してきた結果として、田んぼの生態系は維持されてきた。

環境を保全しようとする動機と持続性

このような営みがかならずしも自然をまもること自体を目的としていなかったことも重要である。田んぼを維持するために人びとが作業してきたのは、米を収穫するためである。さらにいえば、米を食糧として利用することであったり、米を販売した収入によって現金を使わなければ入手できない商品やサービスを購入することである。物々交換のために用いられることもある。多様な生態系が維持されているのは、その結果にすぎない。生物多様性の維持という環境保全そのものを目的としているわけではないという意味で、〈使いながらまもる自然〉は結果としての環境保全ともいえるであろう。

このような環境保全を重視する理由の一つは、動機の持続性である。食糧を求めるという人間の基本的な要求は、時代がどうあっても変わらない。その意味で、普遍的な動機に基づく行為が結果として環境保全にも寄与しているという状態は、時代がどうあっても期待できる。もう一つは、このような結果としての環境保全が、人類史において普遍的な形態であることと関連している。伝統社会では持続的な資源利用や環境保全が実現していることが多いが、その動機を調査している研究者によると、三つの類型があるという。

第1の類型は「偶発的な持続的利用」というもので、無意識的な行為が結果的に持続的な利用となっている様式である。たとえば、茎の部分を残して収穫することや焼畑のさいの粗放な整地が、結果的に土壌流出の防止につながっていることなどが、偶発的な持続的利用に該当する。第2の類型は「副産物としての持続的利用」である。べつの目的をもった意識的な行為が、結果的に持続的な利用となっている利用様式である。

除草の手間を省くために畑を移動させることが植生の回復を早めていることなどが、副産物としての持続的利用の例として理解できる。第3の類型が「意識的な持続的利用」である。持続的利用自体を目的とした様式であるが、伝統社会ではこのような例は観察されたことがないという。

環境保全そのものを目的とした環境保全は、人類史では近年においてのみみられる形態である。もちろん、その背景には地球温暖化や生物多様性への危機感がある。その事実認識自体は間違いではないであろう。だが、危機感による動機づけには文字どおり危機的な状況が必要である。危機感という感情は持続可能かという疑問も残る。

図　地域資源の多様な利用と結果としての持続性

結果としての環境保全とその危機

ここで注目したいのは前述した三つの類型のうち、「偶発的な持続的利用」と「副産物としての持続的利用」である。いずれも持続的利用そのものを目的とはしていない行動が環境保全上有効な機能を果たしているという意味で、「結果としての環境保全」といえるであろう。これは環境保全そのものを目的とするような問題解決よりも合理的な面がある。すくなくとも、これまでの社会が環境との関係を維持できていた基本的なしくみといえるであろう。

ただし、これが危機的な状況にあるという報告もある。伝統的な資源利用の衰退は生物多様性を損なう要因の一つとされており、生息地域の改変や特定外来種などの自然破壊と並ぶ脅威とされている（環境省 2010）。この背景には、産業構造や社会状況の変化がある。人里から近い里地里山に存在する雑木林や草原は、燃料や肥料の供給源であった。ところが、1960年代ころからそのような資源利用は衰退し、工業生産された資材や化石燃料に依存するようになった。この結果、里地里山の生態系に生息する生きものの多くは資源としての価値を失い、利用されなくなる。人びとがそういう自然にかかわる目的も失われ、人間がかかわることによって維持されてきた生態系も失われてきている。これは、〈使いすぎ〉ではなく、〈使われなさすぎ〉による自然の荒廃である。里地里山だけではなく、田んぼの用水路やため池、あるいは河口部のヨシ原など、使われなくなったことで維持されなくなった生態系はさまざまである。

二つの危機対応策がある

このような危機に対応する方法は二つある。一つは、生態系や生物多様性そのものに価値を認め、これを維持すること自体を目的として人びとが再びかかわるようにすることである。生物多様性や生態系サービスという考え方の重要性が認識されるようになった結果、それ以前から自然保護にかかわってきた人や郊外に移り住んだ人たち

が森林の手入れや休耕田の再耕作を行なうようになった場所も多い。これは伝統的な資源利用というかたちとは異なるものの、里地里山の生態系が身近な自然という価値をもたらす資源として認識された結果である。その保全をはかるために、新たなかたちでの人間のかかわりが生まれてきている。

〈使われなさすぎ〉による生態系の変化を解決するもう一つの可能性は、モノとして直接利用するという価値を再び見出すことである。たとえば再生可能なエネルギー資源として利用する方法が最近注目されている。前述した里地里山の活動の一つに薪の利用を推進する例があるが、近年ではボイラーや発電用などの燃料としての利用や技術開発も進んでいる。ドイツをはじめヨーロッパの国ぐにでは、このような事業に地域の住民が投資（市民出資）することによって、その利益も地域で配分されるような取り組みが主流である。〈使いすぎ〉に注意する必要はあるものの、このような資源利用を通じて再び、「結果としての環境保全」が実現する可能性がある。

地域資源の多様な可能性

エネルギー資源としての利用は一つの例にすぎない。琵琶湖西岸のヨシ原の湿地を保全するためにヨシを和紙の材料としている。こうした材料としての利用にも可能性がある。竹の加工、竹墨、稲わらや籾殻の利用など、日本各地でさまざまな取り組みがある。群馬県のように、伝統的な炭焼きの技術を継承しつつも、商品としての付加価値を高くする取り組みもある。ここでは副産物である炭の屑を食用の炭としたり、炭焼きの過程で出てくる木酢液を蒸留して化粧品として製品化したりもしている。このような取り組みは、各地でさかんに試みられている。資源とはいっても、そこにはさまざまな選択肢があり、現在の社会にあわせた利用方法がある。

エネルギー利用と材料としての利用を組みあわせている例もある。バイオマスのエネルギー事業に取り組んでいる青森県鰺ヶ沢町の農業者は、リンゴの剪定枝を多彩に利用し、全体として最適な資源化を実現している。おもな取り組みはエネルギー資源としての利用であるが、利用形態は多様である。太い枝や伐採木は薪として利用している。薪は燃料としての品質にも香りにも優れており、イタリア料理店のピザ釜でも利用されている。細い枝はチップとして専用のボイラーで利用される。平均すると重油を燃やすボイラーよりも燃料費は安く、原油価格高騰の影響も少ない。燃料にする以外にも炭や堆肥に加工し、農業用の資材としても利用している。こうすることで木の皮や細かい枝も有効利用でき、農業資材の購入を減らすことが可能となっている。結果的には、エネルギー事業を単独で行なうよりも、事業として合理的になっている。

自然の見なおしが地域を豊かにする資源となり得る

直接的な資源化ではなくとも、間接的に地域に資するような取り組みもある。長野県飯田市では再生可能エネルギーを地域資源とし、これを地域の人たちが持続的に生活する地域環境権と結びつけている。事業として行なわれているのは森林から取り出

した薪のエネルギー利用であるが、薪を配達する業務は同時に一人暮らしの高齢者の見守りにもなっている。このほうが地域住民から高く評価されることがある。

近年取り組みが増えている農業用水を利用する小規模な発電でも、このような副次的効果に注目する例がある。年間数百万から数千万円となる売上げが主たる目的ではないことも多い。売上そのものよりも、農業用水の維持管理が住民にとってはより重要だからである。一つは用水路に水を送るポンプの電気代だが、非コンクリートの水路では管理の作業が課題となる。

石積みの水路は、生きものの生息空間となる複雑な地形に富んでいて生物多様性の保全上も有効であるが、泥あげや草刈りなどの維持管理に労力が必要となる。このため、高齢化が進んでいる地域のなかには作業の負担が課題になっているところも多い。このような地域の発電事業者が、みずからの業務として水路の維持管理を担うことは地域住民にとって大きな利益となる。現在では利用されなくなった自然を見なおすことが、少子高齢化のような地域の問題をも解決する資源となる可能性もあるのである。

地域と地域を結ぶしくみ

地域内の問題解決に閉じるのではなく、地域と地域、とくに都市部と農山漁村とをつなぐような取り組みを通じて、双方の問題を解決する可能性もある。各地で行なわれている里山保全や農業体験といった活動には、こうした意味が込められているものもある。埼玉県羽生市にあるNPO法人雨読晴耕村舎は、都市住民向けに家庭用稲作の取り組みを行なっている。おもな参加者は都市部の住民であり、みずからが消費する米を栽培している。生産量を上げることじたいは主たる目的ではない。費用がかからないような栽培とするために、生態系のしくみを極力生かそうとしている。たとえば、施肥や除草の手間を省くために田んぼの草は生やしたままにしておき、田植えまえに水を張ることで枯れた草を肥料とするような方法をとっている。

用水路も用いず、太陽光パネルをつけたポンプで水をくみ上げる簡便な方法も用いている。結果としては有機栽培となっているし再生可能エネルギーも利用しているが、それ自体が主たる目的はない。自家消費用の米をなるべく安く、手間をかけずに栽培しようと工夫した結果である。食糧生産の場を得ることは都会に住む住民にとっては困難であるが、農村部でこのような取り組みがあればその機会を得ることが可能になる。と同時に、この取り組みは農村部にとっては交流する人を増やすことでもある。この地域では、移住者を増やそうという取り組みもあり、農地付きの宅地の開発も行なっている。このようなかたちで実現する「結果としての環境保全」もある。

環境問題の解決とは、当面予想される危機を回避することを意味するだけではない。生物多様性のように、人間と自然とのあいだに〈使いながらまもる自然〉という関係が持続した結果として問題が解決するという方法もある。そこで求められるのは、たんなる自然回帰や伝統回帰ではない。現在の社会の課題を見つめつつ、その解決に結びつける手段として自然を利用する方法をつくりだすような試みが必要なのである。

本文の内容についての引用文献、参考文献

4-01

『地球環境と保全生物学』鷲谷いづみほか、岩波書店、2010

4-03

Juslin, P., Wennerholm, P., Olsson, H. 1999. Format Dependence in Subjective Probability Calibration. *Journal of Experimental Psychology* 25: 1038-1052

Li, C. Z., Mattsson, L. 1995. Discrete Choice under Preference Uncertainty: An Improved Structural Model for Contingent Valuation. *Journal of Environmental Economics and Management* 28: 256-269

Loomis, J., Ekstrand, E. 1998. Alternative Approaches for Incorporating Respondent Uncertainty When Estimating Willingness to Pay: The Case of the Mexican Spotted Owl. *Ecological Economics* 27: 29-41

Manski, C. F. 2004. Measuring Expectations *Econometrica* 72 (1329-1376)

山根史博 2013「主観的曖昧性のElicitation Methodに関する研究概観」『国民経済雑誌』208：67-80

山根史博 2014「リスク認知の曖昧性とその性質に関する定量分析：認知マップに関する新たな知見」『日本リスク研究学会第27回年次大会講演論文集』

山根史博・松下京平 2014「生態系保全型農法の不確実性に対する消費者認知・選好：豊岡産コウノトリ米を事例に」『2014年度日本農業経済学会論文集』

4-03

『コウノトリ野生復帰に係る取り組みの広がりの分析と評価』コウノトリ野生復帰検証委員会、コウノトリ野生復帰検証事業共同主体、2014

菊地直樹 2012「兵庫県豊岡市における「コウノトリ育む農法」に取り組む農業者に対する聞き取り調査報告」『野生復帰』2：103-119

西村武司・松下京平・藤栄剛 2012a「生物多様性保全型農産物に対する消費者の購買意志——消費者特性の把握と知識の役割」『フードシステム研究』18(4)：403-414

西村武司・松下京平・藤栄剛 2012b「生物多様性に配慮した水田農業の経済的成立条件——滋賀県農業集落の事例分析」『農村計画学会誌』31(3)：514-520

『世界の農業環境政策——先進諸国の実態と分析枠組みの提案』荘林幹太郎・木下幸雄・竹田麻里、農林統計協会、2012

4-05

安室知 2005「水田漁撈と現代社会」『国立歴史民俗博物館研究報告』123：49-81

佐藤哲 2008「環境アイコンとしての野生生物と地域社会——アイコン化のプロセスと生態系サービスに関する科学の役割」『環境社会学研究』(14)：70-84

4-06

『生物多様性国家戦略2010』環境省（編）、ビオシティ、2010

井上真 1997「コモンズとしての熱帯林——カリマンタンでの実証研究をもとにして」環境社会学研究』3: 15-32

「自然資源の共同管理制度としてのコモンズ」井上真『コモンズの社会学』井上真・宮内泰介（編）、新曜社、2001、1-28

（井上 1997, 2001: 16-17）

執筆者の紹介

五十音順・敬称略、所属・役職は2015年4月1日現在 〈　〉内は執筆担当ページ

青田朋恵　あおた・ともえ ……………………………………………………………… 〈109ページ〉

滋賀県湖北農業農村振興事務所田園振興課 課長補佐（農業土木技術職員）
●おもな活動：琵琶湖を愛する滋賀県職員の一人として琵琶湖と田んぼ、そしてそこに生息する生きものに興味をもち、豊かな生きものを育む水田づくりを推進する。また、個人的にも農村の地域資源の活用や都市住民との交流活動による「人も生きものもにぎわう農村の地域づくり」に農家の方がたとともに取り組んでおり、日々奮闘中。

浅川 晋　あさかわ・すすむ ……………………………………………………………… 〈72ページ〉

名古屋大学大学院生命農学研究科生物機構・機能科学専攻 教授、東京大学博士（農学）
●研究テーマ：水田土壌生態系に生息する微生物の特性と機能に関する研究
●著作・論文ほか：「逐次還元過程と微生物」浅川晋『環境と微生物の事典』日本微生物生態学会（編）朝倉書店 2014 184-185. Liu, D., Ishikawa, H., Nishida, M., Tsuchiya, K., Takahashi, T., Kimura, M., Asakawa, S. 2015. Effect of paddy-upland rotation on methanogenic archaeal community structure in paddy field soil. *Microbial Ecology* 69: 160-168.

浅野耕太　あさの・こうた ……………………………………………………………… 〈37ページ〉

京都大学大学院人間・環境学研究科相関環境学専攻 教授、京都大学博士（経済学）
●研究テーマ：農村の持続可能性に関心を持ち、リジリエンス評価の観点から、あるべき公共政策の姿を考究
●著書・論文ほか：『環境経済学講義』諸富徹・浅野耕太・森晶寿 有斐閣 2008.『自然資本の保全と評価』浅野耕太（編著）ミネルヴァ書房 2009.『政策研究のための統計分析』浅野耕太 ミネルヴァ書房 2012. "Rural and Urban Sustainability Governance" Asano, K., Takada, M. (eds.) United Nations University Press, 2014.

伊藤豊彰　いとう・とよあき ……………………………………………………………… 〈92ページ〉

東北大学大学院農学研究科附属複合生態フィールド教育研究センター 准教授、東北大学農学博士
●研究テーマ：農業生産と環境保全、生物保全、資源節約を調和的に解決するための農業技術に関する研究。冬期湛水・有機栽培水田の生産性やイトミミズの機能、津波被災水田の改良など。
●著作・論文ほか：「人と自然にやさしい米づくりを支える田んぼの土壌」伊藤豊彰『地域と環境が蘇る水田再生』第3章 鷲谷いづみ（編著）家の光協会 2006. 伊藤豊彰 2014「津波被災水田における除塩後の作物生産上の問題と対策」ペドロジスト 58：51-58。

今西亜友美　いまにし・あゆみ ……………………………………………………………… 〈118ページ〉

近畿大学総合社会学部環境系専攻 准教授、京都大学博士（農学）
●研究テーマ：都市緑地および里地里山に生育する草本植物の保全と再生
●著作・論文ほか：『WAKUWAKUときめきサイエンスシリーズ 2 景観の生態史観——攪乱が再生する豊かな大地』今西亜友美ほか 森本幸裕（編）京都通信社 2012. Imanishi, A., Imanishi, J. 2014. Seed dormancy and germination traits of an engangered aquatic plant species, *Euryale ferox* Salisb. (Nymphaeaceae). *Aquatic botany*. 119: 80-83.

岩井紀子　いわい・のりこ ……………………………………………………………… 〈136ページ〉

東京農工大学大学院農学研究院自然環境保全学専攻 特任准教授、東京大学博士（農学）
●研究テーマ：カエル、オタマジャクシの生態、行動、保全
●著作・論文ほか：Iwai, N. 2013. Morphology, function, and evolution of the pseudothumb in the Otton frog. *Journal of Zoology* 289: 127-133, Iwai, N., Kagaya, T., Alford, R. A. 2012 Feeding by omnivores increases food available to consumers. *Oikos* 121: 313-320.

上田哲行　うえだ・てつゆき ……………………………………………………………… 〈158ページ〉

石川県立大学生物資源環境学部環境科学科 教授、京都大学理学博士
●研究テーマ：「田園環境における生物多様性の保全に関する研究」「変動環境下での生物多様性維持機構の解析」
●著作・論文ほか：『トンボと自然観』上田哲行（編著）京都大学学術出版会 2004.『水辺環境の保全』江崎保男・田中哲夫（編）朝倉書店 1998. 上田哲行・神宮字寛 2013「アキアカネに何が起こったのか：育苗箱施用浸透性殺虫剤のインパクト」*Tombo* 55：1-12。

大塚泰介　おおつか・たいすけ 〈82、84ページ〉
滋賀県立琵琶湖博物館 専門学芸員、京都大学博士（農学）
●研究テーマ：ウェットランドの珪藻の群集生態学、水田生物群集の動態解析など
●著作・論文ほか：大塚泰介・山崎正嗣・西村洋子 2012「水田に魚を放すと、生物間の関係が見えてくる——多面的機能を解き明かすための基礎として」日本生態学会誌 62: 167-177.　Ohtsuka, T. 2014. Nursery grounds for round crucian carp, *Carassius auratus grandoculis*, in rice paddies around Lake Biwa. in: Nishikawa, U., Miyashita, T. (eds) "Social-ecological restoration in paddy-dominated landscapes" Springer, Berlin-Heidelberg 139-164.

片山直樹　かたやま なおき 〈110ページ〉
独立行政法人農業環境技術研究所生物多様性研究領域 任期付研究員
●東京大学博士（農学）
●研究テーマ：農地生態系の生物多様性およびその保全
●著作・論文ほか：Katayama, N., Saitoh, D., Amano, T., Miyashita, T. 2011. Effects of modern drainage systems on the spatial distribution of loach in rice ecosystems. *Aquatic Conservation: Marine and Freshwater Ecosystems* 21: 146-154. Katayama, N., Baba, Y. G., Kusumoto, Y., Tanaka, K. 2015. A review of post-war changes in rice farming and biodiversity in Japan. *Agricultural Systems* 132: 73-84.

金尾滋史　かなお・しげふみ 〈66ページ〉
滋賀県立琵琶湖博物館 学芸員、滋賀県立大学博士（環境科学）
●研究テーマ：水田地帯を利用する魚類の生態、希少淡水魚類・貝類の生息状況と地域と連携した保全活動
●著作・論文ほか：「琵琶湖周辺の田んぼは「魚のゆりかご」——水田のもつ生態系機能の保全・再生に向けて」金尾滋史・前畑政善・沢田裕一『里山復権——能登からの発信』中村浩二・嘉田良平（編）創森社 2010 69-85.　金尾滋史・大塚泰介 2013「湖国・滋賀における水田生態系研究の現在、過去、未来」『海洋と生物』35(4)：426-432

神松幸弘　こうまつ・ゆきひろ 〈126ページ〉
京都大学生態学研究センター 技術補佐員、京都大学博士（理学）
●研究テーマ：水域における自然と人間の関係史
●著作・論文ほか：『安定同位体というメガネ——人と環境のつながりを診る』和田英太郎・神松幸弘（編）昭和堂 2010.

齊藤邦行　さいとう・くにゆき 〈22、48ページ〉
●岡山大学大学院環境生命科学研究科農生命科学専攻 教授、東京農工大学博士（農学）
●研究テーマ：作物生産技術の開発と体系化ならびに生産性向上に関わる形態・生理・生態学的諸特性の解明
●著作・論文ほか：「作物の栽培・管理」齊藤邦行『作物学概論』今井勝ほか（共著）八千代出版 2007.　齊藤邦行・黒田俊郎・熊野誠一 2001「水稲の有機栽培に関する継続試験——10年間の生育収量」日本作物学会紀事 70：530-540。

沢田裕一　さわだ・ひろいち 〈102ページ〉
滋賀県立大学 名誉教授・客員教授、京都大学農学博士
●研究テーマ：昆虫の大発生や個体数変動をもたらすメカニズムの解明
●著作・論文ほか：Sawada, H., Masumoto, Y., Matsumoto, T., Nishida, T. 2008. Comparisons of cocoon density and survival processes of the blue-striped nettle grub moth *Parasa lepida* (Cramer) between the deciduous and evergreen trees, Jpn. *Journal of Environmental Entomology and Zoology* 19 (2) : 59-67

高橋直樹　たかはし・なおき 〈169ページ〉
宮城県大崎市産業経済部産業政策課
●おもな活動内容など：自然共生推進係長として、ラムサール条約湿地の保全・活用、生物多様性施策の推進、バイオマス利活用の推進に取り組む。身近な田んぼの生物多様性の向上と賢明な利用をめざし、「水田を核とした生物多様性向上大崎モデル」の構築を進める。個人としては、市民にとって身近な自然環境である田んぼに拡がる小さな生きものと農の営みの共生のあり方について関心を寄せる。

執筆者の紹介

中西康介 なかにし・こうすけ 〈10、18、102ページ〉
名古屋大学大学院環境学研究科都市環境学専攻 研究員、滋賀県立大学博士（環境科学）
- 研究テーマ：水田水域における水生生物の生態と保全
- 著作・論文ほか：中西康介ほか 2009「栽培管理方法の異なる水田間における大型水生動物群集の比較」環動昆 20 (3): 103-114. Nakanishi, K., Takakura, K-I., Kanai, R., Tawa, K., Murakami, D., Sawada, H. 2014. Impacts of environmental factors in rice paddy fields on abundance of the mud snail (*Cipangopaludina chinensis laeta*). *Journal of Molluscan Studies* 80(4): 460-463.

夏原由博 なつはら・よしひろ 〈2、18、28、33、40、100、152ページ〉
名古屋大学大学院環境学研究科 教授、京都大学博士（農学）
- 研究テーマ：農村や都市など人が生活する場での生物多様性の保全について研究
- 著作・論文ほか：「空間の保全生物学」夏原由博『地球環境と保全生物学』浅島誠・黒岩常祥・小原雄治（編）岩波書店 2010. Natuhara, Y. 2013. Ecosystem services by paddy fields as substitutes of natural wetlands in Japan. *Ecological Engineering* 56: 97-106.

西村いつき にしむら・いつき 〈79ページ〉
兵庫県農政環境部農林水産局農業改良課 参事（環境創造型農業推進担当）、神戸大学大学院博士（教育学）
- 研究テーマ：農業者の主体形成
- 著作・論文ほか：『地域と環境が蘇る水田再生』鷲谷いずみ（編）家の光協会 2006．西村いつき 2012「コウノトリ育む農法の実践者の主体形成過程」『神戸大学大学院人間発達環境学研究科研究紀要』6 (1)：19-28. 西村いつき 2014「有機農業の担い手育成に関する研究」『神戸大学大学院人間発達環境学研究科研究紀要』7 (2)：67-77. 西村いつき 2014「成人の学習者の主体形成に関する一考察」『神戸大学大学院人間発達環境学研究科研究紀要』8 (1) 53-63．

橋部佳紀 はしべ・よしのり 〈186ページ〉
株式会社アレフ農業研究部 ふゆみずたんぼプロジェクト リーダー
- 略歴：2000年（株）アレフ入社、恵庭エコプロジェクトに配属。2005年、「ふゆみずたんぼプロジェクト」立ち上げ。立ち上げから携わり、リーダーとして現在に至る。2011年から分析センター、2013年から農業チームのリーダーを兼務。
- 著作・論文ほか：Hashibe, Y. 2012. The Role of Business Sector to Achieve Sustainable Society -The Example of a Restaurant Company-. In Matsumoto, M., Umeda, Y., Masui, K., Fukushige, S. (ed.) "Design for Innovative Value Towards a Sustainable Society." Springer 473-476.

藤栄 剛 ふじえ・たけし 〈170ページ〉
明治大学農学部食料環境政策学科 准教授、京都大学博士（農学）
- 研究テーマ：農業・環境問題の経済分析
- 著作・論文ほか：Fujie, T. 2015. Conservation agriculture adoption and its impact: Evidence from Shiga Prefecture, Japan. *Journal of International Economic Studies*, 29: 35-48. Kawasaki, K., Fujie, T., Koito, K., Inoue, N., Sasaki, H. 2012. Conservation auctions and compliance: Theory and evidence from laboratory experiments. *Environmental and Resource Economics*, 52 (2): 157-179.

船津耕平 ふなつ・こうへい 〈126ページ〉
龍谷大学理工学部環境ソリューション工学科
- 研究テーマ：メコン河流域におけるタイ肝吸虫中間宿主の分布と感染率の研究

牧野厚史 まきの・あつし 〈150、187ページ〉
熊本大学文学部総合人間学科 教授
- 研究テーマ：環境社会学；水や動物などの自然と人間との関係に生じる問題についての社会学的研究
- 著作・論文ほか：『鳥獣被害――〈むらの文化〉からのアプローチ』日本村落研究学会（企画）牧野厚史（編）農山漁村文化協会 2010．「水資源利用から見た阿蘇地域の現在」牧野厚史・梶原宏之『阿蘇カルデラの地域社会と宗教』吉村豊雄・春田直紀（編）清文堂 2013．

松下京平　まつした・きょうへい 〈178ページ〉

滋賀大学経済学部社会システム学科社会システム講座 准教授、京都大学博士（人間・環境学）
- 研究テーマ：農村地域における社会関係資本の役割について
- 著作・論文ほか：Matsushita, K. 2014. The investment in social capital through rural development policy in Japan, in: Asano, K., Takada, M. (eds.) "Rural and urban sustainability governance (Multilevel environmental governance for sustainable development)" United Nations University Press, Tokyo 36-58. 松下京平 2009「農地・水・環境保全向上対策とソーシャル・キャピタル」『農業経済研究』80（4）：185-196。

丸山 敦　まるやま・あつし 〈126、134ページ〉

龍谷大学理工学部環境ソリューション工学科 講師、京都大学博士（理学）
- 研究テーマ：陸水生態系における動物群集の環境応答の研究と調査手法の開発
- 著作・論文ほか：Maruyama, A., Nakamura, K., Yamanaka, H., Kondoh, M., Minamoto, T. 2014. The release rate of environmental DNA from juvenile and adult fish. *PLoS ONE* 9 (12) : e114639.

丸山康司　まるやま・やすし 〈197ページ〉

名古屋大学大学院環境学研究科社会環境学専攻 准教授　東京大学博士（学術）
- 研究テーマ：持続可能な環境保全を実現する社会的仕組みと動機
- 著作・論文ほか：『再生可能エネルギーの社会化』丸山康司　有斐閣　2014.「持続可能性と順応的ガバナンス」丸山康司『なぜ環境保全はうまくいかないのか』第12章 宮内泰介（編）新泉社 2013. Maruyama, Y., Iida, T., Nishikido, M. 2007. The rise of community wind power in Japan: enhanced acceptance through social innovation. *Energy Policy*. 35 (5) : 2761-2769.

安井一臣　やすい・かずおみ 〈27ページ〉

棚田学会理事、研究委員長
- おもな活動：佐賀大学農学部農芸化学科で作物保護学・農薬学を学び、民間企業で水田稲作用新農薬の研究開発に従事。退職後は棚田学に所属し、研究成果発表会、講演会・シンポジウム、棚田地域見学会などの企画を担当。棚田および里山の生物多様性と水田稲作の持続可能性に深い関心がある。
- 著者ほか：『棚田学入門』勁草書房 2014の編集委員を務める。

山根史博　やまね・ふみひろ 〈160ページ〉

広島市立大学国際学部 准教授、京都大学地球環境学博士
- 研究テーマ：食品安全、環境問題、原発事故などを事例に、不確実性に対する人々の認識や不確実性の下での行動を実証的に研究
- 著作・論文ほか：山根史博 2008「BSE全頭検査見直しによる消費者厚生変化の推定：モニタリング調査による仮想的顕示選好法」『農業経済研究』80：1-16. Yamane, F., Ohgaki, H., Asano, K. 2013. The Immediate Impact of the Fukushima Daiichi Accident on Local Property Values. *Risk Analysis*, 33 (2023-2040)

楊 平　よう・へい 〈44ページ〉

滋賀県立琵琶湖博物館 主任学芸員、筑波大学博士（社会学）
- 研究テーマ：自然と人間との関わりについての社会学的研究
- 著作・論文ほか：「中国・太湖における暮らしと景観の保全」楊平『東アジア内海文化圏の景観史と環境——景観から未来へ』第3巻 昭和堂出版 2012 214-227. 楊平 2012「環境資源としての水を生かした村の実践——琵琶湖からみた太湖との比較研究の試み」『日中社会学研究』19：142-158.「中国・江南水郷の水辺暮らし」「中国・太湖の家船生活と水辺環境」楊平『生命の湖 琵琶湖をさぐる』琵琶湖博物館（編）文一総合出版 2011 172-175。

渡邉紹裕　わたなべ・つぎひろ 〈58、68ページ〉

京都大学大学院地球環境学堂 教授、京都大学農学博士
- 研究テーマ：農業用排水管理と地域水環境の関係
- 著作・論文ほか：『地球温暖化と農業——地域の食料生産はどうなるのか』渡邉紹裕（編）昭和堂 2008. Watanabe, T. 2010. Local Wisdom of Land and Water Management: The Fundamental Anthroscape of Japan. in: Selim, K., Hari, E., Winfride E. H. Blum (eds.) "Sustainable Land Management: Learning from the Past for the Future" Springer-Verlag, 351-362.

索引

*頻出の用語は、各稿の初出ページのみを掲載しています。脚注およびキャプションはのぞいています。

【生きもの】

アイガモ……………………………… 24、160
アオガエル…………………………… 136
アオサギ……………………………… 111
アカガエル………………… 12、20、108、136
アカトンボ…………………………… 92、104
アサザ………………………………… 11、123
アシナガグモ………………………… 116、154
アズマヒキガエル…………………… 136
アゼナ………………………………… 118
アゾラ………………………………… 72、119
アマガエル…………………………… 115、136
アメリカザリガニ…………………… 92
アメンボ(ヒメアメンボ)……………… 10、136
アユ…………………………………… 188
アリジゴク…………………………… 35
イシモチソウ………………………… 120
イタチムシ…………………………… 86
イチョウウキゴケ…………………… 123
イトミミズ(イトミミズ類)… 5、41、83、92、169
イヌビエ……………………………… 24
イネツトムシ………………………… 139
イネミズゾウムシ…………………… 139
イノシシ……………………………… 25
イボカイミジンコ…………………… 85
ウィリーイトミミズ………………… 97
ウキクサ……………………………… 122
ウズムシ……………………………… 73、88
ウンカ…………………………… 21、51、92、154
エビ…………………………………… 16、92
エビモ………………………………… 122
エラミミズ…………………………… 97
オオアカウキクサ…………………… 72、119
オオイヌノフグリ…………………… 120
オオカナダモ………………………… 122
オオサンショウウオ………………… 156
オオヒゲマワリ……………………… 86
オオミズゴケ………………………… 120
オカメミジンコ……………………… 91
オグラコウホネ……………………… 123
オグラノフサモ……………………… 123

オタマジャクシ………… 13、24、42、92、103、112、136、152
オニバス……………………………… 122
オミナエシ…………………………… 121
カイミジンコ………………………… 82、84
貝類…………………………………… 73、92、110
カエル……… 5、10、18、42、71、79、92、105、110、136、150、152、169
ガガブタ……………………………… 122
カキ…………………………………… 157
カスミサンショウウオ……………… 12、154
カブトエビ…………………………… 24、83
ガマ…………………………………… 121
カメムシ(カメムシ類、カメムシ目)…… 14、82、104、154
カラス………………………………… 10、160
ガン類(ガンカモ類)………………… 26
キキョウ……………………………… 121
キシュウスズメノヒエ……………… 123
キノボリウオ………………………… 128
菌類…………………………………… 142
クモ…………… 3、21、42、55、92、139、154、169
グラスフィッシュ…………………… 128
クロモ………………………………… 122
珪藻…………………………………… 72、86
ケリ…………………………………… 10、110
ゲンゲ………………………………… 118
ゲンゴロウ……… 11、20、71、84、90、92、106、144、150、153
ゲンノショウコ……………………… 120
ケンミジンコ………………………… 85
コイ(コイ科)… 4、36、44、107、128、134、188
ゴイサギ……………………………… 111
甲殻類………………………………… 86
コウノトリ………… 42、57、79、92、162、170、194
コウホネ……………………………… 122
コカナダモ…………………………… 123
コサギ………………………………… 11、111
コナギ………………………………… 18、118
コハコベ……………………………… 120

コブカイミジンコ	85	ツチガエル	136
コムギ	48、76	ツバメ	42
コモリグモ(コモリグモ類)	154	ツマグロヨコバイ	139
サギ(サギ類)	13、42、92、103、110、152	ツル類	110
サシバ	152	ティラピア	36
ザリガニ	144	デンジソウ	119
サンショウウオ	155	トウキョウダルマガエル	10、115、136
サンショウモ	119	トウモロコシ	48
シカ	25	トキ	4、42、92
シギ	110	トゲウナギ	128
シソ科	119	ドジョウ	4、13、36、42、91、92、104、110、128、152
シャジクモ	91	トノサマガエル	2、10、105、136、152、217
シュレーゲルアオガエル	12、20、136	トリゲモ	123
シラサギ	111	トンボ(トンボ類)	17、27、55、71、72、90、92、104、158
水生昆虫(水生昆虫類)	12、20、24、27、73、82、88、95、103、112、138、154	ナギナタナマズ	128
水生植物	27、74、123	ナゴヤダルマガエル	10、105、136、154、217
水生生物	16、32、42、56、102、126	ナズナ	120
水生脊椎動物	134	ナデシコ	121
水生ミミズ	96	ナベヅル	26
スイバ	120	ナマズ	71、109、133、187
スイレン(スイレン科)	11、124	ニカメイチュウ	24、51
ススキ	14、121	ニゴロブナ(ニゴロブナ椎魚、ニゴロブナ仔魚)	66、89、170、187
スズメ	25	ニホンアカガエル	27、92、136
スズメノテッポウ	118	ニホンアマガエル	11、92、104、136
スブタ	119	ニホンヒキガエル	136
スミレ	120	二枚貝	85
セキショウモ	122	ヌマガエル	136
セリ	119	ネザサ	122
ダイサギ	11、111	ネズミ	14、55
タイヌビエ	118	ノアザミ	120
タウナギ	128	ノコンギク	120
タマガヤツリ	118	バイカモ	122
タガメ	13、27、71、84、92、136	ハギ	121
竹	33、44、200	ハス	122
タケノコ	120	バッタ	15、92
タニシ	16、92、191	バラ	121
タヌキモ	123	ハルジオン	120
タネツケバナ	118	ハルリンドウ	121
タマミジンコ	84	ヒガンバナ	120
ダルマガエル(ダルマガエル類)	17、105、136、152、217	ヒキガエル	136
タンポポ	120	ヒシ	122
チドリ類	110	ヒツジグサ	11、122
チュウサギ	11、111		

ビワマス	188
フジバカマ	121
フジミノリ	52
フナ	4、44、66、71、91、92、109、132、150、153、188
プランクトン(植物プランクトン、動物プランクトン)	12、84、92、102、109
ホウネンエビ	92
ボウフラ	85
ボタンウキクサ	123
ホッキョクグマ	154
ホテイアオイ	122
ホトケノザ	120
マガン	99、117、169
マナヅル	26
マナマズ	188
ミクリ	122
ミジンコ	12、24、73、84、92、107
ミズアオイ	119
ミズオオバコ	119
ミズダニ	88
ミズハコベ	122
ミズムシ	14、142
ミゾハコベ	118
ミミカキグサ	35
ミミズ	17、86、95、110、171
メダカ	2、72、92、107、115、133、140、188
藻	86
モウセンゴケ(モウセンゴケ類)	35、120
モグラ	15、22
モトムライトミミズ	97
モリアオガエル	13、136
ヤゴ	2、12、92、103、110、144
ヤナギ	100
ヤブカンゾウ	120
ヤマアカガエル	136
ユスリカ	3、13、21、42、82、90、92、104、110、154
ユリミミズ	97
ヨコバイ	21、154
ヨシ	121
ヨメナ	120
リンドウ	120
ワムシ	12、86
ワラジムシ	142
ワレモコウ	120

【欧文】

BHC	51、114
COP	38、56、109
DDT	30、51、114
DNA	87、124
FAO	33
GAP	57
GPS	112
JAS認証	57
LISA	54
PCR	134
RNA	87

【あ】

アイガモ農法	24、160
アイガモロボット	57
アイコン(アイコン生物、環境アイコン)	43、151、187
アメリカ農業法	54
アンモニア態窒素(アンモニウム態窒素)	36、41、98
アンモニウムイオン	94
生きものマーク	43
育苗(育苗箱)	23、52、158
遺伝子組換え技術	54
遺伝的多様性	19、124
稲作技術	49、79、138
稲作文化	132
稲刈	11、26、53、91、102、118、168、170
稲わら	17、22、83、97、200
いもち病	24、50
雨季	35、119、126
埋め立て	123、130
雨量(降雨量)	33、61、102、128、178、198
江(え)	108、116
影響評価	159
エコプロダクツ展	43
エコロジカルネットワーク	157
餌生物	89

餌場	83、92、152
餌不足	85
越冬地	117、169
越冬場所	16、91、103、110
オーナー制度(オーナー制)	43、109
温暖化	19、55、151、178、199

【か】

害虫	3、16、20、42、45、55、71、91、92、101、106、116、131、139、150、159、160、169、171、197
害虫捕食機能	139
外来種	123、199
化学肥料	23、30、35、40、48、68、83、95、116、118、145、169、170、182、186
価格プレミアム(価格のプレミアム)	150、173
撹乱(外的撹乱)	11、98、118、179
過剰施用	53
過剰投入	53
化石燃料	3、40、53、199
渇水(渇水時、渇水年)	3、64、178
カリウム	23、78、93
刈り取り	25、154
カルシウム	78、93
灌漑	5、41、44、49、58、68、105、131
灌漑施設	34、43、61、119、128、179
灌漑水	83、93
灌漑水田	33、41、60
乾季	35、119、126
乾季作	128
乾季田	35
環境	2、11、23、27、32、36、37、40、44、48、65、66、71、72、79、82、86、95、103、109、112、118、134、138、150、153、158、166、169、177、188、197
環境DNA	130、134
環境汚染	53、95
環境こだわり農産物	162
環境支払い	57、157
環境指標生物	138
環境条件	87、155
環境負荷	54、116、172
環境変化	116

環境保全	2、43、48、150、190、198
環境保全型農業(環境保全型農法)	20、32、53、110、174
慣行栽培	56、95、172
緩効性肥料	55
慣行米	173
冠水	25、123、127、191
間接ボトムアップ効果	90
乾燥	12、22、53、68、93、119、129
乾燥土壌	87
乾田化(乾田化事業)	2、82、119、138、158、188
気温	13、23、41、60、68、178、198
機械化	48、101、138、151、170、182
気候変動	3、38、41、151、178
希少種	21、42、107、119
季節行事	120
休耕田	20、27、123、200
強害雑草	119
共生	19、40、72、79、88、109、133、169
共生微生物	41
競争	19、23、83、88、116、138
共存	42、88、103、129、139
魚道(魚道化)	42、67、109、116、133、186、188
ギルド内捕食	90
近代化	4、30、40、79、131
近代農法	170
草刈り	4、118、201
草地	20、102、118、152
景観	2、26、56、101、126、152
景観概念	132
景観生態学	152
ケイ素	93
下水利用	70
減化学肥料	56
原生動物	73、85
現代農業	181
減農薬基準	165
減農薬栽培	20、116、175
減肥(減肥料)	55、132
耕起	22、50、70、74、103
耕起栽培	26、97
耕起作業	22
後期重点施肥法	52

光合成	25、72、92
耕作	49、65、154、190
降水(降水パターン、降水量)	61、120、178
耕地	49、78、100、182
コウノトリ育むお米	43、79、163、173
コウノトリ育む農法	57、79、164、171
後背湿地	118、126
コシヒカリ	52、151、182
湖沼	55、88、112、133
コスト(低コスト化)	55、117、133、150、160、170
米生産量	95、99
米づくり	3、27、48、95、103、159、169、170、178、186
固有種	170、194
コンクリート	4、32、42、115、126、201
コンジョイント分析	162
コンバイン	16、25、53

【さ】

細菌	72、84
再生(水田再生)	43、44、123、155、190、197
栽培(栽培方法、栽培管理方法)	5、22、28、33、41、48、58、68、72、90、93、102、151、172、181、186、201
栽培期間	34、93、181、186
栽培技術	52
栽培サイクル	119
栽培体系	119
栽培品種	178
魚のゆりかご水田	43、44、67、109、133、171、188
ササニシキ	52
雑草	3、12、22、33、55、68、82、95、118、160、169、171、217
雑草食文化	119
雑草防除	23、51、98
殺虫剤	22、30、42、55、82、90、95、106、115、158
里山	17、19、27、38、154、199
酸化状態	93
酸化層	90

産卵(産卵数、産卵場所)	2、11、20、36、42、66、71、83、91、92、105、109、115、133、136、153、158、188
資源(資源循環、資源利用)	4、19、36、40、54、136、180、196、198
自主流通米制度	52
自然界	53、79、160
自然環境	53、126、143、194、197
自然環境保全基礎調査	154
史前帰化植物	118
自然湿地	102、118、126
自然生態系	55、161
持続性	3、54、63、78、93、198
仔稚魚	89、129、193
湿地(湿地帯)	16、26、34、42、60、87、100、102、112、120、130、156、169、200
湿田	16、102、119
指標(指標種)	22、57、87、145、182
社会関係資本	176
収穫	3、20、25、33、41、48、62、71、76、83、97、109、128、198
収穫機械	53、68
収穫作業	25
収穫量	25、33、51、178
集落	4、24、27、34、49、64、100、151、178、188
集落水路	196
種間競争	87
種子	14、22、33、56、98、118
循環	39、41、45、69、72、92、145、169
消費者	5、25、40、55、79、99、109、140、150、161、170
植食昆虫	55
植生図	156
植生遷移	120
食物網	37、55、72、89、92
食物連鎖	32、71、72、79、84、110
食用	18、129、187、200
食糧生産(食料生産)	110、116、201
除草(除草効果)	24、36、51、95、103、126、199
除草剤	24、51、68、82、87、95、115、119、154、171、186
代かき	3、12、22、27、51、118
深層追肥	52

浸透水……………………………………61、70
森林………………62、83、100、121、152、200
水位（水位差、水位変動）……3、35、44、118、127
水源………………………39、61、70、122、196
水質（水質汚濁）………………104、123、132、138
水田稲作……………………28、34、48、58、119
水田生態系…………………55、64、71、89、126
水田生物群集………………………………91、159
水田土壌………………………………39、69、85
水田面積…………………………28、33、59、69
水田養魚……………………………………36、44
水田用水系……………………………………190
水稲…………………………………55、59、68
水稲技術………………………………………52
水稲栽培（水稲栽培技術）……………49、56、71
水流……………………………39、127、152、198
水量…………………………………64、68、198
水路………4、11、19、27、32、36、41、60、
　　66、71、100、102、114、118、126、138、
　　150、154、179、187、197
水路改良………………………………………40
水路護岸………………………………………115
ステークホルダー……………………………194
生育………11、23、60、68、72、100、102、
　　118、126、134、171、183
生育域（生育地、生育場所）……………32、119
生育環境……………………………………121
生産………2、23、32、33、44、48、58、79、95、
　　101、103、133、164、170
生産活動…………………………………57、179
生産環境……………………………………181
生産性（生産性減少率）………40、54、108、179
生産量………………………32、33、48、58、93、201
生息環境………………………26、27、64、71、103、155
生息地（生息地域、生息適地、生息場所）……19、26、
　　27、66、79、83、87、101、102、110、126、
　　132、154、199
生息率………………………………………155
生態（生態学）…………11、86、126、136、152、
　　180、189
生態学的ニッチ……………………………181
生態系………3、18、32、37、40、48、64、71、
　　72、92、106、110、136、150、152、159、
　　160、181、188、197
生態系機能…………………………………126
生態系サービス………3、32、37、40、48、99、
　　101、132、151、160、170、197
生態系保全………………………160、195、219
生態系保全型農法……………………………161
生物間相互作用………………………………88
生物群集……………………………………90、129
生物資源……………………………………120、130
生物多様性………18、32、38、43、56、64、79、
　　82、88、103、115、151、152、159、
　　186、198
世界農業遺産…………………………………44
堰………………………………………61、69、131
絶滅危惧種（準絶滅危惧種）……2、11、20、111、
　　118、150、154、195
施肥技術………………………………………51
施肥効率………………………………………52
施肥量…………………………………………55
選択実験型コンジョイント分析………………168
相互作用………………………………19、39、88
藻類……………………………………14、72、85、140

【た】

耐性雑草………………………………………55
堆肥……………………23、30、41、87、95、200
太陽エネルギー…………………………39、55
田植え………3、11、23、35、42、52、58、84、
　　92、100、105、109、131、136、168、170、
　　188、201
田植機………………………………23、31、53
多収穫品種……………………………………51
脱穀（脱穀機、脱穀作業）………………25、52
棚田………………………………27、33、44、100
卵………………2、11、66、84、105、136、
　　156、158
多様性………18、24、56、82、86、103、108、
　　126、138、151、178
多様性指標…………………………………182
湛水………………25、35、61、68、74、83、94、
　　107、117
湛水期間……………………………71、74、93
淡水魚………………………………………128
地域住民…………………………………57、201
地域性………………………………20、152、184
地域密着性…………………………………194

地下水 ……………………… 3、33、41、55、69
稚魚 ……… 36、44、89、106、109、153、194
池沼 ……………………………………… 129
治水 ……………………………… 41、49、63
窒素 ……… 3、23、41、72、90、92、102、141
窒素ガス ……………………………… 74、94
窒素肥料 ……………………………… 30、95
中型機械一貫体系 ……………………… 53
抽水植物 ………………………………… 122
鳥類 ……… 55、71、73、101、110、139、152
沈水植物 ………………………………… 122
追肥 ………………………………… 23、52
通年湛水状態 …………………………… 117
土 ……………… 3、12、22、33、41、54、72、
　　82、92、105、123、153
つながり …… 5、10、18、92、109、133、153、
　　169、176、188
梅雨 …………………… 13、34、61、66、158
低コスト環境保全型農業技術 ………… 55
堤防 …………………………………… 34、127
適応 ……… 19、44、104、118、128、158、
　　181、197
デトリタス ……………………………… 141
天水田 …………………………… 33、61、119
天敵 ……… 3、13、45、55、92、101、104、
　　116、154
伝統的水田 ……………………………… 115
田面水 …………………………… 24、72、91、92
透水性 …………………………………… 26
冬生雑草 ………………………………… 118
毒性 ……………………………… 53、107、159
毒性影響 ………………………………… 114
土壌 …………… 25、40、48、58、68、74、87、
　　123、182
土壌改良材 ……………………………… 23
土壌浸食 …………………………… 54、93
土壌動物 ………………………………… 93
土壌微生物 ……………………………… 41
土壌病害 ………………………………… 93
土地改良（土地改良法） ……… 31、40、51
トップダウン栄養カスケード ………… 90
トレードオフ …………………………… 168

【な】

苗 …………………………… 23、56、94、106、131
長野方式 ………………………………… 52
中干し ……… 3、11、24、56、68、76、83、88、
　　103、133、138、158、189
二酸化炭素 ………………………… 3、75、92
日射量 …………………………………… 121
日照（日照時間） ………… 60、102、129、178
認定制度 ………………………………… 133
ネオニコチノイド系 …………… 82、90、106
熱帯モンスーン気候 …………………… 119
農家 ……… 3、30、40、44、52、65、92、101、
　　102、109、117、150、156、160、170、
　　179、187、219
農業機械 ………………… 31、40、52、115、120
農業近代化 ………………………… 99、151
農業生産 ………………… 51、99、108、180、187
農業生産額 ………………………………… 43
農業生産工程管理 ……………………… 57
農業生産資材 …………………………… 52
農業生産システム ……………………… 179
農業生産性 ……………………………… 180
農業生産方式 …………………………… 54
農業生態系 …………………… 37、56、179
農業用水 …………………………… 122、201
農作業 ……… 20、22、36、43、88、101、103、
　　115、118、151、164、170、186
農産物 ……………………… 161、172、178
農産物認証制度 ………………………… 177
農村 ……… 4、19、30、43、44、56、59、99、
　　109、120、126、150、164、187
農村環境 ………………………………… 114
農村基本法 ………………………… 32、54
農村集落 …………………………… 5、43、161
農村地域 …………………………… 79、181
農村地帯 ………………………………… 188
農地 ……… 30、40、49、59、74、97、101、
　　102、154、160、179、188、201
農地整備 ………………………………… 179
農地面積 ………………… 50、60、174、182
農法 ……… 20、24、29、95、103、116、162
農薬（減農薬基準、減農薬栽培） …… 2、20、30、35、
　　40、48、61、68、79、82、84、95、106、114、
　　118、126、138、160、169、170、182、186
農薬使用量 ……………………………… 95

農薬取締法・・・・・・・・・・・・・・・・・・・・・・・・・・・・ 53
農林水産省(農水省) ・・・・・・・・・・・・・・・ 34、43、54、
　178、188

【は】

バイオマス・・・・・・・・・・・・・・・・・・・・・・・・・ 55、200
排水・・・・・・ 24、34、41、68、82、105、133、191
排水路・・・・・・・・ 42、62、67、69、102、109、116、
　133、189
排泄・・・・・・・・・・・・・・・・・・・・・・・・・・・・・・・ 92、138
排泄物・・・・・・・・・・・・・・・・・・・・・・・・・ 90、92、141
バクテリア・・・・・・・・・・・・・・・・・・・・・・・・・・・・・ 87
白米・・・・・・・・・・・・・・・・・・・・・・・・・・・・・・・・・・・ 25
はさ掛け(稲木) ・・・・・・・・・・・・・・・・・・・・・・・ 100
パラチオン・・・・・・・・・・・・・・・・・・・・・・・・・ 31、51
繁殖・・・・・・・・・・ 10、20、66、91、93、103、111、
　119、129、136
繁殖期・・・・・・・・・・・・・・・・・・・・・・・・・・・・・ 66、112
繁殖場所・・・・・・・・・・・・・・・・ 83、91、104、126
繁殖力・・・・・・・・・・・・・・・・・・・・・・・・・・・・・・・・ 123
氾濫・・・・・・・・・・・・・・・・・・・・・・・・・・・・・・・ 61、127
氾濫原・・・・・・・・ 36、102、112、118、126、158
光エネルギー・・・・・・・・・・・・・・・・・・・・・・・・・・ 92
微小生物・・・・・・・・・・・・・・・・・・・・・・・・・・・ 83、89
微小動植物・・・・・・・・・・・・・・・・・・・・・・・・・・・・ 99
微小動物・・・・・・・・・・・・・・・・・・・・・・・・・・・ 24、72
微生物・・・・・・・・・・ 3、72、87、92、141、154、159
ひとめぼれ・・・・・・・・・・・・・・・・・・・・・・・・・ 52、182
病害虫抵抗性品種・・・・・・・・・・・・・・・・・・・・・・ 56
病害虫防除・・・・・・・・・・・・・・・・・・・・・・・・・・・・ 51
肥料・・・・・・・・・・・・・ 3、23、30、48、61、72、102、
　120、131、145、199
肥料成分消費量・・・・・・・・・・・・・・・・・・・・・・・・ 54
琵琶湖・・・・・・・・・・・・ 4、44、66、102、109、133、
　170、187
琵琶湖湖畔農村・・・・・・・・・・・・・・・・・・・・・・・ 171
貧栄養・・・・・・・・・・・・・・・・・・・・・・・・・・・・・・・・・ 35
品種改良・・・・・・・・・・・・・・・・・・・・・・・・・・ 55、179
品種多様性・・・・・・・・・・・・・・・・・・・・・・・・・・・ 181
Ｖ字稲作理論・・・・・・・・・・・・・・・・・・・・・・・・・・ 52
風景・・・・・・・・・・・・・ 27、100、120、152、158
富栄養化・・・・・・・・・・・・・・・・・・・・・・・ 55、94、123
孵化・・・・・・・・・・・・・・・・ 12、85、105、137、156
付加価値・・・・・・・・・ 57、126、169、172、200
不確実性・・・・・・・・・・・・・・・・・・・・・・・・・ 160、178
深水(深水稲水田) ・・・・・・・・・・・・・・・・・・ 24、35
深水栽培・・・・・・・・・・・・・・・・・・・・・・・・・・・・・・ 57
腹毛動物門毛遊目・・・・・・・・・・・・・・・・・・・・・ 86
物質循環・・・・・・・・・・・・・・・・・・・・・・・・・・・ 37、57
不透水層・・・・・・・・・・・・・・・・・・・・・・・・・・・・・・ 33
フナズシ・・・・・・・・・・・・・・・・・・・・・・・・・・・・・・ 191
ふゆみず田んぼ(ふゆみずたんぼ) ・・・ 20、42、71、
　82、97、102、154、169、186
浮葉植物・・・・・・・・・・・・・・・・・・・・・・・・・ 11、122
ブランド米・・・・・・・・・・・・・・・・・・・・・・・・・・・・ 43
平地・・・・・・・・・・・・・・・・・・・・・・・・・・・ 10、152、158
平野(平野部、沖積平野) ・・・・・・・・・・ 22、60、108、
　123、126
放棄水田・・・・・・・・・・・・・・・・・・・・・・・・・・・・・ 123
保温効果・・・・・・・・・・・・・・・・・・・・・・・・・・・・・・ 23
保温折衷苗代・・・・・・・・・・・・・・・・・・・・・・・・・ 52
圃場・・・・・・・・・・・・・・・・・・・・・・・・・・・・・・・・・・ 159
圃場実験・・・・・・・・・・・・・・・・・・・・・・・・・・ 98、159
圃場整備・・・・・・・・・・・・ 2、31、42、48、69、79、
　82、101、105、109、110、119、132、138、
　158、187
捕食・・・・・・ 24、73、83、89、116、129、138、152
捕食者・・・・・・・・・・・・・・・ 42、82、89、103、129
捕食性昆虫・・・・・・・・・・・・・・・・・・・・・・・・・・・・ 90
捕食リスク・・・・・・・・・・・・・・・・・・・・・・・・・・・ 129
保全・・・・・・ 27、39、56、71、82、99、117、125、
　150、160、170、194、197
保全活動・・・・・・・・・・・・・・・・・・・ 57、117、167

【ま】

マーケティング戦略・・・・・・・・・・・・・・・・・・ 161
水環境・・・・・・・・・・・・・・・・・・・・・・・・・・・・・・・・ 33
水管理・・・・・・・・・・・・・・・・・・・ 24、56、105、158
水鳥・・・・・・・・・・・ 26、72、83、91、99、103、110
水場・・・・・・・・・・・・・・・・・・・・・・・・・・・・・・・・・ 136
水はけ・・・・・・・・・・ 16、75、105、119、126、138
水辺・・・・・・・・・・・ 3、15、102、122、132、156
ミレニアム生態系評価・・・・・・・・・・・・ 38、181
藻刈り・・・・・・・・・・・・・・・・・・・・・・・・・・・・・・・ 123

【や】

野外研究・・・・・・・・・・・・・・・・・・・・・・・・・・・・・ 117

野外調査……………………………………… 112
薬剤散布…………………………… 24、106
野生生物……………………………32、40、194
有機塩素系殺虫剤……………………… 114
有機栽培……………… 20、22、41、48、56、92、116、201
有機質肥料………………………… 23、56、95
有機農業………………………………… 54、174
有機農業推進法………………………… 54
有機農業対策室………………………… 54
有機農産物……………………………… 57
有機農法………………… 56、160、217
有機肥料………………………… 83、116
有機物………… 13、26、41、55、72、92、142
有機リン系………………………………… 90
湧水（湧水湿地）………………………… 34、120
有性生殖…………………………………… 85
養殖……………………………… 36、129、157
用水路……………… 4、23、32、92、112、129、198
溶存酸素………………………… 104、156
幼虫…… 11、51、82、90、92、103、110、158
養分（栄養分）…………… 23、41、45、72、92、101、121、142
養分循環………………………………… 92
養分バランス…………………………… 93
養分補給………………………………… 98
養分保持………………………………… 23

【ら】

ランドスケープ……………20、100、150、152
硫酸アンモニウム……………………… 50
硫酸イオン………………………… 74、94
良食味……………………………………… 52
両生類……… 27、73、83、91、117、136、154
緑藻………………………………… 72、86、107
リン（リン酸）… 3、23、72、90、92、102、141
レジリエンス…………………………… 178
レッドリスト……………10、113、119、188

おわりに

　本書が誕生することになったきっかけは、2008年に、当時滋賀県立琵琶湖博物館に勤務されていた牧野厚史さんと大塚泰介さんから田んぼのグループ研究に誘われたことだ。田んぼには生きものが棲んでいることを農家と消費者が理解して、生きもののいる状態を守るにはどうすればよいかという課題であった。

　農家の方にお会いして、お話をうかがった。新潟県佐渡市のある農家の方は、「佐渡の農業はこのままでは衰退してしまう、トキが棲める田んぼをつくることによって救われるのは、トキではなく農家自身だ」と話してくれた。滋賀県高島市では、農家自身が保護の目標となる生きものを決める取り組みを始めた。ある農家はナゴヤダルマガエルとトノサマガエルとの区別を一所懸命おぼえた。滋賀県野洲市では、集落ぐるみで「魚のゆりかご水田米」から日本酒をつくっている。愛知県豊田市の集落では株式会社をつくって、有機農法による米づくりに取り組んでいる。それぞれの地元で夢を実現されている、日本の食を支える人々だ。

　並べては叱られるが、私自身も、休耕田を借りてイネを育ててみた。愉快なほどイナゴが跳ねまわり、それをめあてのカマキリも豊富だった。しかし、困ったのは、田の水が抜けることと、高く育つ雑草だった。土の水路もヨシの根が穴を空けた。巨大なハッタミミズがその穴を拡げた。草抜きで手を伸ばした先には、マムシがいたこともあった。楽しみながら昔の知恵も受け継ぎ、生態系の保全にも役だつ米づくりもあっていいだろう。維持された田んぼは、いざというときの食糧確保につながる。

　本書の一部は、JSPS科学研究費24241011、農林水産省委託プロジェクト研究「気候変動に対応した循環型食料生産等の確立のための技術開発」の研究成果にもとづいている。くわえて、本書をより充実させるために、上記の研究グループ外からも、各分野の第一人者や現場で活躍されている方がたに執筆をお願いした。

　最後に、京都通信社の井田典子さんなしには本書の完成はなかったことを書いておきたい。忙しいなか、研究にご協力いただいた農家のみなさんにも感謝の念を書き伝えておく。

夏原由博

京都通信社の本

シリーズ　京の庭の巨匠たち

重森三玲
写真：溝縁ひろし
永遠のモダンを求めつづけたアヴァンギャルド

◆掲載庭園……東福寺方丈「八相の庭」／東福寺 光明院「波心庭」／東福寺 龍吟庵「龍吟庭」、「不離の庭」、「無の庭」／善能寺「仙遊苑」／光清寺「心和の庭」、「心月庭」／瑞峯院「独座庭」、「閑眠庭」／瑞応院「楽紫庭」、「如々庭」／松尾大社「曲水の庭」、「上古の庭」／旧重森邸（重森三玲庭園美術館）「無字庵庭園」／石清水八幡宮「社務所の庭」、「鳩峯寮の庭」ほか
◆座談会「21世紀は重森三玲をどう感じるか」
重森執氏／小埜雅章／齋藤忠一／佐藤昭夫／野村勘治
2,381円＋税

植治 七代目小川治兵衛
写真：田畑みなお
手を加えた自然にこそ自然がある

◆掲載庭園……並河靖之七宝記念館庭園／無鄰庵庭園／平安神宮神苑／平安神宮神苑／何有荘庭園（旧和楽庵）／円山公園／碧雲荘庭園／高台寺土井庭園（旧十牛庵）／「葵殿庭園」と「佳水園庭園」（ウェスティン都ホテル京都）
◆座談会「文化的景観としての植治の『自然』」
白幡洋三郎／笹岡隆甫／谷 晃／永田 萌
◆七代目小川治兵衛　小野健吉
◆五感で味わう庭──植治の感性表現と意匠　尼崎博正
2,381円＋税

小堀遠州
写真：北岡慎也・田畑みなお
気品と静寂が貫く綺麗さびの庭

◆掲載庭園……金地院「鶴亀の庭」／南禅寺方丈「虎の児渡しの庭」／元離宮二条城二の丸「八陣の庭」／仙洞御所庭園／孤篷庵「近江八景の庭」
◆座談会「小堀遠州の遺産とその後遺症」
荒木かおり／熊倉功夫／小堀卓巌／野村勘治
◆小堀遠州の生涯　小堀宗実
◆「伝遠州」庭園が語る「遠州好み」　野村勘治
◆遠州の茶室──技法の奥に潜む美と真髄　中村昌生
2,381円＋税

重森三玲 II
写真：重森三明
自然の石に永遠の生命と美を贈る

◆掲載庭園……天籟庵（茶室・露地）／友琳の庭／西山氏庭園「青龍庭」／岸和田城「八陣の庭」／香里団地「以楽苑」／林昌寺「法林の庭」／豊国神社「秀石庭」／住吉神社「住之江の庭」／正覚寺「龍珠の庭」／如月庵（旧畑氏庭園）／逢initially庵／石像寺「四神相応の庭」／西禅院庭園／正智院庭園／福智院「愛染庭」、「登仙庭」、「遊仙庭」
◆三玲のモダン　重森三明
◆父の思い出　重森由郷
◆重森三玲のルーツをたどる　重森三明
2,381円＋税

WAKUWAKUときめきサイエンス シリーズ

❶ バイオロギング　最新科学で解明する動物生態学
日本バイオロギング研究会 編

動物の体にセンサやカメラを取りつけたら──
動物研究の分野に革命を起こしたバイオロギング
新しい発見が続々と……

■収録内容　母ガメは浜と餌場を700kmも大移動／クルクルまわって、こまめに方向修正／子ガメの未来は測れるか／飼育ガメは「野性」を取り戻せるか？／ウミガメだって日光浴で体温調整／アザラシは教育ママ／バイカル湖でアザラシのメタボ検診／アザラシは真っ暗な海中でも迷わない／「眠る？マッコウクジラ」と眠れぬ私／イルカは先をお見通し／ジュゴンはいつ鳴く？／マンボウには翼があった／放流されたシロクラベラの行動は？／魚の王様・マダイの「絶食ダイエット」／ペンギンたちの未来を左右するもの／逃げる魚を追うカワウ、そのスピードは？　など

A5判 224ページ　1,905円＋税

❷ 景観の生態史観　攪乱が再生する豊かな大地
森本幸裕 編

科学も技術も経済も発展しているのに
なぜ、生物多様性の危機を救えないのか──
総体として自然をとらえる景観生態学のまなざしに学ぶ

■収録内容　あなたは自然にいくら払いますか／「田んぼ」は、ほんものの自然じゃない？／ダルマガエルの棲む水田／勢力を拡大するツルヨシは劣化する河川環境の象徴か？／豪雪地帯に暮らす里山の知恵／屋敷林に秘められた先人の知恵／都市にうまく棲みついた鳥たち／竹を侵略者にしてしまった日本人の後悔／多様性保全の方向を示唆するシダ植物と微地形の相性／階段を上るオオサンショウウオ／都市緑化技術の新しき展開に夢を託す／都市公園でトリュフを見つけた！／震災復興の二つの道、「要塞型」と「柳に風型」／復興へのシンボルとなる被災地の社叢　など

A5判 224ページ　2,000円＋税

❸ 日本のサル学のあした
霊長類研究という「人間学」の可能性
中川尚史＋友永雅己＋山極寿一 編

個性とは、家族とは、集団とは、文化とは──
「似ている」からこそ「違い」がわかることがある。
霊長類に学ぶことで「人間とはなにか」という本質を考える

■収録内容　匂いを感知する遺伝子からヒトの嗅覚の特異性を探る／霊長類の豊かな色覚を進化の視点から探る／ニホンザルの個性はなにから生まれるのか／ウガンダの森に「混群」を観にいこう／猿害地に神出鬼没する「サルのねーちゃん」／雪深い人工林で暮らすニホンザルの秘密／役割を分担し、協力する霊長類の自我と意思疎通／ボノボとチンパンジーに協力社会の起源を探る／ゲノムから探る野生チンパンジーの世界／震央にいちばん近い陸で巨大地震に遭遇したサルと私／チンパンジーに「絵」を教わる　など

A5判 240ページ　2,000円＋税

❹ 海は百面相
京都大学総合博物館企画展「海」実行委員会 編

地球は、広くて深い海があるから地球である。宇宙に星の数ほどある星に水があるかどうか、あったかどうかは、生命の存在と関わって重大な関心事。海のある惑星・地球はどれだけ特殊な存在なのか。この惑星の生命、気象・気候、大地の地質構成など変動する体質を、海の存在がどのように決定づけてきたのか。多くの分野の先端の研究者が智恵と成果をもちよってその秘密を科学する

■収録内容　海のおいたち／海のすがた／生命のゆりかご／海と人の営み など

A5判　248ページ　2,200円＋税

改訂 水中音響学
Robert J. Urick 著
三好章夫 翻訳
新家富雄 監修

■収録内容
- 第1章　ソーナーの特徴
- 第2章　ソーナー方程式
- 第3章　送受波器アレイの特性 指向性利
- 第4章　水中における音波の発生 送波音源レベル
- 第5章　海洋における音波伝搬 伝搬損失Ⅰ
- 第6章　海洋における音波伝搬 伝搬損失Ⅱ
- 第7章　海洋における背景雑音 周囲雑音レベル
- 第8章　海洋における散乱 残響レベル
- 第9章　ソーナーターゲットによる反射と散乱 ターゲットストレングス
- 第10章　船舶、潜水艦および魚雷の放射雑音 放射雑音レベル
- 第11章　水上艦船、潜水艦および魚雷の自己雑音 自己雑音レベル
- 第12章　雑音ならびに残響中の信号検出 検出閾値
- 第13章　ソーナーシステムの設計と予測

B5判　248ページ　6,000円＋税

シリーズ 人と風と景と

❶「百人百景」京都市岡崎
村松 伸+京都・岡崎「百人百景」実行委員会 編
**136人のカメラが見つめた
「2012年3月4日」の京都市岡崎**

■**収録内容**　「百人百景」の実施概要／古都のまち環境をカメラで切り取る(村松 伸)／京都の「近代」を詰め込んだ岡崎(中川 理)／岡崎マップ／岡崎のおもな構造物／私が見つめた岡崎(土田ヒロミ、淺川敏)／表彰作品 土田賞、淺川賞、地球研賞／136人が見つめた「2012年3月4日」の岡崎／岡崎百人百景と「まち環境リテラシイ」(村松 伸)／座談会「百人百景」を振り返る——寡黙で雄弁な27枚の写真たち(鞍田 崇+林 憲тэ+松隈 章+村松 伸)
B5変形判　96ページ　1,600円＋税

❷ 吉村元男の「景」と「いのちの詩」
吉村 元男 著
「風景造園家」が提唱する「中くらいの自然」
中くらいの自然は、生きものたちの暮らしの場だ。
その暮らしの場と人間の暮らしの場とが、
日常の世界で共生できる。
この「中自然」を、いまこそ呼び起こしたいと願う。

■**収録内容**　森に囲まれた平坦で広い空地／いのちを育み、つなぐ水辺と水面／奇跡の沼が、いのちをつなぐ／天と地をつなぐ垂直の庭園／超高層建築の下の、新しい伝説／つながり、むすびあい、溶け込む風景／白鳥庭園／大阪国際会議場屋上庭園／新梅田シティ中自然の森／日本万博記念公園自然文化園／設計資料・データ
B5変形判　84ページ　1,400円＋税

❸ 桜の教科書
サクラを美しくまもる人の智恵と技
森本幸裕 監修　今西純一 著　山崎 猛 作画
**花が散れば、気にもとめられなくなる桜。
「植えて、終わり」ではなく、ふだんから目を配り、
「植えて、育てる」ことの重要性を伝えたい**

■**収録内容**　桜のある風景／桜は生きものたちの暮らしの場／人の顔や性格が違うように、桜にも種や品種の個性があります／種から殖やす、枝から殖やす／50年後の成長を想像しましょう／元気に成長するポイントは根／こんな症状はありませんか／花が咲くから元気とはいえません　など
B5変形判　72ページ　1,500円＋税

シリーズ 文明学の挑戦

1 地球時代の文明学

梅棹忠夫 監修
比較文明学会関西支部 編集
中牧弘允 責任編集

全地球人の共同体のあり方をかんがえ
地球人として行動する時代を
あなたはどう生きますか

■収録内容
● 監修のことば　梅棹忠夫
● 第一部　環太平洋の文明
● 第二部　文明史観の新展開
● 第三部　現代文明論の新機軸
● コラム
● 評論

A5判　224ページ　2,381円＋税

2 地球時代の文明学2

梅棹忠夫 監修
比較文明学会関西支部 編集
中牧弘允 責任編集

「梅棹文明学」を継承する研究者たちが示す
地球時代に生きる読者にむけた
新たな知見

■収録内容
● 監修のことば　梅棹忠夫
● 第一部　文明史観へのアプローチ
● 第二部　地域文明へのアプローチ
● 評論
● コラム

A5判　236ページ　2,381円＋税

人間科学としての地球環境学
人とつながる自然・自然とつながる人
立本成文 編著

■収録内容
●序(立本成文)
● 第一章　環境問題と主体性(鞍田崇)
● 第二章　価値を問う──「関係価値」試論(阿部健一)
● 第三章　風土とレンマの論理(オギュスタン・ベルク)
● 第四章　地域と地球(立本成文)
● 第五章　地球環境問題と地域圏(立本成文)
● 第六章　東アジア圏論の構図(立本成文)
● 第七章　海洋アジア文明交流圏(立本成文)
● 第八章　統合知(方法論)(半藤逸樹・大西健夫)
● 第九章　地球システムと未来可能性(半藤逸樹)
● 跋(立本成文)

A5判　298ページ　2,600円＋税

シリーズの趣旨

〈WAKUWAKUときめきサイエンス〉のシリーズは、シリーズ名が示すように本書をとおして「心ときめく体験」をしてほしいという願いを込めています。ある碩学が、次のような意味の言葉を述べられたことがあります。「1本の新聞記事は10本の論文よりも有益である。1冊の教科書を書くことは100本の論文に価する」。学問の成果を社会に還元する、あるいは次代を担う人たちに継承することの重要性を説いた言葉です。このシリーズは、新聞記事ほど多くの読者の眼にふれることはないし、教科書ほど精査した内容を体系だててまとめたものでもありません。それでも、大きな主題のもとに多くの執筆者が多彩な視点で自らの経験にもとづいて、科学することの楽しさを伝えようと努めています。知的な刺激に心を震わせながらページをめくり、ひいては学問・研究を志した著者自らが、その感動を次代の若い人たちに受け渡そうとしています。それぞれの生命体がそなえる神秘ともいえる力への感銘、未知の世界に心を解放する喜び、ものを見る・考える新たな視点を、この時代をともに生きる仲間として共有したいものだと願ってのことです。

京都通信社を代表して　中村基衞

WAKUWAKUときめきサイエンス シリーズ5

にぎやかな田んぼ
イナゴが跳ね、鳥は舞い、魚の泳ぐ小宇宙

2015年3月31日発行

夏原由博　編著

発行所	京都通信社 京都市中京区室町通御池上る御池之町 309　〒 604-0022 電話 075-211-2340　http://www.kyoto-info.com/
発行人	中村基衞
制作担当	井田典子
装丁	高木美穂
製版	豊和写真製版株式会社
印刷	土山印刷株式会社
製本	森製本所

Ⓒ 2015 京都通信社
Printed in Japan ISBN978-4-903473-54-3